精进Office

成为 Word/Excel/PPT 高手

周庆麟　周奎奎◎编著

北京大学出版社
PEKING UNIVERSITY PRESS

内 容 提 要

　　本书以实际工作流程为主线，融合了"大咖"多年积累的经验和高级技巧，可以帮助你打破固化思维，冲出牢笼，成就办公达人。

　　本书共 13 章，首先，通过分析普通人使用 Word/Excel/PPT 效率低下的原因，并展现高手的思维和习惯，让读者初步了解成为办公高手的最佳学习路径。然后，以"大咖"的逻辑思维为主线，通过介绍规范文档的处理、Word 排版的艺术及长文档的排版秘籍，让读者轻松应对各类文档的排版需求；通过介绍数据获取与整理之道、图表设计 5 步法、数据分析的"大咖"经验、函数公式的使用，为读者高效使用 Excel 插上翅膀；通过介绍"大咖"谋篇布局之道、提高 PPT 颜值的"大咖"思路与技巧、PPT 演示管理之术，提升读者 PPT 的制作与美化能力，让演讲决胜千里。最后，通过 Word/Excel/PPT 之间的高效协同及 3 个案例的实战操作，让读者厘清思路，达到高手境界。

　　本书适合有一定 Word/Excel/PPT 基础并想快速提升 Word/Excel/PPT 技能的读者学习使用，也可以作为计算机办公培训班高级版的教材。当然，也适合初学者学习基础操作后直接学习本书。

图书在版编目（CIP）数据

精进 Office：成为 Word/Excel/PPT 高手 / 周庆麟，周奎奎编著 . — 北京：北京大学出版社，2019.11
ISBN 978-7-301-30734-2

Ⅰ . ①精… Ⅱ . ①周… ②周… Ⅲ . ①办公自动化 – 应用软件 – 教材 Ⅳ . ① TP317.1

中国版本图书馆 CIP 数据核字 (2019) 第 199743 号

书　　　名	精进 Office：成为 Word/Excel/PPT 高手
	JINGJIN OFFICE:CHENGWEI WORD/EXCEL/PPT GAOSHOU
著作责任者	周庆麟　周奎奎　编著
责 任 编 辑	吴晓月　刘沈君
标 准 书 号	ISBN 978-7-301-30734-2
出 版 发 行	北京大学出版社
地　　　址	北京市海淀区成府路 205 号　100871
网　　　址	http://www. pup. cn　　新浪微博：@ 北京大学出版社
电 子 信 箱	pup7@ pup. cn
电　　　话	邮购部 010–62752015　发行部 010–62750672　编辑部 010–62570390
印 刷 者	北京宏伟双华印刷有限公司
经 销 者	新华书店
	787 毫米 ×1092 毫米　16 开本　29.5 印张　585 千字
	2019 年 11 月第 1 版　2019 年 11 月第 1 次印刷
印　　　数	1—4000 册
定　　　价	119.00 元

Word/Excel/PPT

**Office经验、技术分享
正确引导，成就办公达人**

为什么写这本书？

很多人认为自己经常使用Word/Excel/PPT，可以称得上"老手"，但使用时却屡屡碰壁，原因在于只看到"表象"，没有看透"本质"，看一下下面几点你中招了没有？

1. 认为Word是功能更强大的写字板，Excel只是更方便存放数据，PPT放几张图、放一些文字就可以了。

2. 认为Word/Excel/PPT操作简单，没什么可学的，但使用时，却什么都不会。

3. 看到他人因处理文档速度快、达意清晰，处理报表效率高、数据分析精准，处理PPT美观、大方、视觉冲击力强，而得到上级领导赏识，感觉不甘心，却不知问题出在哪里。

本书汇集了多位"大咖"Word版面的设计套路、Excel数据的处理经验、PPT美化制作的巧妙构思，优中取优，帮助读者冲破固化思维牢笼、开阔视野、精准把控办公高手的实操思路，彻底用好Word/Excel/PPT。

本书的特点是什么？

1. 本书有"大咖"成熟的Word/Excel/PPT设计制作思路，高效处理版面的大招，更有鲜为人知的私密技法。

2. 本书从实际出发，面向工作、生活和学习，解决Word/Excel/PPT处理中可能遇到的各类难题，搞定各类文档、报表、PPT，势如破竹。

3. 本书拒绝死板的文字描述和大量的操作步骤，阅读更轻松，内容更活泼、更形象、更有趣。

4. 本书配有视频，各类技巧搭配同步视频教学，用手机扫二维码即可随时观看。

5. 本书配有高手自测，帮助读者检验学习效果，遇到问题时，可以扫描后方对应二维码查看高手思路。

本书都写了些什么?

您能通过这本书学到什么?

（1）认清Office使用困境：理解效率低下的原因，掌握高手思路，找到走出困境的方法。

（2）学会如何制作规范的文档：掌握排版流程、学会规划文档页面，保证文档制作符合规范；掌握编排文档的基础，让文本输入更高效。

（3）掌握文档排版的正确方法：学会各种文档元素的排版搭配技巧，使文档美出新高度；学会文档排版技术，轻松解决排版难题。

（4）数据的整理与分析：学会用正确的方法获取和整理数据，保证后续数据分析顺利进行；学会图表设计5步法，提升数据可视化能力；学会数据排序、筛选及数据透视表的制作，强化Excel数据分析技能。

（5）学会函数的使用：不仅要学会简单函数的使用，还要懂得函数嵌套的使用，更准确、更高效地处理数据。

（6）掌握PPT布局及设计技能：学会正确构建并呈现PPT逻辑的方法；学会各类PPT元素的

搭配技巧，为PPT增色。

（7）跟着PPT大咖的思维，掌握如何构建并呈现PPT逻辑，培养配色、文字设计、图片设计、图表、图形及动画等视觉设计美感。

（8）学会PPT演示：了解演示前的筹备及演示现场的准备等注意事项，让PPT演示万无一失；善用排练，精准把握演讲时间。

（9）Word/Excel/PPT制作各类文档：掌握Word/Excel/PPT之间的相互调用，提升办公效率；融合各种操作，学会使用Word、Excel和PPT制作各类文档、报表及PPT。

注意事项

1. 适用软件版本。

本书所有操作均依托Word/Excel/PPT 2016版本，但本书介绍的方法和设计精髓却适用于之前的Word/Excel/PPT 2013/2010/ 2007版本及以后的Word/Excel/PPT 2019版本。

2. 菜单命令与键盘指令。

本书在写作时，当需要介绍软件界面的菜单命令或是键盘按键时，会使用"【 】"符号。例如，介绍组合图形时，会描述为选择【组合】选项。

3. 高手自测。

本书配有测试题。建议读者根据题目，回顾当章内容，思考后再动手操作，最后可以扫描二维码查看参考答案。

4. 二维码形式。

扫一扫，可观看教学视频。

温馨提示：

使用微信"扫一扫"功能，扫描每节对应的二维码，根据提示进行操作，关注"千聊"公众号，点击"购买系列课¥0"按钮，支付成功后返回视频页面，即可观看相应的教学视频。

除了书，您还能得到什么？

1. 本书配套的素材文件和结果文件。

2. Word/Excel/PPT案例操作教程教学视频。

3. 10招精通超级时间整理术教学视频。

4. 5分钟教你学会番茄工作法教学视频。

5. 1000个Office常用模板。

如果操作中遇到难题，请查看Word/Excel/PPT案例操作教程教学视频；如果你还不会充分利用时间，请查看10招精通超级时间整理术教学视频及5分钟教你学会番茄工作法教学视频。

以上资源，可通过扫描左侧二维码，关注"博雅读书社"微信公众号，找到"资源下载"栏目，根据提示获取。

温馨提示：

1. 从百度云盘下载超大资源，需要登录百度云盘账号。

2. 普通用户不能直接在百度云盘解压文件，需下载后再解压文件，会员支持云解压。

看到不明白的地方怎么办?

1. 龙马高新教育网龙马社区发帖交流：http://www.51pcbook.cn。

2. 发送E-mail到读者信箱：march98@163.com。

1

唯彻悟，成大道：办公高手的成功之道

　　怎样才能成为办公高手呢？有些人学了几个月就把办公软件用得出神入化，也有些人陆陆续续学了两三年也没有太大成效。差别在哪儿？不外乎学习方法，找对科学、有效的学习方法是关键。下面就一起来分析，如何才能快速成为办公高手！

1.1 原因：为什么使用 Word/Excel/PPT 效率低下

Word/Excel/PPT 是经常使用的办公软件，无论是高校学生，还是职场人士，在工作、生活中都需要使用这 3 个软件。

为什么有人能每天又快又好地完成工作，有很多的时间去玩，还能得到领导的赏识？而有些人每天加班，却有做不完的工作，领导还总是不满意？不妨先分析一下使用 Word/Excel/PPT 效率低下的原因。

1.1.1 对 Word/Excel/PPT 认识错误

一些人认为 Word 就是一个功能更强大的写字板，主要作用就是写都是文字的文章，偶尔插入几张图片就是美化。

一些人认为 Excel 就是比手写表格更容易修改的电子表格，方便输入和修改数据。

而 PPT 就是把 Word 中编辑好的文字粘贴进去，加入几张图片，然后做演讲。

抱着这种心态，感觉 Word/Excel/PPT 很简单，没有什么好学的，而他们往往只是具备了入门水平。在工作中使用 Word/Excel/PPT 时，屡屡碰壁，用什么都不会。

实际上，Word/Excel/PPT 的使用范围非常广泛，可以应用到工作、学习、生活的方方面面。并且，功能也异常强大，学好这 3 个软件，将终身受益。

1.1.2 以为自己会 Word/Excel/PPT，知识已经够用

看过一些入门级别的参考书，就觉得学习的内容足够使用，这也是很多学习者的通病。他们仅仅掌握了软件的菜单功能，就以为精通了 Word/Excel/PPT。殊不知仅是比"入门级"水平高，却比"中级"水平低。

他们自认为精通 Office，但排版一份简单的宣传页还需要大半天时间，而且版面没有一点美观可言，可读性极差。其实，这就是眼高手低，在周围 Word 水平都不高的情况下，存有"浮躁"的心态，导致在实际应用中不知所措，几分钟就能做完的事情用几小时却未见成效。

1.1.3 头痛医头，脚痛医脚

头痛医头，脚痛医脚，这是 Office"中级"水平的常规表现。有一定的 Office 基础，也掌握

一部分技巧，却无法满足实际工作需求，也懒于学习。不过，他们聪明的一点是可以通过其他途径，去解决当前问题，如问同事、网上搜索，多花点时间，按部就班也可以解决问题。但仅仅是解决了眼前问题，却疏于思考，不懂得总结，当再次遇到这个问题时，还是无法快速地解决。

因此，建议在学习 Word/Excel/PPT 时，要善于思考和积累，懂其源究其根，这样才能一劳永逸。

1.1.4 姿势不对，越用越费劲

在 Word/Excel/PPT 使用中，需要掌握一些技巧，这样可以高效地完成一些麻烦的工作，不过有些技巧虽然堪称"神技"，但它并不一定适合所有的情况。要用高效的方法解决对应的问题，否则越做越累越低效。下面就"曝光"几个 Word/Excel/PPT 使用误区，希望读者能够注意，并能够结合本书的学习，告别低效率，从此不再加班。

1 Word 使用误区

（1）通过空格设置首行缩进

相信很多读者都使用空格来设置首行缩进，这种做法非但不高效，而且会为后期的编排带来许多麻烦。

正确的做法是选择要设置的文档，单击【开始】→【段落设置】按钮 ，弹出【段落】对话框，在【缩进】选项区域，【特殊格式】下选择【首行缩进】选项，单击【确定】按钮，所有段落即可完成统一缩进，如下图所示。

（2）格式刷一"刷"到底

格式刷确实很方便，对于一些内容较少的文档，可以快速"格式"，但是当面对那些十几页或几十页的长文档时，如果还用格式刷去"刷格式"，不仅操作烦琐，而且后期修改也需要一遍遍地刷格式。

正确的做法是借助 Word 的样式，设置好段落样式，对段落进行应用即可，如下图所示。

（3）输入空行分页

如果文档中部分内容需要单独另起一页显示，很多人会在内容前面添加空行，直到文档内容显示在下一页开头为止。这样添加或删除前面的内容，原本在页面顶部的内容会跑到上一页，需要每次都删除或增加空行。

正确的做法是使用分页功能，将鼠标光标定位至要另起一页显示的文本段落前，单击【插入】→【页面】→【分页】按钮或按【Ctrl+Enter】组合键插入分页符，如下图所示。

（4）手工输入页码

相信很多读者搞不定页码编排，就用文本框手工添加文档页码，这样不但效率低，而且修改文档后，页码可能需要重新编排。

正确的做法是在文档编写完成后，通过单击【插入】→【页眉和页脚】→【页码】按钮，为文档添加页码，这样就算文档发生较大变化，页码也会自动变更。如果遇到复杂的页码编排可能就需要使用到分节符和设置页码格式等知识了。具体使用方法参见 4.5 节内容。

（5）手工添加目录

很多人也尝试了选择【引用】→【目录】选项的方式添加目录，如下图所示。但是总也提不出内容来。其实他们并不明白目录是在大纲的基础上创建的，如果没有对文档标题设置好段落级别，是提不出目录的。于是采取了手工添加目录，其效果可想而知，工作量大、容易错，而且修改麻烦。

正确的方法参见 4.6 节的内容。

② Excel 使用误区

（1）一个个输入大量重复或有规律的数据

在使用 Excel 时，经常需要输入一些重复或有规律的大量数据，一个个手动输入会浪费大量时间。

正确做法是使用快速填充功能输入。输入第一个数据，将鼠标指针放在单元格右下角的填充柄上，按住填充柄向下拖曳至结尾单元格，如下图所示。

（2）使用计算器计算数据

在 Excel 中计算数据的总和、平均值时，使用计算器按键计算，效率低，还容易出错。

Excel 将求和、平均值、最大值、最小值、计数等常用的函数添加为按钮，不需要插入函数，直接在【公式】→【函数库】→【自动求和】下选择相应的选项，即可快速计算，如下图所示。

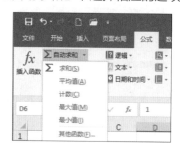

（3）图表使用不恰当

创建图表时首先要掌握每一类图表的用途，如果要查看每一个数据在总数中所占的比例，这时如果创建柱形图就不能准确展示数据，而应该选择饼图，如下图所示。选择合适的图表类型很重要。

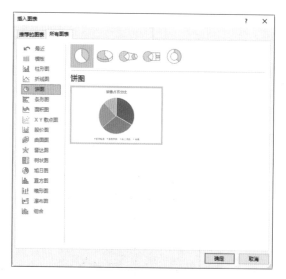

③ PPT 使用误区

（1）过度设计封面

一个用于演讲的 PPT，封面的设计风格和内页保持一致即可。因为第一页 PPT 停留在观众视线中的时间不会很久，演讲者需要尽快进入演说的开场白部分，然后是演讲的实质内容部分，封面不是 PPT 要呈现的重点。

（2）把公司 LOGO 放到每一页

制作 PPT 时要避免把公司 LOGO 以大图标的形式放到每一页幻灯片中，这样不仅干扰观众的视线，还容易引起观众的反感。

（3）文字太多

PPT 页面中放置大量的文字，不仅不美观，而且容易造成观众的视觉疲劳，给观众留下念 PPT 而不是演讲的印象。因此，制作 PPT 时可以使用图表、图片、表格等展示文字，吸引观众。

（4）选择不合适的动画效果

使用动画是为了使重点内容醒目显示，引导观众的思路，引起观众重视，可以在幻灯片中添加合适的效果。如果选择的动画效果不合适，会起到相反的效果。因此，使用动画时，要遵循动画的醒目、自然、适当、简化及创意原则。

（5）滥用声音效果

进行长时间的讲演时，可以在中间幻灯片中添加声音效果，用来吸引观众的注意力，防止听觉疲劳，但滥用声音效果，不仅不能使观众注意力集中，还会引起观众的反感。

（6）颜色搭配不合理或过于艳丽

页面中文字颜色与背景色过于接近，导致文字不够清晰。过于艳丽的色彩搭配，不仅起不到美化作用，还会导致 PPT 看起来俗气。

除了以上列举的问题外，还有很多类似的操作短板，相信很多读者深有体会，本书旨在让每个读者摒弃低效的操作，熟练掌握 Word/Excel/PPT，在后面的章节中将给大家带来更多实用的"干货"，帮助读者向高手跃迁。

1.2　思维：办公高手的奇思妙想

教学视频

虽然暂时达不到高手的境界，但是可以学习办公高手的奇思妙想，一旦学会，就离高手更近了一步！

熟悉了 Word/Excel/PPT 的所有功能，甚至操作自如，但还是无法得到领导的好评，其主要原因还是没有完全领会 Word/Excel/PPT 的核心精髓。吉泽准特在《职场书面沟通完全指南》中提道：其实无论是制作 Word、Excel 还是 PPT，都可以分为构建框架、制作草稿、定稿制作 3 个环节，如下图所示。简单来讲，就是需要先确定要制作的内容，其次着手制作，最后排版定稿。

1 构建框架

　　不管是 Word、Excel 还是 PPT，都属于商务文本，是在职场中最常使用到的软件。日常写个总结、方案等需要用到 Word，如果做的工作与数据、数据分析有关，就需要 Excel，开个会议、做个报告就需要用到 PPT。

　　构建框架，首先要清楚"3W"原则，即 Who（给谁看）、What（目的是什么）、Why（前因后果），这样就可以确保所写文档的大方向，避免逻辑混乱或做大量无用功。

　　必要时可以通过 XMind 绘制框架大纲，XMind 是一款优秀的思维导图制作软件，如下图所示，学会 XMind，将会在职场办公中更胜一筹。

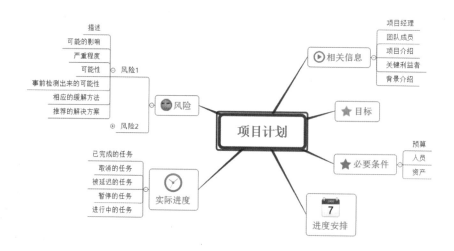

2 制作草稿

　　构建框架后，就可以制作草稿了。首先要注意文档版式不统一的问题，无论文档是什么内容，表达方式是什么，都要确保字体、字号、对齐方式、行间距等统一，强调文字的方式一致。这样排版出来的文档才好看。如果无特殊格式样式，可以参照下表所示的推荐字体设置。

推荐字体	汉字使用"宋体""仿宋""微软雅黑",英文使用"Time New Roman"。如果要强调,中文可以使用"加粗"或"下画线"的方式,但不要使用"斜体"或"阴影";在强调关键英文和数字时,使用"Arial Black"最为合适
推荐字号	标题字号为三号~二号或14~22pt,正文字体为五号~四号或10~12pt。其中,注释字号可以是正文字号的80%
推荐行距	行距大一些,可以设置1.2倍行距;正常显示,可用单倍行距。不过,慎用1倍以下的行距,会影响阅读效果

文档版式统一后,要把握主体内容,不但要确保内容的准确性,还要注意提炼内容,将模糊的表述改为具体的说明。

① 精简文档内容。在制作文档时,应避免太冗长的语句出现,对内容加以提炼,删掉一些不影响文章的内容,用最少的文字,适当分割会有助于理解文意。所以在将所要表达的意思表述完整的情况下,避免长篇大论。

② 善用数字和图表表达。在制作文档时,可以使用一些数字增强说服力,也可以使用图表、图片及结构图等对象,为文档锦上添花,如下图所示。

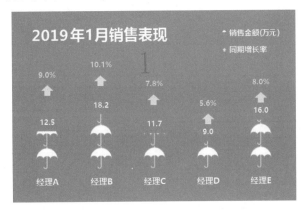

③ 合理排版美化。无论 Word 还是 Excel 或 PPT,内容正确是第一位,但美观也很重要。在制作草稿之后,就需要考虑美化,增强内容可读性。例如,文档中文字与图片的布局方式,报表中图表、表格的色彩搭配方式,演示文稿中通过添加线条、图片等方式突出内容等。

③ 定稿制作

定稿制作就是一个收尾工程,需要对文档进行细致的检查,看细节上有哪些地方需要调整。如果没问题,即可打印、生成 PDF 或添加附件发送 E-mail。

1.3 习惯：高手，从习惯开始

计算机重启，文档没保存；文档修改了几遍，哪个是最终版……养成好习惯，可以在工作时"偷懒"。

1 随手保存文档

无论是编辑 Word、Excel 还是 PPT，都要有随手保存文档的好习惯。

① 新建空白文档后，不是立刻开始编辑，而是要先按【Ctrl+S】组合键，将文档保存。

② 编辑文档的过程中，不论是查阅资料还是喝水休息，记得随时按【Ctrl+S】组合键保存文档。

③ 设置自动保存时间。

选择【文件】→【选项】→【保存】选项，在【保存文档】选项区域中设置【保存自动恢复信息时间间隔】为"5"分钟，如下图所示。

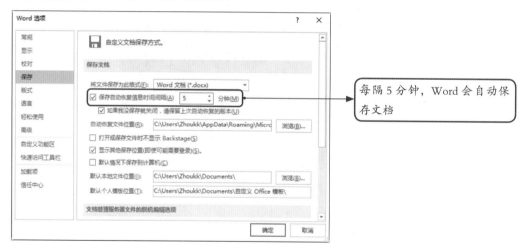

每隔 5 分钟，Word 会自动保存文档

2 编辑完成不要急于关闭文档

编辑 Word、Excel 或 PPT 文档后，应先检查是否正确，不要急于关闭文档，如果保存错了，单击【撤销】按钮或按【Ctrl+Z】组合键，即可恢复到之前的状态。如果已经关闭文档，那么就没有办法了。

③ 高效复制粘贴

无论是 Word、Excel 还是 PPT，在复制内容时，不仅复制了文字，还复制了格式，而执行【粘贴】命令时，Word、Excel、PPT 均提供了多种不同的粘贴格式，下面简单介绍 Word 中常用的粘贴格式。

① 保留源格式（即原原本本地照搬文字和格式）。

② 合并格式（照搬文字，并且格式与当前匹配）。

③ 粘贴为图片（将复制的内容转为图片）。

④ 只保留文字（只搬运文字，放弃原有格式）。

默认情况下是保留源格式粘贴，在 Word 中如果希望仅粘贴文本，每次都需要选择【只保留文字】选项，这样会降低粘贴速度。可以在【Word 选项】对话框中设置不同情况下的默认粘贴方式，如下图所示。

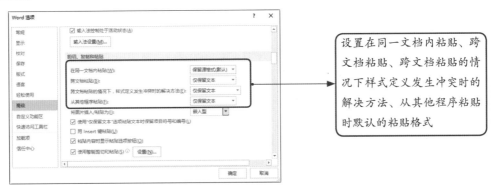

设置在同一文档内粘贴、跨文档粘贴、跨文档粘贴的情况下样式定义发生冲突时的解决方法、从其他程序粘贴时默认的粘贴格式

Excel 和 PPT 中的粘贴格式与 Word 有所差别，但使用方法相同。

④ 快速调整页面大小

在 Word、Excel 及 PPT 中都可以使用下面的两种方法，快速调整页面大小。

① 按住【Ctrl】键，滚动鼠标滑轮。向下滚动，页面变小；向上滚动，页面变大。

② 拖曳页面右下角的缩放滑块，如下图所示。

⑤ 巧用格式刷复制样式

① 在 Word、Excel 及 PPT 中都可以使用格式刷复制样式，选择段落，单击【格式刷】按钮，

即可复制该段落格式，选择其他段落，即可应用复制的格式。双击【格式刷】按钮，可多次使用复制的格式，按【Esc】键结束格式刷命令，如下图所示。

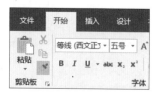

② 使用快捷键。在 Word 和 PPT 中还可以按【Ctrl+Shift+C】组合键复制所选段落格式，按【Ctrl+Shift+V】组合键粘贴格式。

6 快速定位文档

（1）使用键盘

无论是 Word、Excel 还是 PPT，都可以使用以下快捷键快速定位位置。

按【Ctrl+Home】组合键可快速跳到文档开始（第一行数据、首页页面）位置，按【Ctrl+End】组合键可快速跳到文档结束（最后一行数据、结束页页面）位置。

按【Page Up】键可快速切换到上一页，按【Page Down】键可快速切换到下一页。

（2）使用【导航】窗格

在 Word 中设置了大纲级别后，可选中【视图】→【显示】→【导航窗格】复选框，打开【导航】窗格，单击【标题】标签即可实现定位，如下图所示。

（3）使用【定位】对话框

在 Word 中按【Ctrl+G】组合键，打开【查找和替换】对话框，在【定位】选项卡【定位目标】下拉列表框中选择相应的选项并设置定位位置即可，如下图所示。

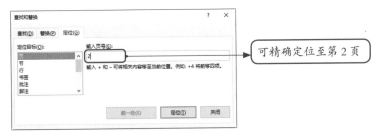

7　正确地给文档命名

文档命名切记不要随意，应养成以【日期 - 文件名】命名的好习惯，如果一天之内多次修改，可以以修改的时间点命名文件【日期 - 文件名 - 时间】，如 "2018320- 毕业论文 -0711"，如下图所示。

W 2018319-毕业论文.docx
W 2018320-毕业论文.docx
W 2018320-毕业论文-0711.docx
W 2018320-毕业论文-1421.docx
W 2018320-毕业论文-1806.docx

1.4　学习：成为办公高手的最佳学习方法与学习路径

"冰冻三尺，非一日之寒"，高手也并非一朝一夕就能练就的，他们都经历过"菜鸟"的无奈，通过积累教训和经验，总结出正确的学习方法与学习路径，从而用较短的时间获得了较大的进步。希望读者通过本书的引导，能够真正掌握Word/Excel/PPT，从"以为自己会"蜕变为"真正会"的高手。

教学视频

1.4.1　最佳学习方法

掌握了正确的学习方法，可以让学习变得简单。反之，错误的方法则事倍功半，甚至失去了学习兴趣。对于学习Word/Excel/PPT也是一样的，掌握了正确的学习方法，学会自然不是一件难事。

1 正确的学习心态

兴趣是最好的老师，不过绝大多数的读者学习Word/Excel/PPT并非兴趣使然，主要是希望通过本书的学习，对工作和学习有所帮助，这点是值得肯定的。

学习Word/Excel/PPT不是一蹴而就的短期行为，而是一个学习新知识、积累经验、总结教训的过程，尽管能熟练使用Word/Excel/PPT中一部分的功能就被普通人看作是高手，但是随着工作和学习应用领域的加深，那些简单的使用已完全不能满足需求，尤其是对于那些因为技术困惑导致长期加班的读者，此时更需要保持一个谦虚和积极的心态去学习Word/Excel/PPT。

把Word/Excel/PPT当作朋友，在学习遇到困难时不要放弃，选择正确的学习途径，在工作和探讨中保持良好的学习心态，掌握适合的学习方法，那么提高自然不是难事！

2 循序渐进的原则

循序渐进，简单来说就是由易到难。如果连Word/Excel/PPT有哪些功能都不清楚，就会在应用中不得其法。对于一些没有基础或有一定的基础的，先要练好Word/Excel/PPT基本功。

在Word/Excel/PPT学习过程中，大致可以分为4个阶段，如下图所示，越顶端的阶段就越"高端"。

其实，目前大部分人的水平基本在第一阶段或第二阶段，到第三阶段就可以成为高手，而第四阶段就可称为办公软件中的"扫地僧"。

因此，一定要系统地学习，循序渐进，并且及时总结方法，仅通过学习Word/Excel/PPT小技巧，虽然短时间内效果明显，但是却不利于长远发展。

3 学会模仿

模仿在任何领域和行业都适用。当然模仿并不是"山寨"，违背创新。对于一个 Word/Excel/PPT 初学者，寻找一些优秀的作品，"照葫芦画瓢"可以快速提升水平。例如，制作 PPT，完全可以先参考优秀的作品，熟悉配色、框架、字体段落的设置、动画的创建。这样通过多次模仿制作后，会发现，不仅可以熟练地掌握 PPT 的命令，而且可以创新地设计出一些别出心裁的效果，如下图所示。

4 多阅读、多思考、多实践

多阅读 Word/Excel/PPT 相关的文章和图书，可以增加知识的积累。例如，可以通过互联网搜索 Word/Excel/PPT 相关的教学视频，这些都可以帮助大家学习；也可以多买几本参考书，对比、分析并总结经验，可以更高效、更方便地学习"大咖"的经验和技巧。

只学习不思考，如囫囵吞枣，始终不知其味，不知其美。在学习时没有必要死记硬背，要在学习和使用中多思考，发现规律。例如，软件操作中的一些快捷键通过一定的规律来记忆，如下表所示，可以大大提高自己的操作效率。

	All	全选
	Black	黑体（加粗）
	Copy	复制
	Find	查找
Ctrl+	New	新建
	Open	打开
	Print	打印
	Save	保存

只学习不实践，就会眼高手低，难以把学到的 Word/Excel/PPT 知识应用到实际工作中。通

过实践，还能够举一反三，即围绕一个知识点，做各种假设来测试，以验证自己的理解是否正确和完整。

⑤ 善用学习资源

Word/Excel/PPT 功能强大，用得越多，越会发现自己懂得越少，本书仅提供了一些思路和方法，如果希望学习更多内容，要善于使用学习资源，使自己有更大的进步。

（1）联机帮助

遇到问题时，如果知道应该使用什么功能，但是不太会用这个功能，此时最好的方法是使用【F1】键调出联机帮助，集中精力学习这个需要掌握的功能，如下图所示。

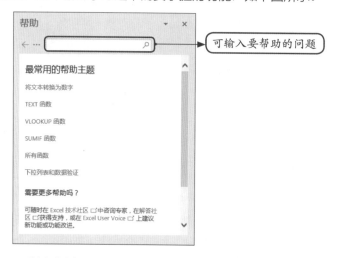

如果是 Office 2016 以上版本，还可以使用"Tell me"功能，在"告诉我你想要做什么"文本框中输入要了解的内容或操作，则会自动弹出相关信息列表，如下图所示。

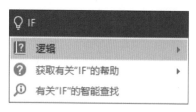

（2）Office 官方帮助站点

在微软官方 Office 培训帮助页面，提供了大量技术支持文档，可以在搜索框中输入要了解的功能、问题，单击【搜索】按钮，就可以找到详尽的解释，如下图所示。

（3）网上搜索，解决烦恼

如今，善于使用各种搜索功能在互联网上查找资料，已经成为信息时代的一项重要生存技能。因为互联网上的信息量实在是太大了，大到即使一个人 24 小时不停地看，也看不完。而借助各式各样的搜索功能，可以在海量信息中查找到自己所需要的部分来阅读，以节省时间，提高学习效率，如下图所示。

（4）购买书籍

在网上可以方便地找到各类技巧，或者问题的解决答案，但相对片面，而书籍汇总了作者的思路和想法，具有知识精炼、错误少、系统性强、方便携带、便于标记等优点，是非常好的系统学习方法。

（5）与身边人交流

寻求他人的帮助或指导，或者帮助解决他人遇到的问题，都是增强自身能力、经验的方法。另外，也可以通过网络下载一些优秀的模板文档，如百度文库、稻壳儿网、豆丁网等。

为了方便读者学习，掌握 Word/Excel/PPT 学习方法，笔者根据自身多年的实践经验，总结了如下图所示的学习路径图，希望读者能够结合自身情况，合理安排学习计划，成为一个 Word/Excel/PPT 高手。

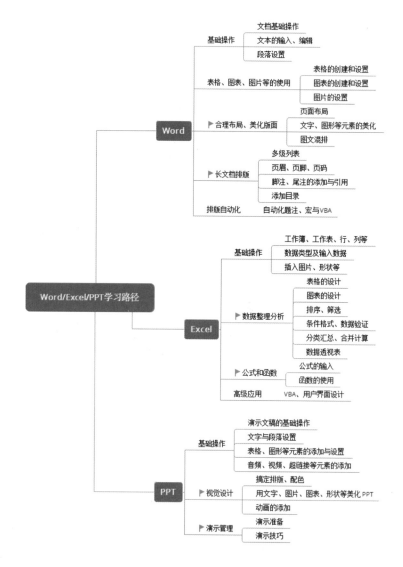

2

定海神针：规范的文档让你事半功倍

"不以规矩，不能成方圆"。规范的文档是文档编排的定海神针，
让文档的编排事半功倍！

做任何事情都有流程，只有按照流程才能确保可以准确、快速地完成任务，同样，文档的编排也有其常规的流程，如下图所示。

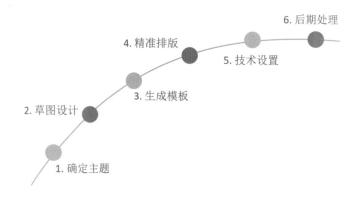

2.1.1 确定主题：确定文档的排版要求

排版的第一步就是确定主题，这里的主题包括封面的主题和正文内容的主题。

在确定主题之前，首先要了解这里讲的主题指的是什么。主题的范畴比较广，在 Word 中提到主题，容易让人想到以下几个层面的主题。

① 内容上的主题，即一篇报告或一场演讲的中心主题。

②【设计】选项卡下的主题，设计页面的整体效果，在第 3 步中会提到。

③ 排版上的主题，即排版过程中需要重点突出的内容。

显然，这里讲的主题是第三种，排版上的主题。论文、公文、标书等有固定主题及排版格式要求的文档，可以直接从第 3 步开始编排。在这里主要针对那些没有明确要求主题的文档，那么如何确定这类文档的主题呢？不同性质的文档，其主题也不同。这里要做的就是根据文档的性质，来确定排版时要突出显示的重点内容。

1 封面主题的确定

① 正式文档封面的排版，如下图所示。

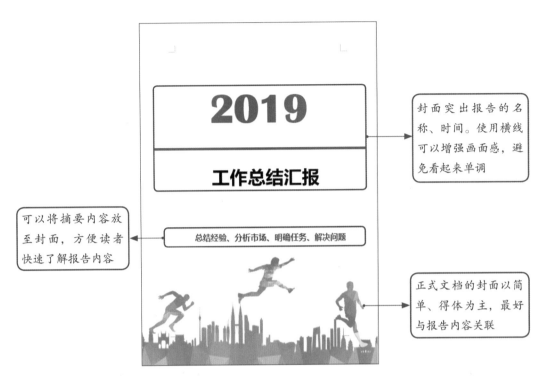

封面突出报告的名称、时间。使用横线可以增强画面感，避免看起来单调

可以将摘要内容放至封面，方便读者快速了解报告内容

正式文档的封面以简单、得体为主，最好与报告内容关联

② 非正式文档封面的排版，如下图所示。

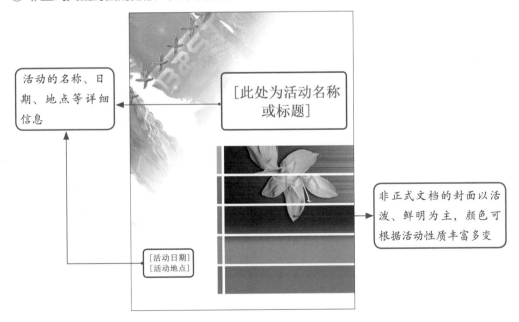

活动的名称、日期、地点等详细信息

非正式文档的封面以活泼、鲜明为主，颜色可根据活动性质丰富多变

下图所示的两种正文内容的排版，对比一下哪个效果更好一些？

销售工作报告

尊敬的各位领导、各位同事：

　　大家好，我从 20XX 年起开始在公司从事销售工作，至今，已有将近 4 年时间。在公司各位领导及原销售一部销售经理马经理的带领和帮助下，我由一名普通的销售员升职到销售一部的销售经理已经有 6 个月的时间，这 6 个月在销售一部所有员工的鼎力协助下，已完成销售额 128 万元，占销售一部全年销售任务的 55%。现将这 6 个月的工作总结如下。

一、切实落实岗位职责，认真履行本职工作

　　作为销售一部的销售经理，自己的岗位职责主要包括以下几点。

　　千方百计完成区域销售任务并及时催回货款。

　　努力完成销售管理办法中的各项要求。

　　负责严格执行产品的出库手续。

　　积极、广泛地收集市场信息并及时整理上报。

　　协调销售一部各位员工的各项工作。

　　岗位职责是职工的工作要求，也是衡量职工工作好坏的标准，自从担任销售一部的销售经理以来，我始终以岗位职责为行动标准，从工作中的一点一滴做起，严格按照职责中的条款要求自己和销售一部员工的行为。在业务工作中，首先自己要掌握新产品的用途、性能、参数，基本能做到有问能答、必答，掌握产品的用途、安装方法；其次指导销售一部员工熟悉产品，并制订自己的销售方案；最后经开会讨论、交流，制订出满足市场需求的营销计划。

二、明确任务，积极主动，力求完成产品销售

　　无论是新产品还是旧产品，都一视同仁，只要市场有需求，就要想办法完成产品销售任务。工作中要时刻明白上下级关系，对领导安排的工作丝毫不能马虎、怠慢，充分了解领导意图，力争在期限内提前完成，此外，还要积极考虑并补充完善。

　　2018 年销售第一季度 86 万元，第二季度 90 万元，第三季度 110 万元，第四季度 89 万元。

　　2019 年计划第一季度 100 万元，第二季度 110 万元，第三季度 130 万元，第四季度 96 万元。

密密麻麻的文字凑在一起，没有重点，没有层次，显得比较混乱

标题内容是文档的中心，可设置醒目的加粗字体或修改颜色，也可以设置为特殊字体

利用页眉和页脚显示文档附加的主题

更改颜色，突出重点

重要内容可以添加项目符号和编号，使条理清晰

重要数据以表格形式展示，轻松阅读

销售工作报告

尊敬的各位领导、各位同事：

　　大家好，我从20XX年起开始在公司从事销售工作，至今，已有将近4年时间。在公司各位领导及原销售一部销售经理马经理的带领和帮助下，我由一名普通的销售员升职到销售一部的销售经理已经有3个月的时间，这3个月在销售一部所有员工的鼎力协助下，已完成销售额128万元。现将这3个月的工作总结如下。

一、切实落实岗位职责，认真履行本职工作

　　作为销售一部的销售经理，自己的岗位职责主要包括以下几点。

- ➜ 千方百计完成区域销售任务并及时催回货款。
- ➜ 努力完成销售管理办法中的各项要求。
- ➜ 负责严格执行产品的出库手续。
- ➜ 积极、广泛地收集市场信息并及时整理上报。
- ➜ 严格遵守公司的各项规章制度。
- ➜ 协调销售一部各位员工的各项工作。

　　岗位职责是职工的工作要求，也是衡量职工工作好坏的标准，自从担任销售一部的销售经理以来，我始终以岗位职责为行动标准，从工作中的一点一滴做起，严格按照职责中的条款要求自己和销售一部员工的行为。在业务工作中，首先自己要掌握新产品的用途、性能、参数，基本能做到有问能答、必答，掌握产品的用途、安装方法；其次指导销售一部员工熟悉产品，并制订自己的销售方案；最后经开会讨论、交流，制订出满足市场需求的营销计划。

二、明确任务，积极主动，力求完成产品销售

　　无论是新产品还是旧产品，都一视同仁，只要市场有需求，就要想办法完成产品销售任务。工作中要时刻明白上下级关系，对领导安排的工作丝毫不能马虎、怠慢，充分了解领导意图，力争在期限内提前完成，此外，还要积极考虑并补充完善。

	第一季度	第二季度	第三季度	第四季度
2018年销量	86万元	90万元	110万元	88万元
2019年销量	100万元	110万元	130万元	96万元

▓▓ 2.1.2　草图设计：在纸上简单设计版面

　　确定主题后，还需对版面进行草图设计，主要是确定版面如何布局。

　　草图设计主要是策划版面，包括页面项目，是否多栏排版，图放在哪里，段落间距是紧密还是松散，行间距怎样设置最直观等。

知识回顾

1 页面项目

页面中包含的项目，如下图所示。

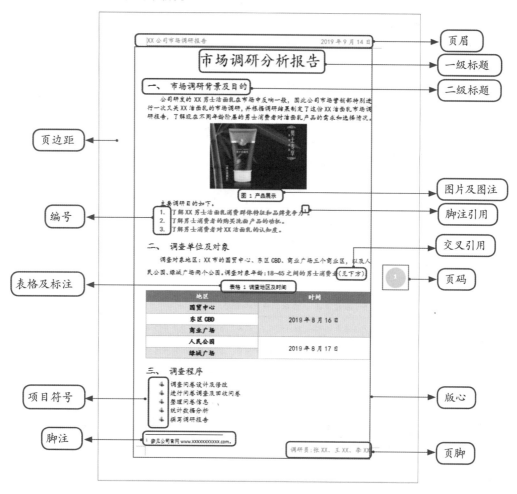

除图上的项目外，自选图形、图表、SmartArt 图形、书签、艺术字、索引等都是 Word 常用的页面项目。

2 是否多栏排版

下图所示为单栏和双栏的排版效果，用户可根据实际情况进行选择。

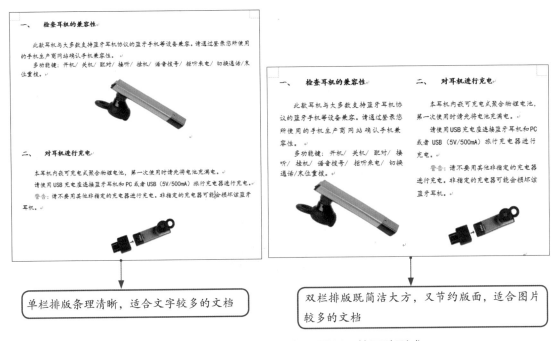

单栏排版条理清晰，适合文字较多的文档

双栏排版既简洁大方，又节约版面，适合图片较多的文档

如果选择的是双栏排版，中间的分割可以采取如下图所示的两种形式。

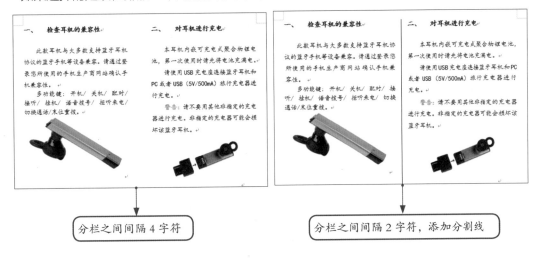

分栏之间间隔4字符

分栏之间间隔2字符，添加分割线

③ 图放在哪

插入图片之后，单击【图片工具】→【格式】选项卡下【排列】组中的【环绕文字】按钮，弹出如下图所示的下拉列表，在图中可以看出图片的位置分为以下几种。

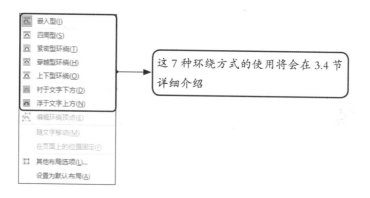

这 7 种环绕方式的使用将会在 3.4 节详细介绍

4 段落是松散还是紧密

段落间距如下图所示。

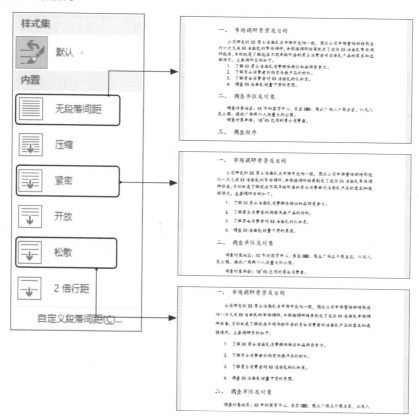

确定了主题并完成策划后，就可以着手实现对 Word 内容的设计和细化。其主要包括为文档项目创建样式、选择合适的 Office 主题。字体和段落的设置等简单操作在这里就不再赘述了。

1　样式

为文档创建样式可以直接使用系统内置的样式，也可以自定义样式。

（1）内置样式

在内置样式中，应用标题 2 后，即可自动显示标题 3，依次可显示其他标题，如下图所示。

应用样式前如下图所示。

应用样式后如下图所示。

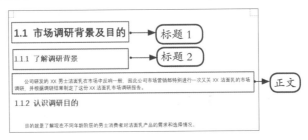

内置样式的优点：全文格式统一，排版效果美观；一次修改，全文更新；样式中包含的大纲

级别设置是生成目录的前提。

　　内置样式的缺点：不一定符合用户的要求，样式类型不够齐全。

　　（2）自定义样式

　　当系统内置的样式不能满足需求时，用户可以选择自定义样式，如下图所示。

　　自定义样式的特点：保留了内置样式的全部优势，更加灵活、多变，特别适合在长文档中使用。关于如何使用样式排版长文档将会在 4.3 节详细介绍。

2　选择 Office 主题

　　选择 Office 主题可以使文档中各类项目，如表格、自选图形等色彩搭配合理，看起来更美观。Office 主题不仅包括主题类型，还包括文档格式、主题颜色、字体等。

　　① 主题类型适合颜色较多的文档，如下图所示。

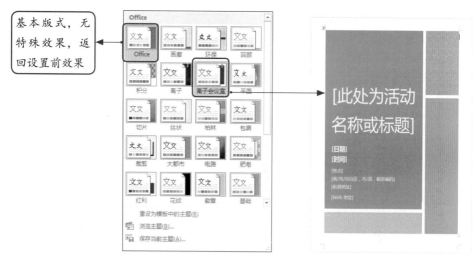

② 文档格式适合文字较多的文档，如下图所示。

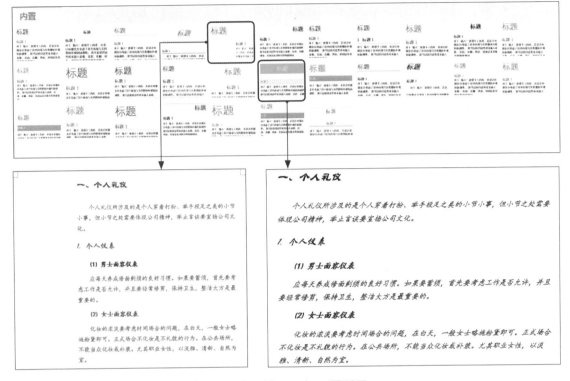

③ 主题颜色负责文档中项目颜色的合理搭配，如下图所示。

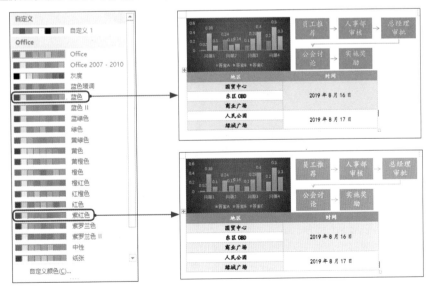

2.1.4 精准排版：对添加或现有的文档内容排版

前面 3 步完成之后，就可以正式排版了，Word 排版可以先整理文字及其他内容后再排版，也可以边输入边排版，要确保排版过程精确、准确。关于文档的排版将会在第 3 章和第 4 章详细介绍。

2.1.5 技术设置：自动编号及页眉页脚的设计

技术设置主要是排版中一些有关 Word 操作的高级技术，掌握这些技术，排版会更便捷、更专业、更高效。

通过编号和项目符号可以使文档条理清晰，便于读者厘清作者思路，便于阅读，而页眉和页脚的设计不仅使文档看起来更专业，而且能传递更多文档中无法表达的信息，如作者名称、单位名称、页码等，有关设置的种类如下图所示，相关操作会在第 4 章详细介绍。

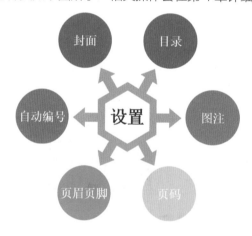

2.1.6 后期处理：文档的完善、检阅及输出打印

后期处理是排版文档的最后一步，重点在于检查纰漏并将核对无误的文档用恰当的形式存储，便于查看和分享。

后期处理主要包括对文档的完善、检阅，打印或输出为 PDF 等其他格式。如果这种类型的文档后期会经常用到，还可以将其另存为模板，以便以后直接使用。

PDF 和 .dotx 格式模板图标及优势如下图所示。

PDF 优势：
① 不安装 Word 也能查看，传播更方便；
② 防止他人修改文档；
③ 版式固定，表达更准确；
④ 更容易被打印。

.dotx 格式模板优势：
① 无须设置格式，省时省力；
②重复使用，效率高。

2.2 文档页面的设计规则

优秀的文档讲究版面设计，舒适、合理、专业、出色的版面设计不仅使文档具有良好的阅读性，而且可以提升读者的阅读欲望。在进行文档版面设计时，需要遵循如下图所示的 5 个原则。

2.2.1 留白原则

在版面设计中，恰到好处的留白能突出关键内容，提升文档的可读性与易读性，这里的留白，并不一定是留下的白色区域，文档中环绕在各元素周围的空白空间也属于留白，如下图所示。

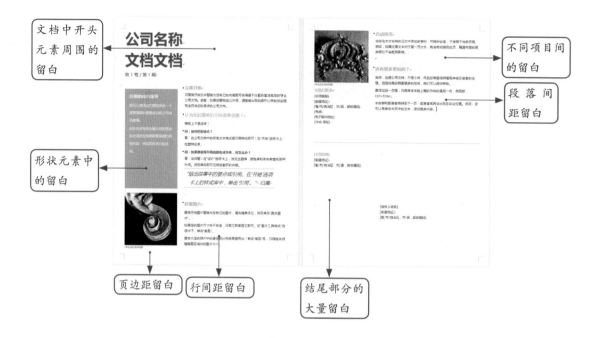

文档中开头元素周围的留白

形状元素中的留白

页边距留白

行间距留白

不同项目间的留白

段落间距留白

结尾部分的大量留白

紧凑原则

　　紧凑原则是指将文档中相关的信息元素聚集在一起，形成一个视觉单元，而不是孤立的、零散的个体，这样可以实现页面的组织性和条理性，使文档的结构更加清晰，便于阅读。一般来讲，一个页面上的视觉单元不超过 5 个。

　　紧凑原则在实际操作中主要是对以下几个方面进行修改。

　　① 将相同的元素合并，无关的元素分开。

　　② 处理好各级标题的关系。

　　在实际操作中要注意的问题如下。

　　① 避免一个页面上有太多孤立元素。

　　② 要有适当的留白，但不要在视觉单元之间留出相同的空白。

　　③ 按紧凑原则修改文档前后的对比如下图所示。

一、公司业绩较去年显著提高

全年实现销售 2.3 亿元，完成全年计划的 130%，比 2016 年增长了 43%。全年实现净利润 4500 万元，完成全年计划的 125%，比 2018 年增加了 38.5%。全年成本预算内费用支出 1800 万元，比 2018 的 1500 万元增加了 300 万元，上升幅度 20%。公司业绩的提高与每位员工的辛勤付出是分不开的，在这里向广大员工表示感谢。

二、举办多次促销活动

在 2019 年 5 月 1 日至 2019 年 5 月 6 日举办的"庆五一 欢乐购 大抽奖"活动，以及 2019 年 10 月 1 日至 2019 年 10 月 6 日举办的"庆双节 欢乐购 大抽奖"活动，均取得较大成功，分别累积销售 2000 万元和 2100 万元。

三、完善制度，改善管理

在过去的一年中，公司先后整理出了各类管理体系。修订、完善了包括高层管理、行政基础管理、人力资源管理、考核管理、后勤管理、财务预算管理、检查督导管理等 39 套管理体系。为公司的规范管理和运行提供了全面的制度保障，为各部门管理工作行为制定了执行依据。

一、公司业绩较去年显著提高

全年实现销售 2.3 亿元，完成全年计划的 130%，比 2016 年增长了 43%。全年实现净利润 4500 万元，完成全年计划的 125%，比 2018 年增加了 38.5%。全年成本预算内费用支出 1800 万元，比 2018 的 1500 万元增加了 300 万元，上升幅度 20%。公司业绩的提高与每位员工的辛勤付出是分不开的，在这里向广大员工表示感谢。

二、举办多次促销活动

在 2019 年 5 月 1 日至 2019 年 5 月 6 日举办的"庆五一 欢乐购 大抽奖"活动，以及 2019 年 10 月 1 日至 2019 年 10 月 6 日举办的"庆双节 欢乐购 大抽奖"活动，均取得较大成功，分别累积销售 2000 万元和 2100 万元。

三、完善制度，改善管理

在过去的一年中，公司先后整理出了各类管理体系。修订、完善了包括高层管理、行政基础管理、人力资源管理、考核管理、后勤管理、财务预算管理、检查督导管理等 39 套管理体系。为公司的规范管理和运行提供了全面的制度保障，为各部门管理工作行为制定了执行依据。

一级标题与内容、段落之间的距离基本相同，各部分内容没有很好的区分开

通过设置段前间距，可以很明显地看到正文内容被分为 3 个部分，结构清晰，便于阅读

作为销售一部的销售经理，自己的岗位职责主要包括以下几点：

- 千方百计完成区域销售任务并及时催回货款。
- 努力完成销售管理办法中的各项要求。
- 负责严格执行产品的出库手续。
- 积极广泛收集市场信息并及时整理上报。
- 协调销售一部各位员工的各项工作。
- 对员工各阶段完成的销售量进行监督。

作为销售一部的销售经理，自己的岗位职责主要包括以下几点：

- 千方百计完成区域销售任务并及时催回货款。
- 努力完成销售管理办法中的各项要求。
- 负责严格执行产品的出库手续。
- 积极广泛收集市场信息并及时整理上报。
- 协调销售一部各位员工的各项工作。
- 对员工各阶段完成的销售量进行监督。

项目符号与文本内容之间的距离过大，容易造成误解

调整项目符号与文本之间的距离，"跟谁亲，就离谁近"

调整项目符号与文本之间距离的设置方法如下。

首先在项目符号上单击，即可选中项目符号，然后再右击，在弹出的快捷菜单中选择【调整列表缩进】选项，在弹出的【调整列表缩进量】对话框中进行设置即可，如下图所示。

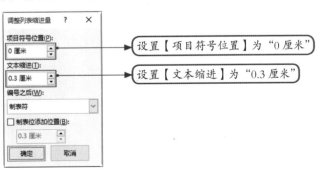

设置【项目符号位置】为"0 厘米"

设置【文本缩进】为"0.3 厘米"

2.2.3 　对齐原则

页面中的每个元素都不能随意摆放，否则会使页面显得杂乱。每个元素都应该与页面上的另一元素有某种视觉联系，从而使页面有清晰的外观，统一而有条理。通过对齐方式，不同的视觉单元间会自然存在一种视觉联系。

对齐原则在实际操作中主要是对以下几个方面进行修改。

① 注意页面对象位置，找出与之相对应的对象，即使这两个对象的物理位置可能相距很远。

② 可尝试左对齐或右对齐，使页面留有空白。

在实际操作中要注意的问题如下。

① 避免在页面上混合使用多种文本对齐方式。

② 着力避免居中对齐，不是完全不使用居中对齐，而是要有意使用，不能将居中对齐设为默认对齐方式。

使用对齐方式后的效果如下图所示。

页面设计采用左对齐的方式，虽然字体大小和数量不同，但仍然可以感受到整齐的美感

在比较正式的场合，使用居中对齐的方式往往更加有仪式感

2.2.4 　重复原则

重复是指利用某些元素的重复将页面中的各个部分联系到一起，这样有利于增加条理性，增

强文档的统一性。重复的元素可以是颜色、形状、材质、空间关系、线宽、字体和图片等。

重复原则在实际操作中主要是对图片、字体、颜色、下画线、项目符号等重复元素在不同页面做重复处理。需要注意的问题是避免太多重复，如下图所示。

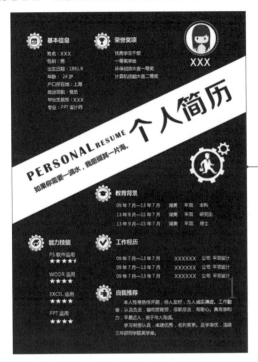

将相同类别的栏目通过图案、字体重复排放，增强页面的统一性

2.2.5 对比原则

对比是将页面中的不同元素、不同类别内容进行对比，通过字体、颜色、大小、线宽、形状、空间等方式，使对比双方有所不同，并且是截然不同的，这样不仅可以增强页面效果，而且还有助于信息的组织，突出重点。

在实际操作中要注意的问题如下。

① 想要突出重点，就要使用对比，并加大力度，让它们截然不同。

② 避免使用太多对比，一个画面中有 1 个或 2 个对比就可以了。过多对比反而会让读者看不出重点。

对比前后的效果如下图所示。

页面看起来干净整洁，但总觉得少了一些能够抓住眼球的东西

通过改变字体颜色、大小等操作，突出显示重点内容。此处也使用了重复原则

2.3 Word 不仅是文字的输入

很多人都认为 Word 只是简单地打字，进行文字的输入。这是因为他们只使用了 Word 中很少一部分功能。其实在 Word 中不仅是输入文字，编写简单的纯文字文档，还可以插入图片、表格、图表等，制作表格类文档、图文表混排的复杂文档及各类特色文档。

2.3.1 制作表格类文档

提到制作表格，很多人想到的是 Excel，Excel 作为一款功能强大的数据处理和分析软件，处理的往往是需要进行统计和计算的数据表格，如工资表、销售汇总表等涉及金融类数据的表格。而在 Word 中处理的表格往往是类目众多，没有交互和逻辑关系的数据，如登记表、申请表、个人简历等，如下图所示。

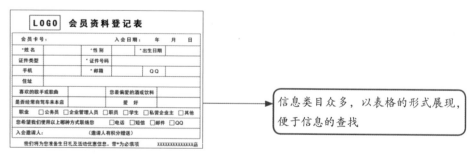

信息类目众多，以表格的形式展现，便于信息的查找

在编写 Word 文档时，当涉及众多类目的数据时，如果将这些数据信息一条一条地罗列出来，即使使用项目符号等样式将其与正文区分，呈现在读者面前的仍是一堆密密麻麻的文字，文档显得枯燥乏味，降低读者的阅读兴趣。如果将这些数据以表格的形式展现出来，会立刻给人一种耳目一新的感觉，不仅条理清晰，便于读者查看数据，而且也丰富了文档内容的表现形式。关于表格的制作在 3.3 节有详细的介绍，文档使用表格前后对比效果如下图所示。

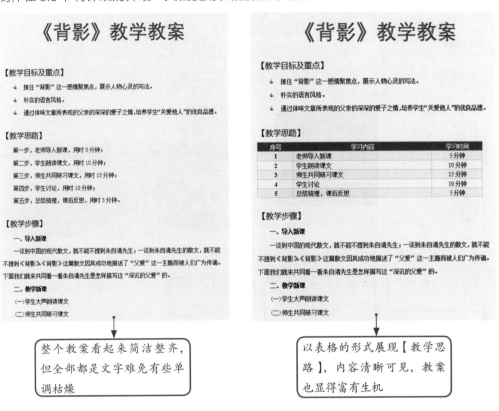

2.3.2　制作图文混排的复杂文档

Word 除了可以插入表格外，还可以插入图片、图表、艺术字等。在编排文档的过程中，为了使文档更加美观，吸引人眼球，除了对文字进行适当的修饰外，还可以在文档中插入合适的图片、图表等，从而丰富文档内容的表现形式。图文混排的具体操作方法会在 3.4 节详细介绍，制作完成的图文混排实例，如下图所示。

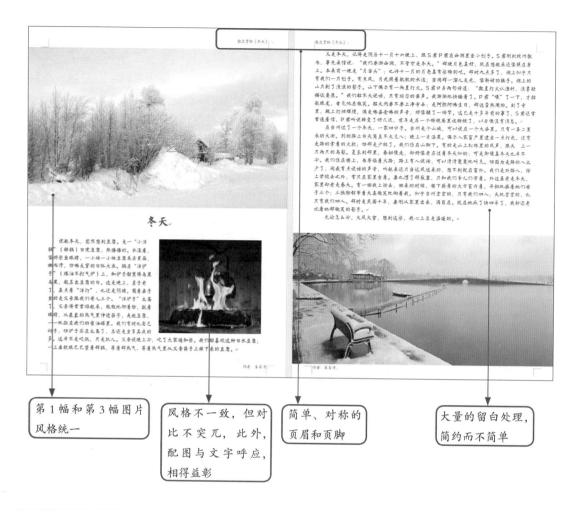

第1幅和第3幅图片风格统一

风格不一致，但对比不突兀，此外，配图与文字呼应，相得益彰

简单、对称的页眉和页脚

大量的留白处理，简约而不简单

2.3.3　制作各类特色文档

　　综合利用 Word 中的强大功能，还可以制作其他各类特色文档，如名片、邀请函、宣传页、海报、小型折页手册等。Word 制作的各类特色文档如下图所示。

名片

邀请函

招聘海报

2.4 高超的武功，先从基本功练起

教学视频

"九层之台，起于垒土；千里之行，始于足下。"掌握 Word 的基本功，积累实用的经验和技巧，可以练就高超的武功，成为 Word "大咖"。

选择文本通常的方法是使用鼠标拖曳选择，当需要选择大量的文本时，用鼠标拖曳选择不仅效率低，而且还容易出错。如果要选择所有文本，可以按【Ctrl+A】组合键。除此之外，还有哪些高效选择文本的技巧呢？

1 使用键盘选择文本

使用键盘选择文本的快捷键如下表所示。

组合键	功能
【Shift+ ← 】	选择光标左边的一个字符
【Shift+ → 】	选择光标右边的一个字符
【Shift+ ↑ 】	选择至光标上一行同一位置之间的所有字符
【Shift+ ↓ 】	选择至光标下一行同一位置之间的所有字符
【Ctrl+ Home 】	选择至当前行的开始位置
【Ctrl+ End 】	选择至当前行的结束位置
【Ctrl+A】/【Ctrl+5】	选择全部文档
【Ctrl+Shift+ ↑ 】	选择至当前段落的开始位置
【Ctrl+Shift+ ↓ 】	选择至当前段落的结束位置
【Ctrl+Shift+Home 】	选择至文档的开始位置
【Ctrl+Shift+End 】	选择至文档的结束位置

2 使用【Shift】键和【Ctrl】键选择

使用【shift】键和【Ctrl】键选择文本的效果如下图所示。

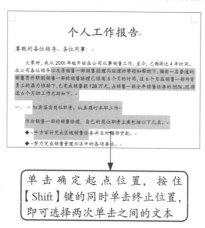

单击确定起点位置，按住【Shift】键的同时单击终止位置，即可选择两次单击之间的文本

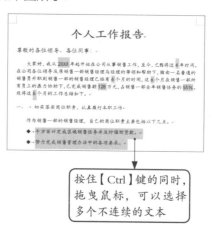

按住【Ctrl】键的同时，拖曳鼠标，可以选择多个不连续的文本

3 在段落前通过空白位置选择

在段落前通过空白位置选择的方法及效果如下图所示。

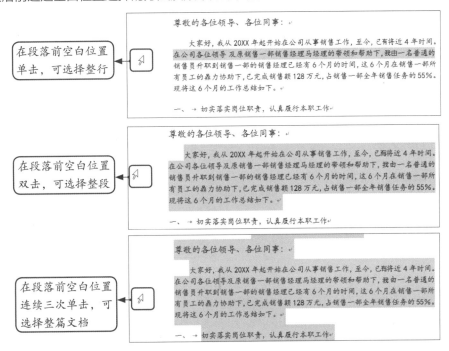

4 选择格式类似的文档

方法一：通过选项卡选择，其步骤如下图所示。

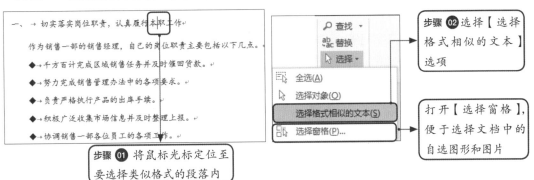

方法二：通过【样式】窗格选择如下图所示。

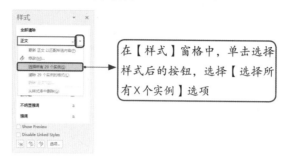

在【样式】窗格中，单击选择样式后的按钮，选择【选择所有 X 个实例】选项

5 纵向选择文本

纵向选择文本的方法如下图所示。

按住【Alt】键，拖曳鼠标，即可纵向选择文本内容，这里选择了每段编号后的前两个字符

2.4.2 搞定文本输入的疑难杂症

提到输入文本，大多数人都觉得这是一个特别简单的事情，但是实际工作中，在输入文本时会遇到各种问题。为了帮助大家解决问题，这里总结了一些输入文本时常见的难题和技巧。

知识点拨

1 输入文字后，后面的文字消失

输入文字后，后面的文字消失，其解决方法如下图所示。

原文本：今天休息不上班。
期望修改后：今天星期天，休息不上班。
现实修改后：今天星期天，班。

首次按【Insert】键会进入改写状态，输入文字会自动覆盖后面的文字。解决方法：再次按【Insert】键，即可退出改写状态

2 快速输入大写中文数字

选择输入的阿拉伯数字后，单击【插入】选项卡下【符号】组中的【编号】按钮，在打开的【编

号】对话框的【编号类型】下拉列表框中选择大写中文数字，单击【确定】按钮即可，如下图所示。

壹拾贰萬叁仟肆佰伍拾陆

③ 将输入的数字设置为斜体

在文档中需要将输入的常规数字更改为斜体，怎么办？是每次输入数字后单独设置字体样式，还是先输入后，再一个个修改？虽然这两种方法都能实现，但速度会很慢。使用替换功能就可以轻松解决，如下图所示。

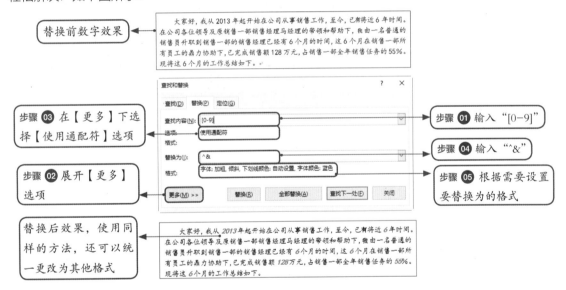

2.4.3 处理表格格式的问题

在 Word 中处理表格最难的就是表格格式问题，设置格式很简单，但一旦出现格式问题，总是会让人无从下手。试了一百种方法，问题依然没有解决。几种常见的表格处理难题及其解决方法，如下图所示。

知识点拨

1 将一个表格拆分为两个

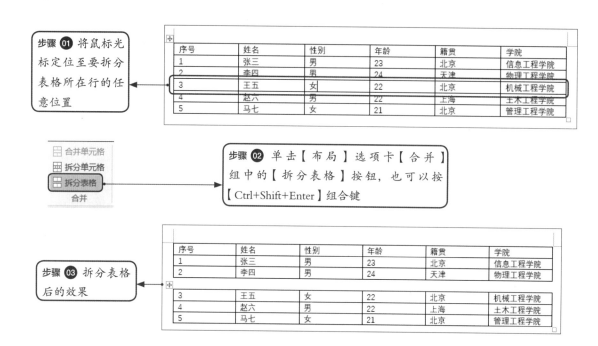

步骤 ❶ 将鼠标光标定位至要拆分表格所在行的任意位置

步骤 ❷ 单击【布局】选项卡【合并】组中的【拆分表格】按钮，也可以按【Ctrl+Shift+Enter】组合键

步骤 ❸ 拆分表格后的效果

2 对齐表格边框

改造别人的表格时，有时会遇到不论向左还是向右移动竖线，都会差那么一点点对不齐的情况，如下图所示。

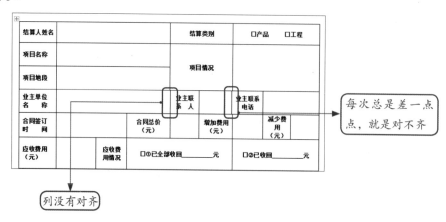

每次总是差一点点，就是对不齐

列没有对齐

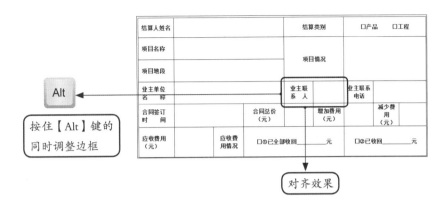

③ 在表格前添加空行

如果表格在文档顶端，表格上方没有文字，此时需要在表格前添加一个空行，其方法如下图所示。

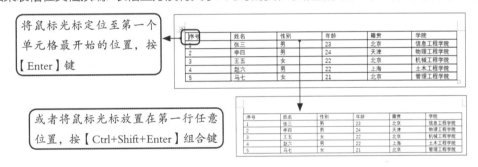

④ 表格后多了空白页

表格做完后，发现最后多了一页空白页，并且删除不了，如下图所示。怎么删除空白页呢？

（1）更改段落标记所在位置的字体大小

更改段落标记所在位置的字体大小，如下图所示。

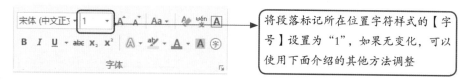

将段落标记所在位置字符样式的【字号】设置为"1"，如果无变化，可以使用下面介绍的其他方法调整

（2）减小行间距

通过减小空白页段落标记所在段落的行间距，去掉空白页，如下图所示。

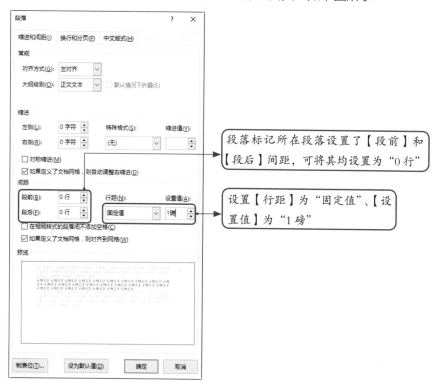

段落标记所在段落设置了【段前】和【段后】间距，可将其均设置为"0行"

设置【行距】为"固定值"、【设置值】为"1磅"

（3）减小表格行高

如果表格行高允许调整，也可以适当减小表格的行高，如下图所示。

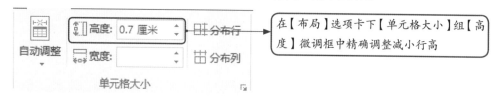

在【布局】选项卡下【单元格大小】组【高度】微调框中精确调整减小行高

（4）减少页边距

打开【页面设置】对话框，适当减小【上】【下】页边距的大小，如下图所示。

根据需要减小【上】【下】页边距

5 减小表格行高，无反应

无论是拖曳调整还是精确减小行高，均无反应，如下图所示。

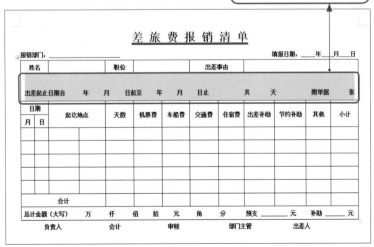

无论是拖曳调整还是精确减小行高，均无反应

选择文本，打开【段落】对话框，将大的间距减小即可。之后就可以根据需要调整该行的高度，如下图所示。

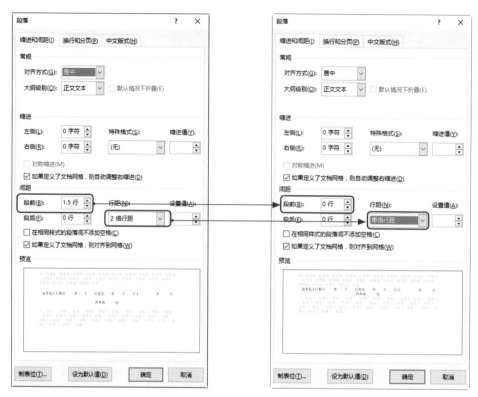

2.5 提升 Word 排版效率的高效秘籍

技巧是提高速度的关键，在掌握排版方法的基础上掌握一些排版技巧，可以达到事半功倍的效果，帮助读者快速提高排版效率。

2.5.1 功能强大的"三键一刷"

是不是都很好奇什么是"三键一刷"？

如下图所示，"三键一刷"就是【Alt】键、【Ctrl】键、【F4】键及格式刷，下面就来看一下它们有哪些功能。

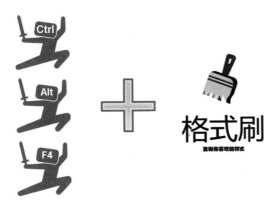

1 【Alt】键

在 Word 中【Alt】键经常被用来配合鼠标指针进行细微的调整。

① 选择矩形文档区域，如下图所示。

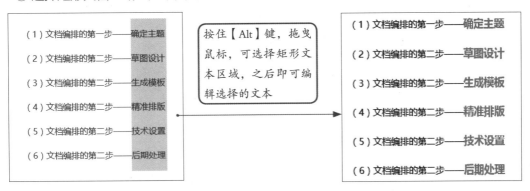

② 精确调整标尺。按住【Alt】键，再拖动上标尺、左标尺，可精确调整其值，如下图所示。

如果 Word 中没有显示标尺，在【视图】选项卡【显示】组中选中【标尺】复选框，即可在 Word 中显示标尺。

③ 按【Shift+Alt+ ↑】或【Shift+Alt+ ↓】组合键能调整文档中段落的顺序，也可以调整

Word 表格中的行序，在大纲视图下，可提升或降低段落级别。

④ 在 Word 窗口显示对应菜单和功能快捷键的方法如下图所示。

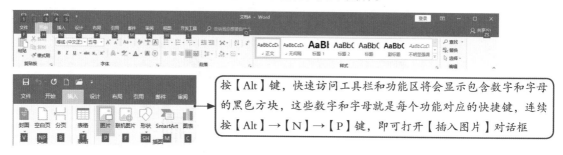

2 【Ctrl】键

【Ctrl】键是 Word 中当之无愧的神器，如常用的打开【Ctrl+O】组合键、复制【Ctrl+C】组合键、剪切【Ctrl+X】组合键、粘贴【Ctrl+V】组合键、保存【Ctrl+S】组合键等都与【Ctrl】键相关。

除了常用的快捷键外，还有很多和【Ctrl】键相关的快捷键，如下表所示。

组合键	功能
Ctrl+N	创建新文档
Ctrl+W	关闭文档
Ctrl+F	查找
Ctrl+H	替换
Ctrl+R	右对齐
Ctrl+L	左对齐
Ctrl+E	居中对齐
Ctrl+]	逐磅增大字号
Ctrl+[	逐磅减小字号
Ctrl+D	打开【字体】对话框更改字符格式
Ctrl+B	应用加粗格式
Ctrl+U	应用下画线
Ctrl+I	应用倾斜格式
Ctrl+Z	撤销
Ctrl+Y	还原
Ctrl+Shift+C	复制格式
Ctrl+Shift+V	粘贴格式
Ctrl+Z	撤销上一个操作
Ctrl+Y	恢复上一个操作
Ctrl+Shift+>	增大字号

组合键	功能
Ctrl+Shift+<	减小字号
Ctrl+ 向左键	向左移动一个字词
Ctrl+ 向右键	向右移动一个字词
Ctrl+Shift+ 向左键	向左选取或取消选取一个单词
Ctrl+Shift+ 向右键	向右选取或取消选取一个单词

3 【F4】键

编辑文档，在遇到大量的重复操作时，除了使用复制粘贴和格式刷外，还可以使用【F4】键，其功能就是重复上一步的操作。

（1）重复输入，无须复制粘贴

在文档中输入文本，按【F4】键可以重复输入上一步输入的文本内容，随着鼠标光标定位的不同，按【F4】键可在不同的位置处输入相同的文本内容。

例如，需要在"院系"列输入"信息学院"，可以先在"院系"列的第一个单元格中输入"信息学院"，然后依次选择下方的单元格，按【F4】键，即可实现重复输入，如下图所示。

提示： 如果希望使用【F4】键，在不同的位置重复输入上一步输入的文本内容，在改变光标位置时，只能拖曳鼠标改变定位，不可使用【Space】键或换行符，否则按【F4】键重复的就是插入空格或换行符了。

（2）代替格式刷，快速应用上一步设置的格式

【F4】键重复的上一步的操作，不仅包括文本，还包括格式，如下图所示。

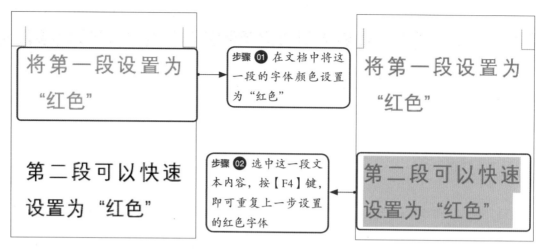

（3）在表格中的应用

在表格中执行增加或删除行、列，合并单元格，填充单元格等操作时，使用【F4】键，可快速完成上一步的操作，如下图所示。

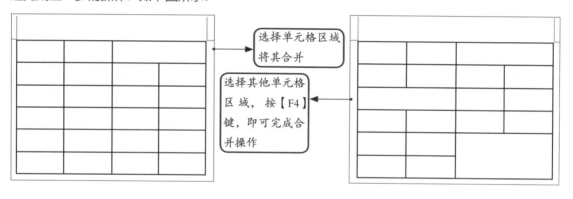

4 格式刷

在短文档或其他类型的文档中，格式刷可以复制所选段落的所有样式，并将其快速应用至其他段落中，解决了格式设置的难题。

① 单击一次【格式刷】按钮，仅可使用复制的样式一次，如下图所示。

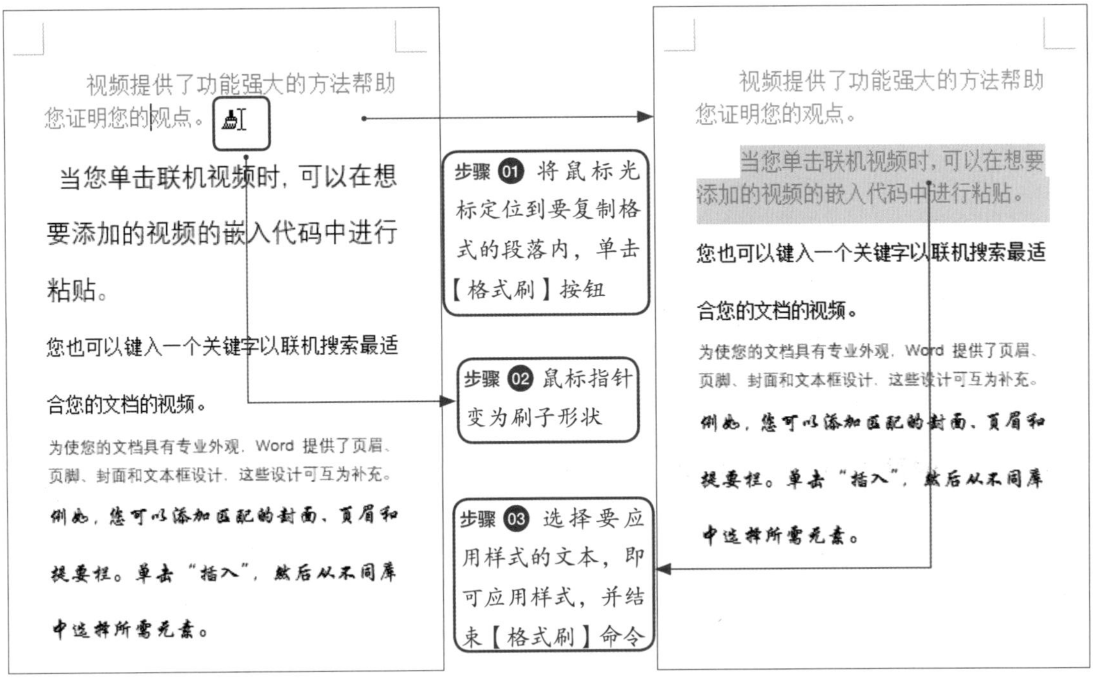

视频提供了功能强大的方法帮助您证明您的观点。▲I

当您单击联机视频时，可以在想要添加的视频的嵌入代码中进行粘贴。

您也可以键入一个关键字以联机搜索最适合您的文档的视频。

为使您的文档具有专业外观，Word 提供了页眉、页脚、封面和文本框设计，这些设计可互为补充。

例如，您可以添加区配的封面、页眉和提要栏。单击"插入"，然后从不同库中选择所需元素。

步骤 01 将鼠标光标定位到要复制格式的段落内，单击【格式刷】按钮

步骤 02 鼠标指针变为刷子形状

步骤 03 选择要应用样式的文本，即可应用样式，并结束【格式刷】命令

视频提供了功能强大的方法帮助您证明您的观点。

当您单击联机视频时，可以在想要添加的视频的嵌入代码中进行粘贴。

您也可以键入一个关键字以联机搜索最适合您的文档的视频。

为使您的文档具有专业外观，Word 提供了页眉、页脚、封面和文本框设计，这些设计可互为补充。

例如，您可以添加区配的封面、页眉和提要栏。单击"插入"，然后从不同库中选择所需元素。

② 双击【格式刷】按钮，可连续使用，直至按【Esc】键取消格式刷，如下图所示。

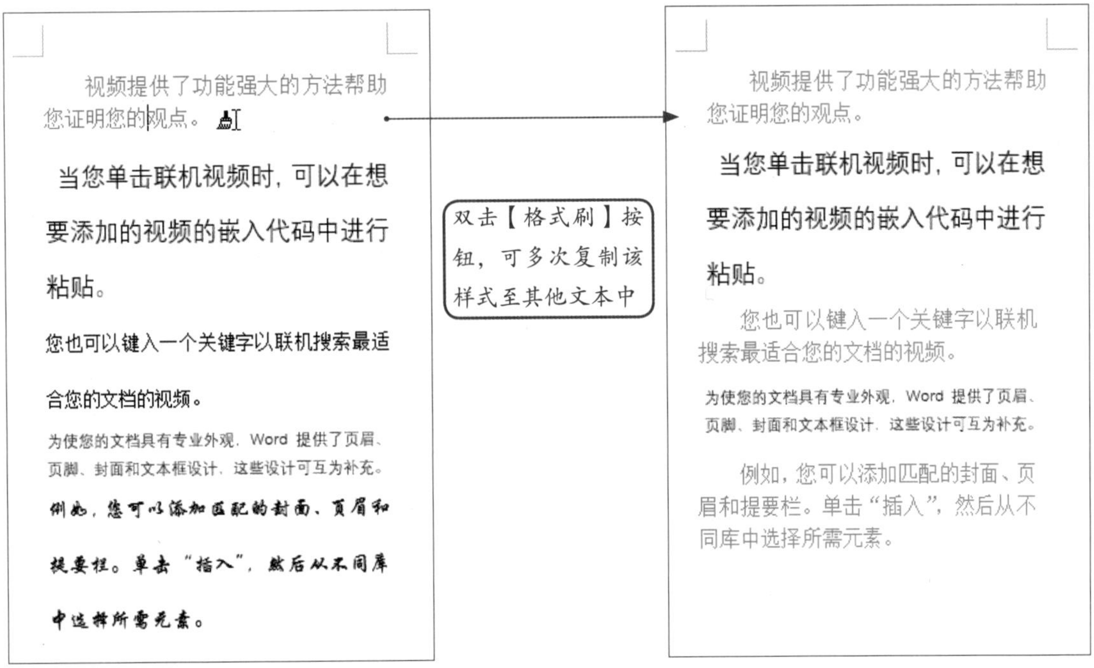

视频提供了功能强大的方法帮助您证明您的观点。▲I

当您单击联机视频时，可以在想要添加的视频的嵌入代码中进行粘贴。

您也可以键入一个关键字以联机搜索最适合您的文档的视频。

为使您的文档具有专业外观，Word 提供了页眉、页脚、封面和文本框设计，这些设计可互为补充。

例如，您可以添加区配的封面、页眉和提要栏。单击"插入"，然后从不同库中选择所需元素。

双击【格式刷】按钮，可多次复制该样式至其他文本中

视频提供了功能强大的方法帮助您证明您的观点。

当您单击联机视频时，可以在想要添加的视频的嵌入代码中进行粘贴。

您也可以键入一个关键字以联机搜索最适合您的文档的视频。

为使您的文档具有专业外观，Word 提供了页眉、页脚、封面和文本框设计，这些设计可互为补充。

例如，您可以添加匹配的封面、页眉和提要栏。单击"插入"，然后从不同库中选择所需元素。

　　【格式刷】的功能虽然很强大，但是在长文档的排版中，样式才是提高排版效率的关键。使用【格式刷】虽然可以快速为文本应用格式，但是在后期排版中，如果遇到修改格式的情况，需要先在文档中将某一处的文本段落格式修改好，之后再使用【格式刷】将修改好的格式应用到其他需要设置相同格式的文本段落中，费时费力。

　　使用样式则可以避免这种问题的发生。在排版文档时，将文档中使用的不同格式分别创建为相应的样式，需要修改格式时，只需要将此格式对应的样式进行修改，修改完成后，其他应用此样式的文本也会随之自动更新，既方便又快捷，如下图所示。

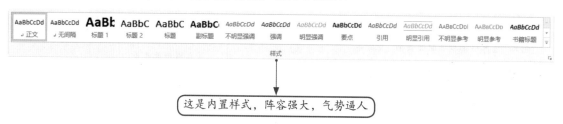

这是内置样式，阵容强大，气势逼人

　　所以使用样式是长文档排版的利器，样式在 2.1.3 小节已经介绍过，这里就不再赘述了。Word 提供了多种多样的内置样式供用户选择，当内置样式满足不了用户需求时，还可以自定义样式，满足多样个性化的需求，帮助用户快速、高效地排版长文档。对于如何使用样式排版长文档将会在 4.3 节详细介绍。然而在本章中已经是第二次提到"样式"了，尤其是自定义样式，下面就先来稍稍展示一下自定义样式的魅力，以自定义题注样式为例介绍如何自定义样式及应用样式。

　　首先选择【开始】选项卡下【样式】组中的【样式】按钮，调出【样式】任务窗格，如下图所示。

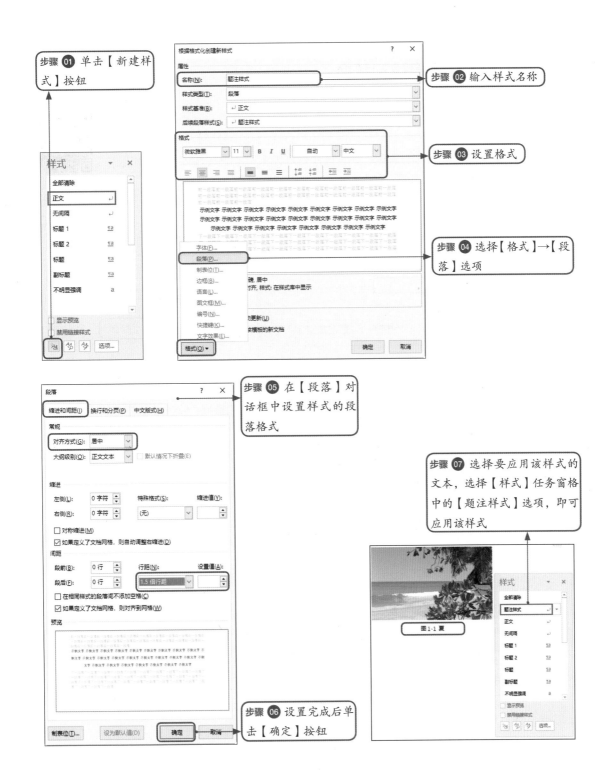

步骤 01 单击【新建样式】按钮

步骤 02 输入样式名称

步骤 03 设置格式

步骤 04 选择【格式】→【段落】选项

步骤 05 在【段落】对话框中设置样式的段落格式

步骤 06 设置完成后单击【确定】按钮

步骤 07 选择要应用该样式的文本，选择【样式】任务窗格中的【题注样式】选项，即可应用该样式

图1-1 夏

相信经常使用 Word 办公的人,对于 Word 的查找和替换功能并不陌生,使用起来简单快捷,如批量修改文档中的同一错别字,打开【查找和替换】对话框,在【查找内容】文本框中输入要查找的错字,然后在【替换为】文本框中输入正确的内容,然后单击【替换】按钮即可,如下图所示。

知识点拨

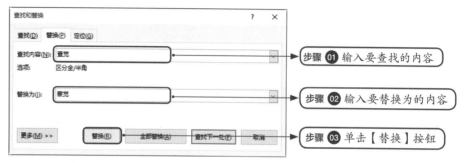

提示: 使用查找和替换功能的前提是文档中有多处相同的需要修改的文本,即查找和替换适用于批量操作。

这是对查找和替换功能最基本的使用,既然是万能的查找和替换,那就肯定不止这一个功能,下面就来看一下它的其他用法吧!

1 批量设置字体格式

下面需要将文档中多次出现的"叶子"词语的格式进行设置,这里将【字体】设置为"华文楷体",【字号】设置为"三号",【字体颜色】设置为"绿色",并添加"倾斜"和"加粗"效果,其步骤及前后效果如下图所示。

> 曲曲折折的荷塘上面,弥望的是田田的 叶子 。叶子出水很高,像亭亭的舞女的裙。层层的叶子中间,零星地点缀着些白花,有袅娜地开着的,有羞涩地打着朵儿的;正如一粒粒的明珠,又如碧天里的星星,又如刚出浴的美人。微风过处,送来缕缕清香,仿佛远处高楼上渺茫的歌声似的。这时候叶子与花也有一丝的颤动,像闪电般,霎时传过荷塘的那边去了。叶子本是肩并肩密密地挨着,这便宛然有了一道凝碧的波痕。叶子底下是脉脉的流水,遮住了,不能见一些颜色;而叶子却更见风致了。

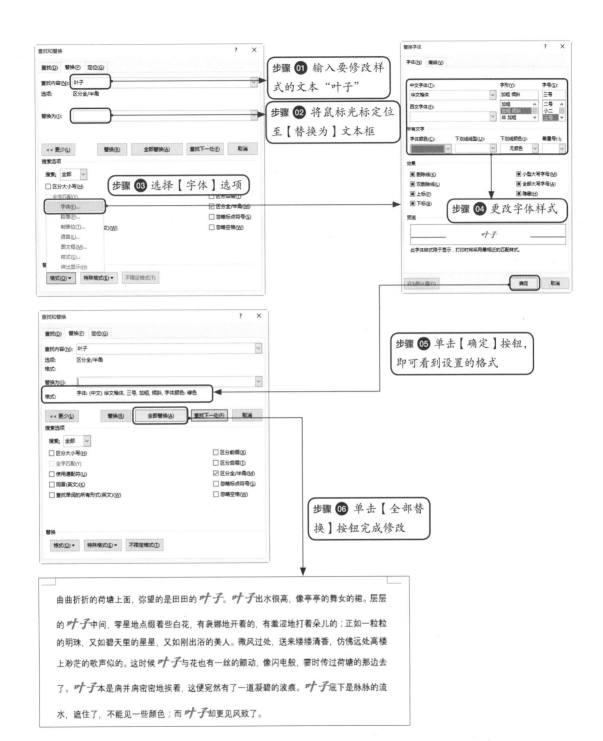

步骤 ❶ 输入要修改样式的文本"叶子"

步骤 ❷ 将鼠标光标定位至【替换为】文本框

步骤 ❸ 选择【字体】选项

步骤 ❹ 更改字体样式

步骤 ❺ 单击【确定】按钮，即可看到设置的格式

步骤 ❻ 单击【全部替换】按钮完成修改

曲曲折折的荷塘上面，弥望的是田田的*叶子*。*叶子*出水很高，像亭亭的舞女的裙。层层的*叶子*中间，零星地点缀着些白花，有袅娜地开着的，有羞涩地打着朵儿的；正如一粒粒的明珠，又如碧天里的星星，又如刚出浴的美人。微风过处，送来缕缕清香，仿佛远处高楼上渺茫的歌声似的。这时候*叶子*与花也有一丝的颤动，像闪电般，霎时传过荷塘的那边去了。*叶子*本是肩并肩密密地挨着，这便宛然有了一道凝碧的波痕。*叶子*底下是脉脉的流水，遮住了，不能见一些颜色；而*叶子*却更见风致了。

② 使用通配符查找和替换

通配符是一些特殊的语句，主要作用是用来模糊搜索和替换。如果要在文档中搜索"好人""好东西""好事""好家伙"等词语，在【查找内容】文本框中需要输入"好*"，但在搜索包含通配符的文本时，需要在通配符前加上反斜杠（\），如搜索"好*"字符时，要输入"好*"。

提示： 在使用通配符进行查找和替换时，在【搜索选项】区域一定要选中【使用通配符】复选框。

常用通配符的功能及示例如下表所示。

常用通配符	功能	示例
*	任意字符串	例如，输入"*好"就可以找到"我好""他好""大家好"等字符
?	任意单个字符	例如，输入"?好"就可以找到诸如"我好""你好""他好"等字符；输入"???好"可以找到"言归于好"等字符
<	指定起始字符串	例如，输入"<ag"，就说明要查找的字符的起始字符为"ag"，可以找到"ago""agree""again"等字符
>	指定结尾字符串	例如，输入"er>"，就说明要查找的字符的结尾字符为"er"，可以找到"ver""her""lover"等字符
[]	指定字符之一	例如，"w[io]n"查找"win"和"won"
[-]	指定范围内的任意单个字符	例如，"[r-t]ight"（必须用升序表示范围）可查找"right"和"sight"
[!x-z]	指定括号内字符以外的任意单个字符	例如，"t[!a-m]ck"查找"tock"和"tuck"，但不查找"tack"和"tick"
{n}	指定要查找的字符中包含前一字符的个数	例如，输入"cho{1}se"就是说包含 1 个前一字符"o"，可以找到"chose"，输入"cho{2}se"就是说包含两个前一字符"o"，可以找到，"choose"

需要通配符时在【特殊格式】列表中直接选择即可，如下图所示。

选中【使用通配符】复选框后才能使用通配符查找

定位至要插入通配符的位置，在【特殊格式】列表中直接选择相应的选项即可

③ 查找和替换特殊格式

（1）批量删除空格和空行

下面介绍如何批量删除文档中多余的空格和空行，如下图所示。

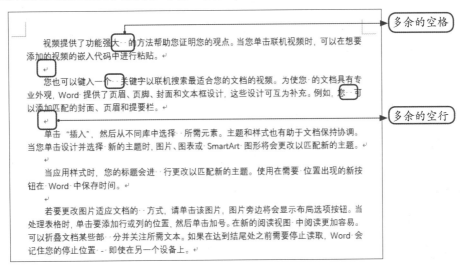

多余的空格

多余的空行

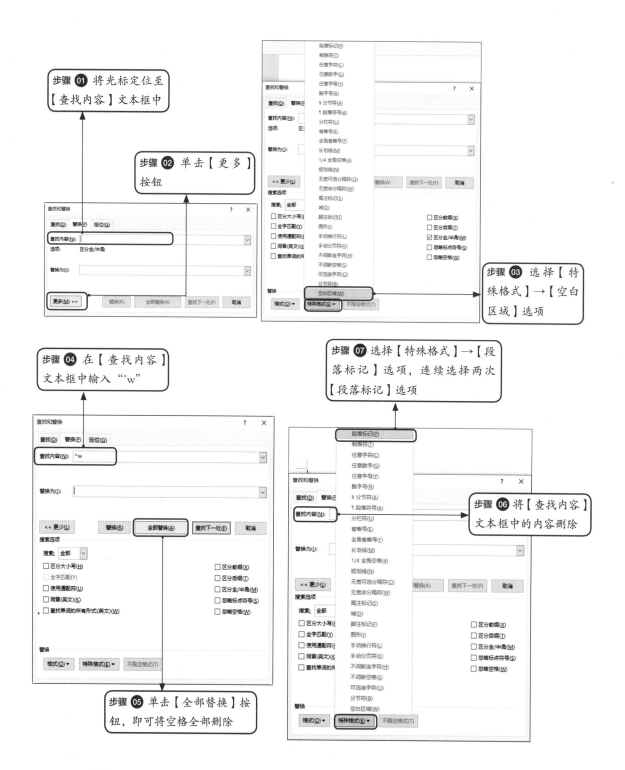

步骤 01 将光标定位至【查找内容】文本框中

步骤 02 单击【更多】按钮

步骤 03 选择【特殊格式】→【空白区域】选项

步骤 04 在【查找内容】文本框中输入"^w"

步骤 07 选择【特殊格式】→【段落标记】选项，连续选择两次【段落标记】选项

步骤 06 将【查找内容】文本框中的内容删除

步骤 05 单击【全部替换】按钮，即可将空格全部删除

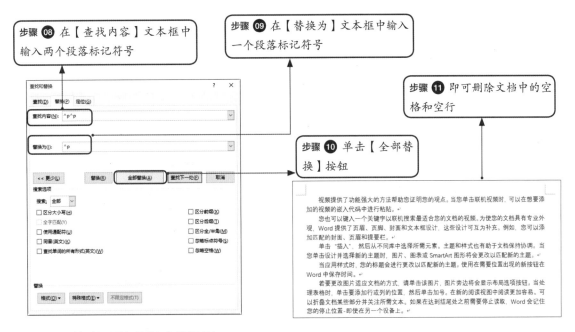

步骤 08 在【查找内容】文本框中输入两个段落标记符号

步骤 09 在【替换为】文本框中输入一个段落标记符号

步骤 11 即可删除文档中的空格和空行

步骤 10 单击【全部替换】按钮

（2）快速设置标题的大纲级别

为文档中的标题设置大纲级别，如下图所示。

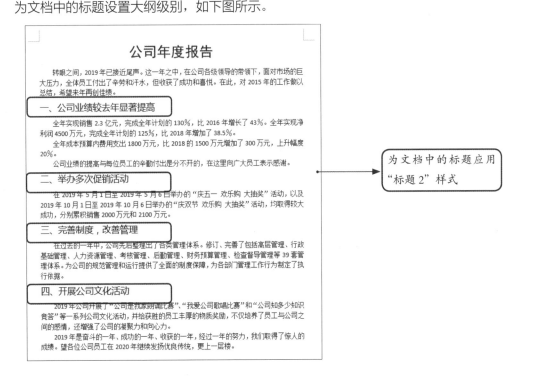

为文档中的标题应用"标题 2"样式

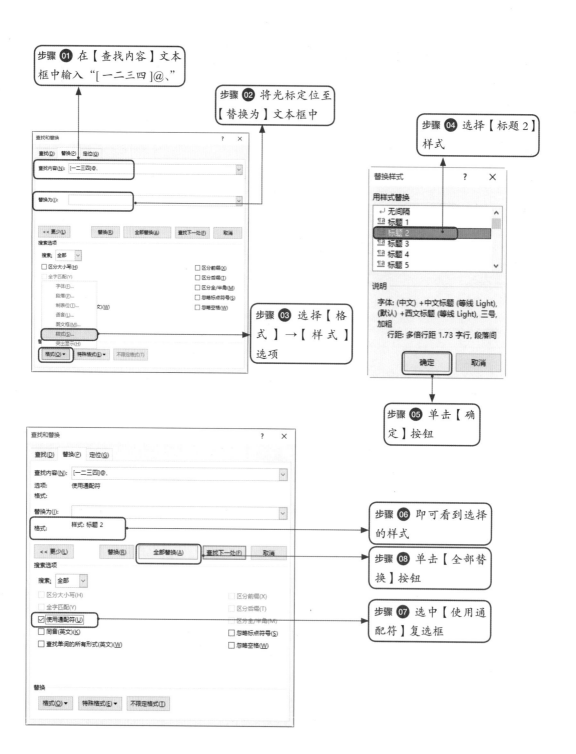

精进Office： 成为Word/Excel/PPT高手

公司年度报告

转眼之间，2019 已接近尾声。这一年之中，在公司各级领导的带领下，面对市场的巨大压力，全体员工付出了辛劳和汗水，但收获了成功和喜悦。在此，对 2015 年的工作做以总结，希望来年再创佳绩。

一、公司业绩较去年显著提高

全年实现销售 2.3 亿元，完成全年计划的 130%，比 2016 年增长了 43%。全年实现净利润 4500 万元，完成全年计划的 125%，比 2018 年增加了 38.5%。

全年成本预算内费用支出 1800 万元，比 2018 的 1500 万元增加了 300 万元，上升幅度 20%。

公司业绩的提高与每位员工的辛勤付出是分不开的，在这里向广大员工表示感谢。

步骤 **09** 即可为标题快速应用样式

二、举办多次促销活动

在 2019 年 5 月 1 日至 2019 年 5 月 6 日举办的"庆五一 欢乐购 大抽奖"活动，以及 2019 年 10 月 1 日至 2019 年 10 月 6 日举办的"庆双节 欢乐购 大抽奖"活动，均取得较大成功，分别累积销售 2000 万元和 2100 万元。

三、完善制度，改善管理

在过去的一年中，公司先后整理出了各类管理体系。修订、完善了包括高层管理、行政基础管理、人力资源管理、考核管理、后勤管理、财务预算管理、检查督导管理等 39 套管理体系。为公司的规范管理和运行提供了全面的制度保障，为各部门管理工作行为制定了执行依据。

四、开展公司文化活动

2019 年公司开展了"公司是我家朗诵比赛"、"我爱公司歌唱比赛"和"公司知多少知识竞答"等一系列公司文化活动，并给获胜的员工丰厚的物质奖励，不仅培养了员工与公司之间的感情，还增强了公司的凝聚力和向心力。

2019 年是奋斗的一年、成功的一年、收获的一年，经过一年的努力，我们取得了惊人的成绩。望各位公司员工在 2020 年继续发扬优良传统，更上一层楼。

提示： 若标题较少，可以先逐个选中标题，然后在【开始】选项卡下【样式】组中直接选中【标题 2】样式即可。这种利用查找替换设置标题的方法适用于标题较多且篇幅较长的长文档，可以省去一个个选中标题的时间，如有 10 个小标题，可以在【查找内容】文本框中输入"[一二三四五六七八九十]@、"，然后选择一种标题样式即可直接替换。

（3）统一将电话号码中间的 4 位换为 * 符号

正常情况下，对外公布电话号码时，通常会将中间的 4 位用"*"代替，如果有成千上万个电话号码，工作量则很大，但它是有规律的，可以使用查找和替换功能实现，如下图所示。

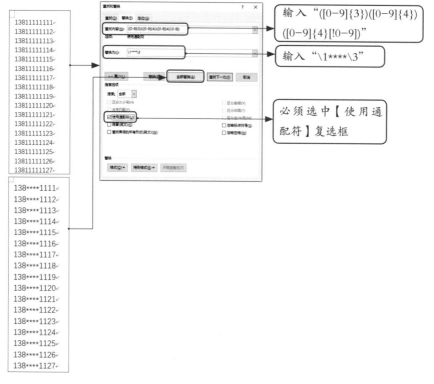

提示： "（[0-9]{3}）（[0-9]{4}）（[0-9]{4}[!0-9]）" 含义如下。

① 小括号 () 表示将要查找的字符串分为 3 段，每个小括号内为 1 段。

② [0-9] 表示这 3 段字符为任意数字。

③ 大括号 {} 内数字表示这 3 段数字的字符数，分别为 3、4、4。

④ [!0-9] 表示否定，也就是表示最后以任意非数字字符结尾，这里最后的非数字就是"段落标记"。

提示： "\1****\3" 含义如下。

① \1 表示引用查找内容中第 1 段的字符，字符内容保持不变。

② **** 表示不引用第 2 段，直接用 4 个 "*" 符号代替。

③ \3 表示引用查找内容中第 3 段的字符，字符内容保持不变。

2.6 Word 加密保护少不了

教学视频

有些文档中含有一些重要数据不希望被他人看到，或者希望部分文档可以被访问或修改，又或者希望按照指定的内容进行编辑。面对不同的文档需求，应采用什么措施来保护文档呢？

2.6.1 文档加密保护

文档的加密保护是指通过设置文档打开密码，使他人无法直接打开文档。设置文档打开密码的方法有两种。

（1）在【文件】→【信息】选项中设置

打开"素材 \ch02\ 要加密的文档 .docx"文档，选择【文件】→【信息】→【保护文档】选项，在弹出的下拉列表中选择【用密码进行加密】选项，在弹出的【加密文档】对话框中输入密码即可，如下图所示。

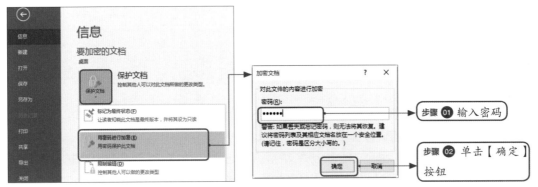

文档加密设置完成后，当再次打开文档时会弹出【密码】对话框，只有输入正确的密码才能打开文档，如下图所示。

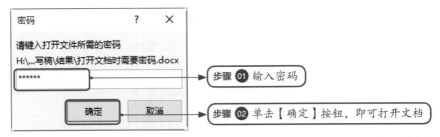

若要取消密码保护，可以选择【文件】→【信息】→【保护文档】→【用密码进行加密】选项，弹出【加密文档】对话框，在【密码】文本框中将之前设置的密码删除，然后单击【确定】按钮即可。

（2）通过【另存为】设置密码保护

首先打开要保护的文档，然后选择【文件】→【另存为】选项，选择文件要保存的位置，设置文件名称，然后再选择【工具】→【常规选项】选项，弹出【常规选项】对话框，设置【打开文件时的密码】即可，如下图所示。

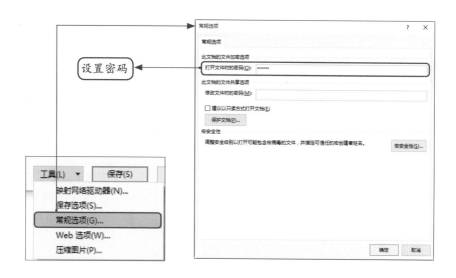

2.6.2 仅在文档指定区域编辑内容

当需要保护文档中的部分内容时，可以使用 Word 的【限制编辑】功能，他人可以打开文档，但无法对文档中保护的内容进行编辑。

打开"素材 \ch02\ 要加密的文档 .docx"文档，然后选择【文件】→【信息】→【保护文档】→【限制编辑】选项，在右侧弹出的【限制编辑】任务窗格中进行设置即可，如下图所示。

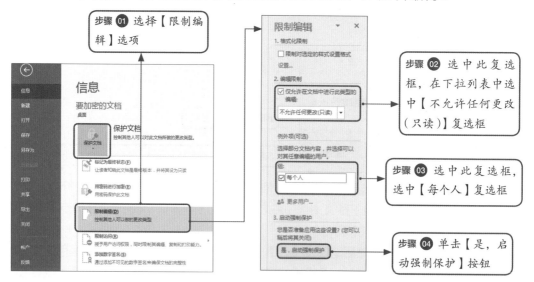

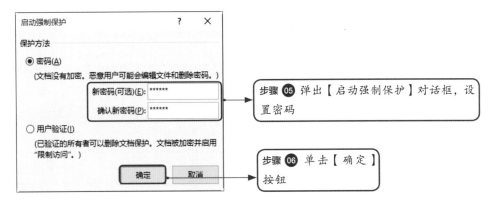

步骤 **05** 弹出【启动强制保护】对话框，设置密码

步骤 **06** 单击【确定】按钮

另外，也可以单击【审阅】选项卡下【保护】组中的【限制编辑】按钮，调用【限制编辑】任务窗格。

若想要取消保护，单击【限制编辑】任务窗格下方的【停止保护】按钮，根据提示输入设置的密码即可。

启动限制编辑后，文档中会出现一个黄色的光标，在光标处可以输入文字，但文档中已有的内容不能被编辑，如下图所示。

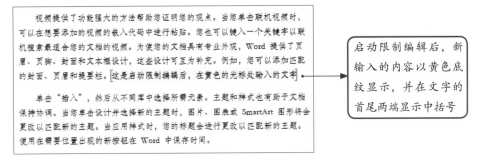

启动限制编辑后，新输入的内容以黄色底纹显示，并在文字的首尾两端显示中括号

若需要对文档的部分内容进行修改，可以在启动限制编辑前，先选中需要修改的内容，然后再使用同样的方法启动限制编辑，这样就只可以在选中的范围内进行编辑，未被选中的范围则不可以被编辑，如下图所示。

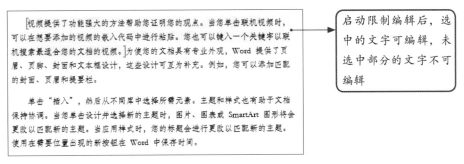

启动限制编辑后，选中的文字可编辑，未选中部分的文字不可编辑

在 Word 文档中，当需要让他人按照指定的内容进行编辑，并且文档中的其他内容不能被编辑时，又该怎么做呢？

打开"素材\ch02\工作证.docx"文档，首先需要为 Word 添加【开发工具】选项卡，默认情况下，【开发工具】选项卡不在 Word 功能区显示，如下图所示。

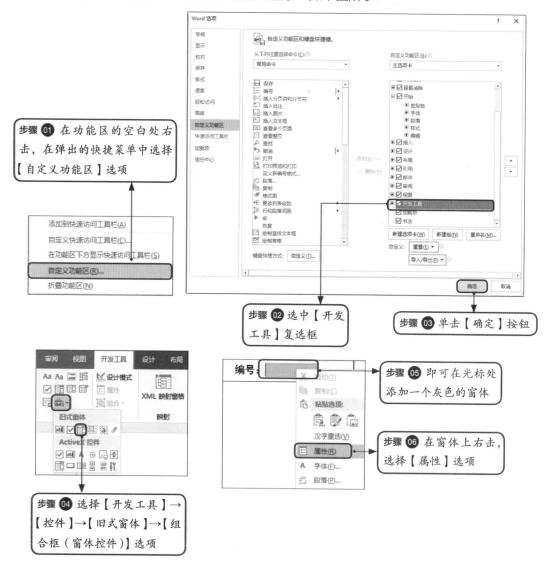

步骤 01 在功能区的空白处右击，在弹出的快捷菜单中选择【自定义功能区】选项

步骤 02 选中【开发工具】复选框

步骤 03 单击【确定】按钮

步骤 04 选择【开发工具】→【控件】→【旧式窗体】→【组合框（窗体控件）】选项

步骤 05 即可在光标处添加一个灰色的窗体

步骤 06 在窗体上右击，选择【属性】选项

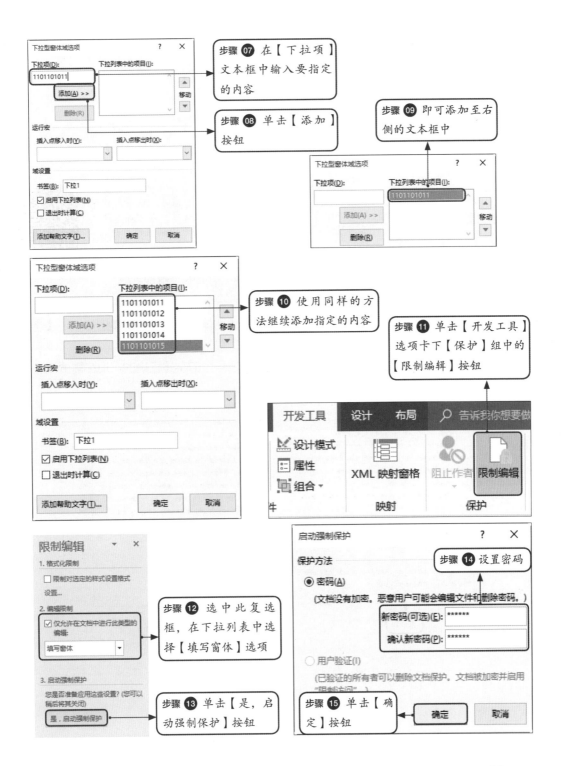

步骤 07 在【下拉项】文本框中输入要指定的内容

步骤 08 单击【添加】按钮

步骤 09 即可添加至右侧的文本框中

步骤 10 使用同样的方法继续添加指定的内容

步骤 11 单击【开发工具】选项卡下【保护】组中的【限制编辑】按钮

步骤 12 选中此复选框,在下拉列表中选择【填写窗体】选项

步骤 13 单击【是,启动强制保护】按钮

步骤 14 设置密码

步骤 15 单击【确定】按钮

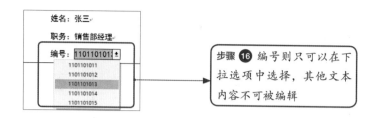

 本章主要介绍规范文档，让大家操作起来更加得心应手。结束本章学习之前，先检测一下学习效果吧！扫描右侧的二维码，即可查看注意事项及操作提示，最终结果可以参阅"结果\ch02"中相应的文档。

教学视频

打开"素材\ch02\高手自测\高手自测.docx"文档，根据要求整理文档。

① 将素材文件中的空格删除，并将所有的段落合并成一个段落。

② 对素材文件中出现的"他"字进行格式设置，将【字体】设置为"华文楷体"，【字号】设置为"三号"，【字体颜色】设置为"红色"，并添加"加粗"效果。

③ 素材文件中有五处错别字，已用红色字体标出，括号里的字是正确的，现在需要用正确的字将错误的字替换掉，并将括号删除，如下图所示。

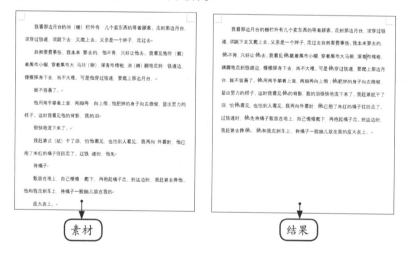

第 3 章

高手气质：Word排版的艺术

　　排版的好坏直接决定了整个 Word 文档颜值的高低，颜值高的文档可以吸引读者注意力，提高读者的阅读兴趣。一篇高质量的文档，不仅要有高质量的内容，还要有高颜值的版式设计。

　　掌握 Word 排版艺术，让 Word 颜值美出新高度！

排版不好"毁"所有

排版的本质是通过对文档信息的分类整理，使文档内容有层次、有条理地呈现出来。

文档的版式，就好比人的衣服，俗话说："人靠衣装，马靠鞍"。漂亮得体的衣服更容易引起他人的注意，好看的文档版式也是一样的，文档的核心是内容，要想使文档内容准确、快速地传递给读者，就需要借助版式的魅力，好看得体的版式不仅具有欣赏性，而且可以使读者轻松愉悦地理解主题内容，获取信息。

因此，版式的好坏对于内容的表达有很重要的影响。

1 文字和图片的排版

下图所示的文档排版主要存在以下两大问题。

① 文档中的字体搭配不合理。一般情况下，文档中的字体类型应不超过两种，而下图所示的文档中使用了 3 种类型的字体，并且文档的标题不应使用楷体型字体，楷体型字体接近手写体，其风格轻松自然，与此文档严谨、肃穆的风格不搭配。关于字体的搭配将会在 3.2 节详细介绍。

② 图片的位置摆放不当。下图所示文档中的图片与文字之间的位置不合适，将图片放在文字中间，造成文字不连续，不仅让人感觉这张图片是多余的，没有发挥出应有的作用，而且给读者也造成一定的阅读困难。关于图片的放置位置将会在 3.4 节详细介绍。

文字和图片排版前后的效果如下图所示。

字体样式太多，导致页面杂乱，图片位置也不合适

经过对版式的调整，可以看到整篇文档内容清晰，层次分明，不仅字体使用恰当，而且图片与文档内容完全融合在一起，二者相得益彰

2 表格的排版

表格可以通过调整使其看起来格式工整、条理更清晰。前后效果如下图所示。表格的排版将会在 3.3 节详细介绍。

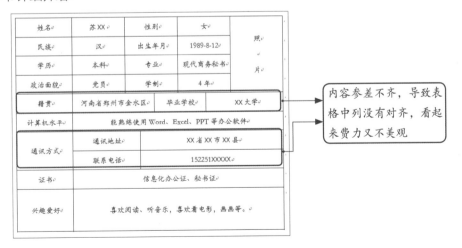

内容参差不齐，导致表格中列没有对齐，看起来费力又不美观

姓名	苏XX	性别	女	照
民族	汉	出生年月	1989-8-12	片
学历	本科	专业	现代商务秘书	
政治面貌	党员	学制	4 年	
籍贯	河南省郑州市金水区		毕业学校	XX 大学
计算机水平	能熟练使用 Word、Excel、PPT 等办公软件			
通讯方式	通讯地址	XX 省 XX 市 XX 县		
	联系电话	152251XXXXX		
证书	信息化办公证、秘书证			
兴趣爱好	喜欢阅读、听音乐，喜欢着电影，画画等。			

根据表格内容，调整第 2 列、第 3 列宽度

减小第 2 列列宽，使其与上方的第 2 列对齐

3.2　如何正确地给文档配上字体

　　文字是版面中不可缺少的元素，选择合适的字体，不仅可以增强文档的美观度，还可以提高读者的阅读兴趣。

3.2.1　不同类型的字体特点

　　字体和人一样，有着不同的外部特征和内在气质。在为文档搭配合适的字体之前，首先需要了解不同类型字体的特点及其应用领域。

1 宋体

　　宋体是一种衬线体，笔画粗细不一，一般是横细竖粗。其本身就具有修饰性，横竖撇捺之间

尽显文字之美。它是为适应印刷术而出现的一种汉字字体，给人一种严肃、正经的感觉，笔画细腻，更偏向于女性字体。宋体多用于标题、正文，是严肃、正式场合文档使用频率较高的字体样式，同时也比较适合在文艺、美食等场景使用，如下图所示。

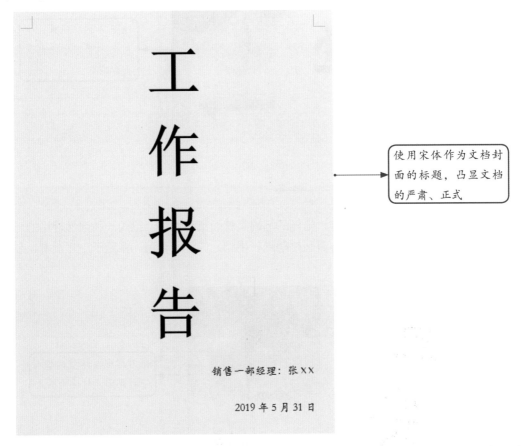

使用宋体作为文档封面的标题，凸显文档的严肃、正式

提示： 衬线体是指在笔画的开始和结尾处有修饰，笔画的粗细不同，如宋体；无衬线体是相对于衬线体来说的，该类字体通常笔画粗细一致，拥有机械且统一的线条，如黑体。

② 黑体

黑体与宋体相反，是无衬线体，结构方正，笔画均匀。黑体字给人一种简约、优雅端正的感觉，其风格醒目、朴素、简洁、无装饰，常用于标题、重点导语、标志等，如下图所示。

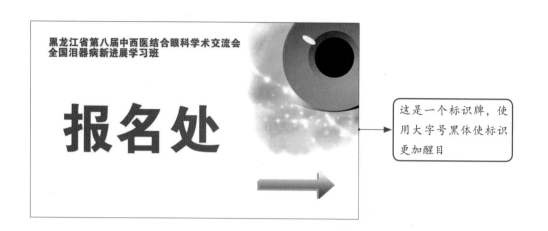

这是一个标识牌，使用大字号黑体使标识更加醒目

3 楷体

楷体是最接近手写体的一种字体，楷体的笔端柔软而富有弹性，给人一种自然轻松的感觉，所以楷体多作为一种点缀字体使用。其风格明晰、平稳、匀称、和谐，多用于小学课本、杂志或书籍的前言，如下图所示。

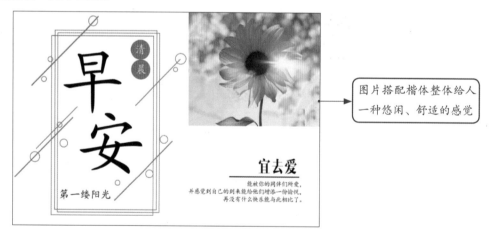

图片搭配楷体整体给人一种悠闲、舒适的感觉

4 创意字体

在使用 Word 制作海报时，使用创意字体不仅能够快速抓住他人的目光，还可以更快捷、更准确、更艺术地传达信息，如下图所示。

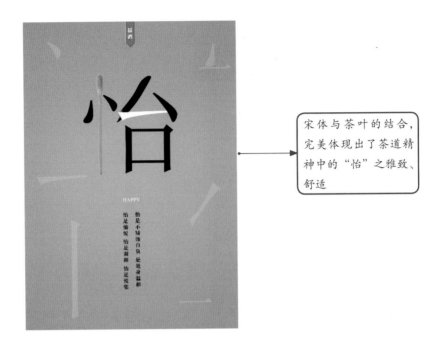

怡

宋体与茶叶的结合，完美体现出了茶道精神中的"怡"之雅致、舒适

5 其他字体

其他字体如圆体、隶书、琥珀体、彩云体、倩体等，风格各异，各有千秋。其多应用于商业场合，如广告等，灵活多变，根据不同的场景选择合适的字体。

3.2.2 字体的搭配

本小节所讲的字体搭配，主要是指字体本身各元素的搭配，包括字号、字体颜色、笔画的粗细、结构的松散与严谨。

1 字体大小搭配

字体的大小搭配应用场景主要是指标题和正文内容的字号大小。字数少的标题，更强调易认性，字号往往较大，以达到醒目的效果；而大面积出现的正文用字，更强调易读性，字号比标题要小，如下图所示。

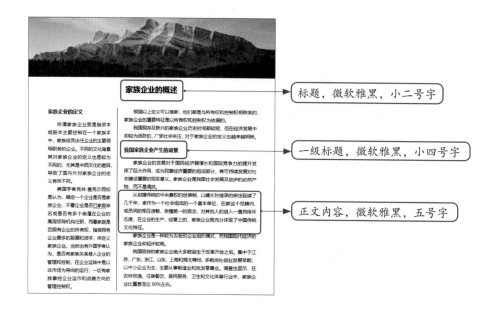

家族企业的概述 ← 标题，微软雅黑，小二号字

我国家族企业产生的背景 ← 一级标题，微软雅黑，小四号字

正文内容，微软雅黑，五号字

2 字体颜色搭配

字体颜色的搭配主要注意以下两个方面。

① 字体颜色要与文档的风格一致，一般冷色调让人觉得更沉稳，暖色调更加醒目，灰色能够起到降噪的作用，渐变色可以丰富文字的层次感，黑白灰是万能搭配，如下图所示。

黑白   暖色   冷色   渐变   灰色

② 字体的颜色要与背景色有所区别，否则容易造成文字被背景遮住，显示不清晰，如下图所示。

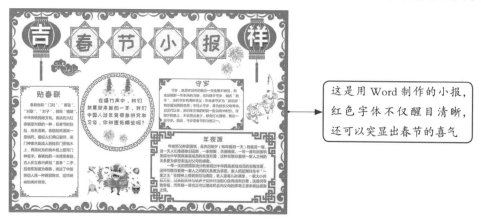

这是用 Word 制作的小报，红色字体不仅醒目清晰，还可以突显出春节的喜气

3 笔画的粗与细

粗笔画浑厚、有力，如健壮男子的一声断喝；细笔画纤弱、柔美，如江南姑娘的吴侬软语，娓娓道来，如下图所示。

文字与背景图片气势一致，粗笔画给人一种力量上、气势上的压迫感

这是一张购物海报宣传页，细笔画标题在视觉上结构舒朗，给人一种轻巧淡雅的感觉

4 结构的松散与严谨

结构松散的字体显得随性、活泼，适合在非正式场合使用，而在正式场合则要使用结构严谨的字体，这样可以显得庄重、严肃，如下图所示。

结构松散的字体使整个页面显得活泼，并吸引人的注意力

结构严谨的字体使合同书显得更加庄重严肃

3.2.3 为不同主题文档搭配字体

在为文档搭配字体时，首先要考虑的是文档的主题，不同的主题需要不同风格的字体来配合，常见的文档主题有商务主题、学术主题、时尚主题、卡通主题、传统主题等，下面来看如何为不同主题的文档搭配字体。

1 商务主题

商务主题给人的印象是现代化、正式、严肃，所以选择字体时一般使用黑体，黑体字形结构比较周正，与商务主题的严谨相契合，如下图所示。

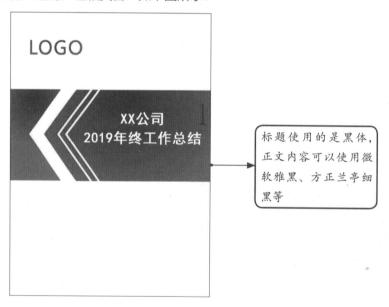

2 学术主题

学术主题的文档同样给人一种严肃的感觉，同时又充满学术气息。此类文档一般选用比较粗壮的宋体，庄重规范，因为宋体是衬线体，本身就带有修饰性，所以在严肃、庄重的同时又不会显得古板，更能体现出学术的专业、权威，如下图所示。

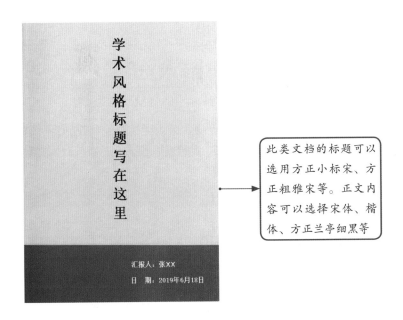

此类文档的标题可以选用方正小标宋、方正粗雅宋等。正文内容可以选择宋体、楷体、方正兰亭细黑等

3 传统主题

传统主题的文档，如下图所示的茶道，这种具有中国风的文档，在进行字体搭配时首选有书法气息的字体，如行书、楷书等，具有书法气息的字体与传统主题文档糅合在一起，相得益彰。

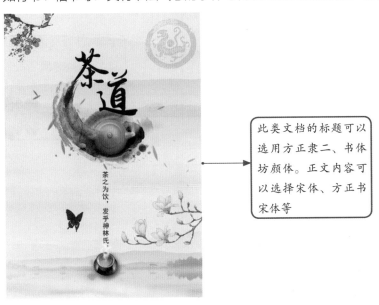

此类文档的标题可以选用方正隶二、书体坊颜体。正文内容可以选择宋体、方正书宋体等

3.3 又快又好的表格排版术

在 Word 中使用表格可以使文本内容结构严谨，效果更加直观。Word 不仅具有强大的表格制作功能，在表格的排版方面也提供了有力的支持，掌握表格的排版操作可以为文档的排版锦上添花。

3.3.1 表格的生成与绘制

Word 具有强大的表格制作功能，在 Word 中不仅可以自动插入有固定行高和列宽的表格，还可以实现文本内容与表格的相互转换，甚至可以手动绘制表格。

知识点拨

1 生成表格的方法

生成表格是一种基本的操作，Word 2016 提供了 6 种生成表格的方法，最常用的方法是使用【插入表格】对话框，如下图所示。

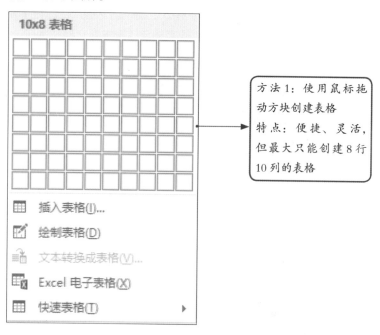

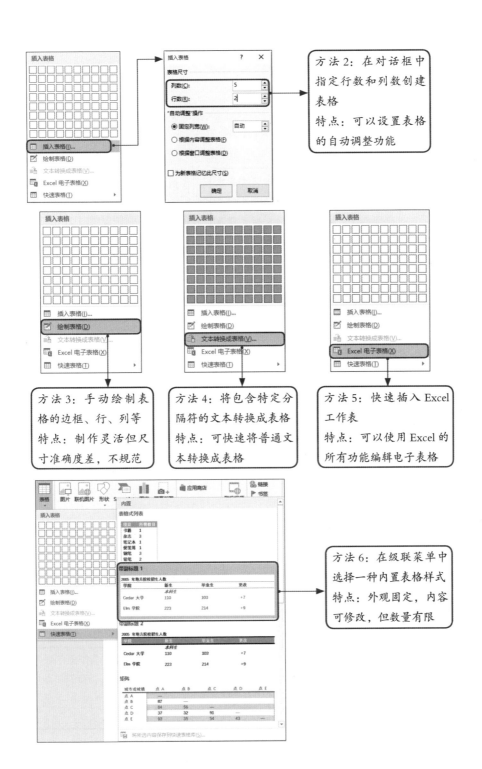

方法2：在对话框中指定行数和列数创建表格
特点：可以设置表格的自动调整功能

方法3：手动绘制表格的边框、行、列等
特点：制作灵活但尺寸准确度差，不规范

方法4：将包含特定分隔符的文本转换成表格
特点：可快速将普通文本转换成表格

方法5：快速插入Excel工作表
特点：可以使用Excel的所有功能编辑电子表格

方法6：在级联菜单中选择一种内置表格样式
特点：外观固定，内容可修改，但数量有限

② 将现有内容转换成表格

（1）文本转换成表格

文本转换成表格的步骤如下图所示。

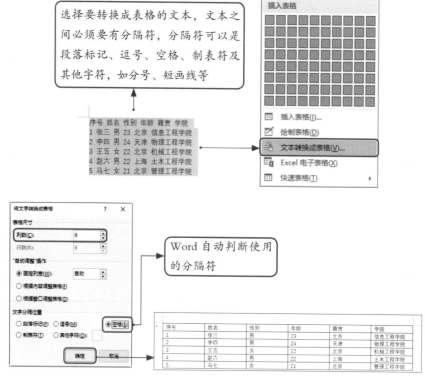

选择要转换成表格的文本，文本之间必须要有分隔符，分隔符可以是段落标记、逗号、空格、制表符及其他字符，如分号、短画线等

Word 自动判断使用的分隔符

（2）表格转换成文本

表格转换成文本的步骤如下图所示。

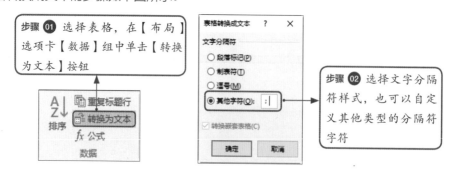

步骤 01 选择表格，在【布局】选项卡【数据】组中单击【转换为文本】按钮

步骤 02 选择文字分隔符样式，也可以自定义其他类型的分隔符字符

3　绘制表格

绘制表格的步骤如下图所示。

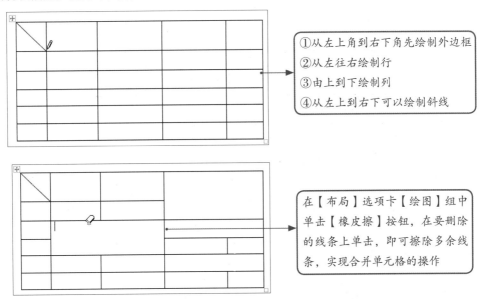

①从左上角到右下角先绘制外边框
②从左往右绘制行
③由上到下绘制列
④从左上到右下可以绘制斜线

在【布局】选项卡【绘图】组中单击【橡皮擦】按钮，在要删除的线条上单击，即可擦除多余线条，实现合并单元格的操作

3.3.2　玩转表格边框

如果想要表格看起来更美观，还能根据需求随机应变，就要懂得调整表格边框，下面就来介绍高手是如何玩转 Word 表格边框的。

1　手动绘制边框

常规设置边框的方法是选择表格后，打开【边框和底纹】对话框进行设置。Word 2016 提供了更便捷的快速设置边框的方法。选择表格，在【边框】组中即可设置边框样式，如下图所示。

设置边框样式、笔样式、笔画粗细、笔颜色

单击【边框刷】按钮，在要应用样式的边框上拖曳即可

ECO:	采购管理中心： □新增　□设变 估价单					

年　月　日

厂商：		电话：			传真：	
负责人：		地址：				
机种		品名			编码	
					图号	
材质费用	□代工代料		□代工		模具	□企业提供
	材质：		单价：			□厂商提供
	材质：		单价：			□批量分摊
材料费用	名称	材料尺寸	重量	单价	模 具 费	
	成品				1	
	损耗				2	
	合计				3	
加工费用	工程	工程名称	使用机械	单价	4	
	1				合计	
	2				其他费用	
	3					
	4					
	合计				合计	
单价合计	名　称	单　价		领导中心		厂商确认
	材料费用					
	加工费用			主管		
	其他费用					
	合　计			经办人		
	决议单价	(含税)				
备注：						

可根据需要选择边框，绘制边框更自由，速度更快

② 单独移动表格框线

　　在 Word 表格调整列宽时，表格所有的竖线都是联动的，选择任一行的竖线，整列竖线会一起移动，如果要调整部分竖线，怎么办？

　　首先需要选择要移动部分竖线所在的单元格或单元格区域，其次分别调整所选单元格区域的 3 条竖线，如下图所示。

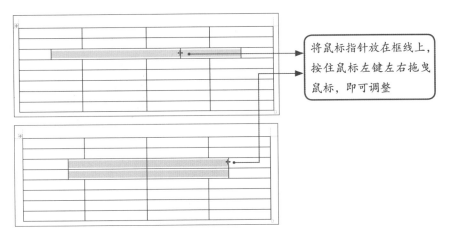

将鼠标指针放在框线上，按住鼠标左键左右拖曳鼠标，即可调整

仅选择一个单元格时，移动表格框线的方法如下图所示。

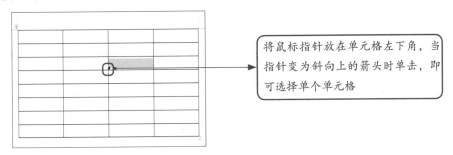

将鼠标指针放在单元格左下角，当指针变为斜向上的箭头时单击，即可选择单个单元格

3 利用表格排版特殊页面

在排版过程中对版面有特殊要求的，可以使用表格灵活排版。最常见的就是使用表格进行双栏排版，如下图所示。

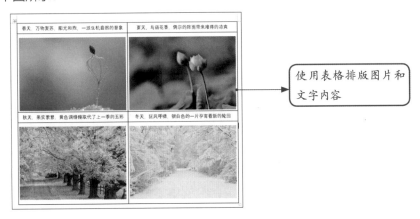

使用表格排版图片和文字内容

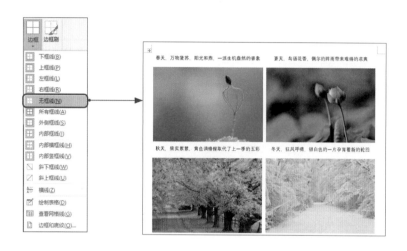

表头是表格中重要的组成部分，清晰的表头可以显示更多的信息，让表格更专业、易懂。

1 绘制斜线表头

如下图所示的表格中经常会使用各种特殊的框线，怎样绘制这类框线呢？

年度销量表（单位：元）

	一季度	二季度	三季度	四季度
张三	25	45	54	35
李四	80	87	67	85
王五	78	45	52	58
赵六	48	90	57	75

年度销量表（单位：元）

季度 姓名	一季度	二季度	三季度	四季度
张三	25	45	54	35
李四	80	87	67	85
王五	78	45	52	58
赵六	48	90	57	75

单斜线表头

年度销量表（单位：元）

季度 姓名 销量	一季度	二季度	三季度	四季度
张三	25	45	54	35
李四	80	87	67	85
王五	78	45	52	58
赵六	48	90	57	75

双斜线表头

（1）绘制单斜线表头

绘制单斜线表头有 3 种方法，如下图所示。

方法一：

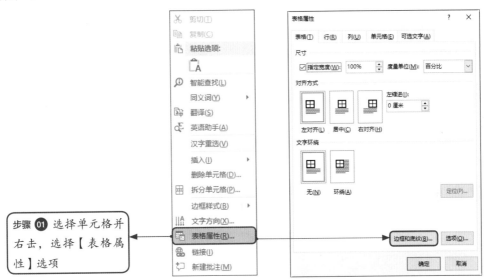

步骤 **01** 选择单元格并右击，选择【表格属性】选项

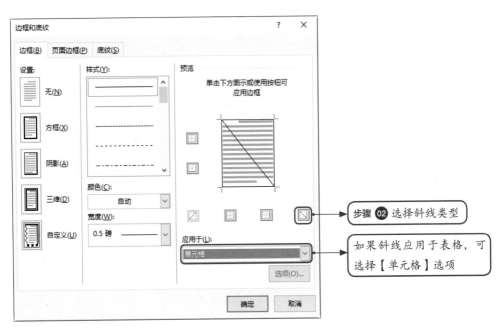

步骤 **02** 选择斜线类型

如果斜线应用于表格，可选择【单元格】选项

方法二：

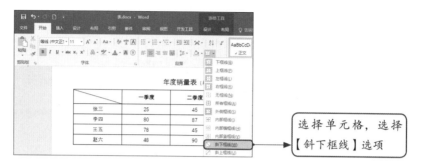

选择单元格，选择【斜下框线】选项

方法三：

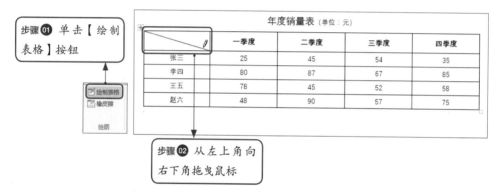

步骤 **01** 单击【绘制表格】按钮

步骤 **02** 从左上角向右下角拖曳鼠标

（2）绘制多斜线表头

绘制多斜线表头的步骤如下图所示。

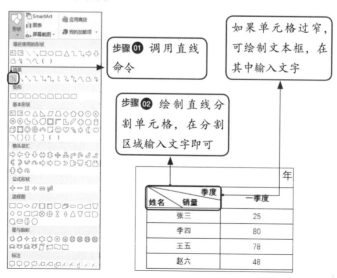

步骤 **01** 调用直线命令

步骤 **02** 绘制直线分割单元格，在分割区域输入文字即可

如果单元格过窄，可绘制文本框，在其中输入文字

2 每一页均显示表头内容

跨页表格要显示表头，是不是首先复制表头，然后在每一页表格第一行粘贴呢？如果前面删除或增加一行，还需要再重新修订，太麻烦了！使用 Word 提供的【在各页顶端以标题行形式重复出现】功能就可以轻松解决此问题，如下图所示。

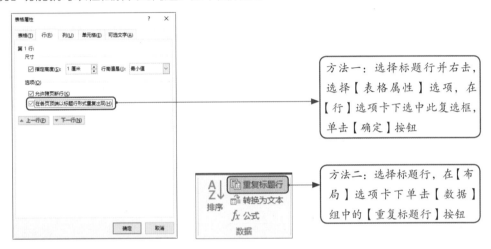

方法一：选择标题行并右击，选择【表格属性】选项，在【行】选项卡下选中此复选框，单击【确定】按钮

方法二：选择标题行，在【布局】选项卡下单击【数据】组中的【重复标题行】按钮

3.3.4 表格的美化

Word 中提供了多种多样的表格美化功能，使用这些功能，可以快速装扮表格。表格的美化主要包括以下 3 个方面。

1 合理设置行高和列宽

合理设置行高和列宽美化表格的方法如下图所示。

XX 超市食品区近年销量额统计表 (单位: 万元)

	零食	饮料	蔬菜	肉类
2016 年	140	160	58	240
2017 年	162	210	87	280
2018 年	204	240	106	300
2019 年	248	296	112	310

适当的行高可以使文档看起来更舒服，便于阅读

企业发展意见汇总表

姓名	部门	职位	意见
王××	销售部	销售经理	加大销售型人才的引进，分工到位
李××	后勤部	后勤部部长	正确用人、大胆授权、职责明确、用人不疑
周××	策划部	策划部主任	加强对基层员工的培养，提升策划能力
马××	销售部	销售部员工	完善员工福利制度，将关怀落到实处
刘××	项目部	项目部经理	建立完善的培训制度，为新员工提供晋升环境

> 根据表格内容多少设置列宽，内容多少差别不大时，可均匀分配列宽

② 对齐表格内容

对齐表格内容美化表格的方法如下图所示。

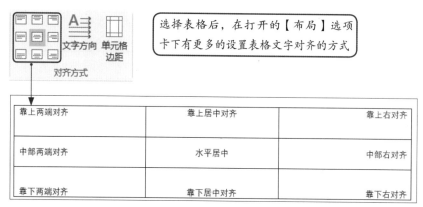

> 选择表格后，在打开的【布局】选项卡下有更多的设置表格文字对齐的方式

靠上两端对齐	靠上居中对齐	靠上右对齐
中部两端对齐	水平居中	中部右对齐
靠下两端对齐	靠下居中对齐	靠下右对齐

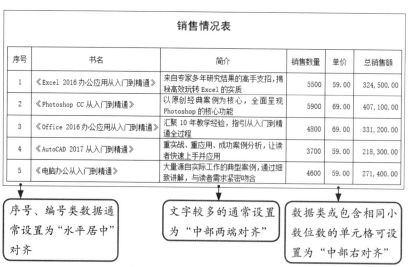

销售情况表

序号	书名	简介	销售数量	单价	总销售额
1	《Excel 2016办公应用从入门到精通》	来自专家多年研究结果的高手支招，揭秘高效玩转 Excel 的实质	5500	59.00	324,500.00
2	《Photoshop CC 从入门到精通》	以原创经典案例为核心，全面呈现 Photoshop 的核心功能	5900	69.00	407,100.00
3	《Office 2016办公应用从入门到精通》	汇聚 10 年教学经验，指引从入门到精通全过程	4800	69.00	331,200.00
4	《AutoCAD 2017 从入门到精通》	重实战、重应用、成功案例分析，让读者快速上手并应用	3700	59.00	218,300.00
5	《电脑办公从入门到精通》	大量源自实际工作的典型案例，通过细致讲解，与读者需求紧密吻合	4600	59.00	271,400.00

> 序号、编号类数据通常设置为"水平居中"对齐

> 文字较多的通常设置为"中部两端对齐"

> 数据类或包含相同小数位数的单元格可设置为"中部右对齐"

3 应用表格样式

应用表格样式美化表格的方法如下图所示。

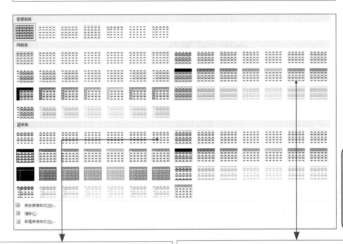

企业发展意见汇总表

姓名	部门	职位	意见
王××	销售部	销售经理	加大销售型人才的引进，分工到位
李××	后勤部	后勤部部长	正确用人、大胆授权、职责明确、用人不疑
周××	策划部	策划部主任	加强对基层员工的培养，提升策划能力
马××	销售部	销售部员工	完善员工福利制度，将关怀落到实处
刘××	项目部	项目部经理	建立完善的培训制度，为新员工提供晋升环境

套用表格样式后，字体、对齐方式等自定义的设置会改变，需要重新设置

3.4 图文混排的排版之道

教学视频

一图胜千言，在文档的编辑过程中，经常会使用一些图片来协助文字内容的表达。因此在文

档的排版中，图片的排版也是必不可少的操作。使用 Word 提供的强大功能，可以轻松实现图片和文字的混排，提高文档的观赏性和阅读性。

3.4.1 图片与文字之间的位置关系

在第 2 章中介绍了图片的环绕方式包含嵌入型、四周型、紧密型环绕、穿越型环绕、上下型环绕、衬于文字下方和浮于文字上方 7 种类型。每种类型的效果展示和特点如下表所示。

环绕方式	效果展示	特点
嵌入型	视频提供了功能强大的方法帮助您证明您的观点。当您单击联机视频时，可以在想要添加的 视频的嵌入代码　　　　　　　中进行粘贴。 您也可以键入一个关键字以联机搜索最适合您的文档的视频。为使您的文档具有专业外观，Word 提供了页眉、页脚、封面和文本框设计，这些设计可互为补充。	嵌入型图片受行间距或文档间距限制，相当于把图片当成一个字符处理。 如果插入图片后仅显示了一条边，这是因为图片被过窄的行间距遮挡了，这时设置行间距即可
四周型	视频提供了功能强大的方法帮助您证明您的观点。当您单击联机视频时，可以在想要添加的 视频的嵌入 代码中 进行粘贴。 您也可以键 入一个 关键字以联 机搜索 最适合您的 文档的 视频。为使 您的文 档具有专业 外观，Word 提供了页眉、页脚、封面和文本框设计，这些设计可互为补充。	四周型布局中文字与图片距离较远，并且不论图片是什么形状，总会在图片四周留下矩形区域

环绕方式	效果展示	特点
紧密型环绕	视频提供了功能强大的方法帮助您证明您的观点。当您单击 联机视频 时，可以在 想要添加 的视频的嵌 入代码 中进行粘 贴。您也可以键 入一个关 键字以联机搜 索最适合您的 文档的视频。 为使您的文档 具有专业外观，Word 提供了页眉、页脚、封面和文本框设计，这些设计可互为补充。	紧密型环绕和穿越型环绕区别不明显，文字会在图片四周近距离显示。 选择【编辑环绕顶点】选项可更改图片顶点轮廓。 嵌入型(I) 四周型(S) 紧密型环绕(T) 穿越型环绕(H) 上下型环绕(O) 衬于文字下方(D) 浮于文字上方(N) 编辑环绕顶点(E) 随文字移动(M) 修复页面上的位置(F) 其他布局选项(L)... 设置为默认布局(A)
穿越型环绕	视频提供了功能强大的方法帮助您证明您的观点。当您单击联机 视频时，可以在 想要添加 的视频的嵌 代码中进 行粘贴。您也可以 键入一个 关键字以 联机搜索 最适合您 的文档的视 频。为使您 的文档具有专业 外观，Word 提供了页眉、页脚、封面和文本框设计，这些设计可互为补充。	更改轮廓后，紧密型环绕仍以直线为轮廓环绕对象，而穿越型环绕则会依据图片外形，出现在凹陷处
上下型环绕	视频提供了功能强大的方法帮助您证明您的观点。当您单击联机视频时，可以在想要添加的视频的嵌入代码中进行粘贴。 您也可以键入一个关键字以联机搜索最适合您的文档的视频。为使您的文档具有专业外观，Word 提供了页眉、页脚、封面和文本框设计，这些设计可互为补充。	将文字截为上下两段，中间显示图片

环绕方式	效果展示	特点
衬于文字下方	视频提供了功能强大的方法帮助您证明您的观点。当您单击联机视频，可以在想要添加的视频的嵌入代码进行粘贴。您也可以键入一个关键字，以联机搜索最适合您的文档的视频。为使您的文档具有专业外观，Word·提供了页眉、页脚、封面和文本框设计，这些设计可互为补充。	图片相当于背景图，当文字或文本框有底纹时，图片会被遮挡，可用于制作水印
浮于文字上方	视频提供了功能强大的方法帮助您证明您的观点。当您单击联机视频，可以在想要添加的视频的嵌入代码您也可以键入一个关键字，以联机搜索最适合您的文档的视频。为使您的文档具有专业外观，Word·提供了页眉、页脚、封面和文本框设计，这些设计可互为补充	图片显示在文字上方，会覆盖文字

提示： 图片为规则图片时，如方形、圆形，紧密型环绕和穿越型环绕效果是一样的。在【图片工具】→【格式】选项卡【排列】组中单击【环绕文字】按钮，在弹出的下拉列表中选择【编辑环绕顶点】选项。并拖曳环绕顶点，就可以看出两者的不同，如下图所示。

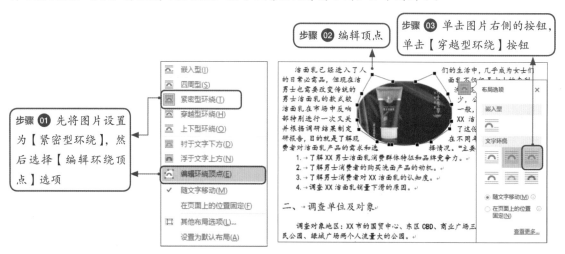

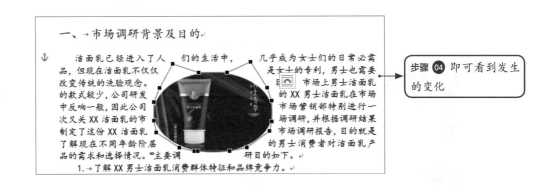

一、市场调研背景及目的

洁面乳已经进入了人们的生活中，品，但现在洁面乳不仅仅改变传统的洗脸观念。的款式较少，公司研发中反响一般，因此公司次又关 XX 洁面乳的市制定了这份 XX 洁面乳了解现在不同年龄阶层品的需求和选择情况。主要调

几乎成为女士们的日常必需是女士的专利，男士也需要目市场上男士洁面乳的 XX 男士洁面乳在市场市场营销部特别进行一场调研，并根据调研结果市场调研报告，目的就是的男士消费者对洁面乳产研目的如下。

1. 了解 XX 男士洁面乳消费群体特征和品牌竞争力。

步骤 **04** 即可看到发生的变化

3.4.2 图文混排的设计套路

图文混排排版的目的就是把图形和文字混合到一起，不仅要混合得好看，还要让读者读起来省力。那么，图文混排有哪些原则？

① 如果图片够大，可以占据页面的绝大部分；如果图片尺寸没那么大，可以只占据 1/3 的位置，如下图所示。

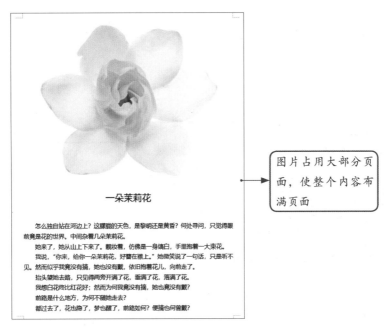

图片占用大部分页面，使整个内容布满页面

② 如果图片适中，可以通过双栏的形式左图右文或左文右图，如下图所示。

一朵茉莉花

怎么独自站在河边上？这朦胧的天色，是黎明还是黄昏？何处寻问，只觉得眼前竟是花的世界。中间杂着几朵茉莉花。

她来了，她从山上下来了。靓妆着，仿佛是一身缟白，手里抱着一大束花。

我说，"你来，给你一朵茉莉花，好簪在襟上。"她微笑说了一句话，只是听不见。然而似乎我竟没有摘，她也没有戴，依旧抱着花儿，向前走了。

抬头望她去路，只见得两旁开满了花，垂满了花，落满了花。

我想白花终比红花好；然而为何我竟没有摘，她也竟没有戴？

前路是什么地方，为何不随她走去？

都过去了，花也隐了，梦也醒了，前路如何？便摘也何曾戴？

> 图片适中，左文右图，页面和谐

③ 如果图片较小，可以使用文字环绕布局，将图片放在合适的位置，也可以适当地放大图片，前提是图片放大后不失真，如下图所示。

一朵茉莉花

怎么独自站在河边上？这朦胧的天色，是黎明还是黄昏？何处寻问，只觉得眼前竟是花的世界。中间杂着几朵茉莉花。

她来了，她从山上下来了。靓妆着，仿佛是一身缟白，手里抱着一大束花。

我说，"你来，给你一朵茉莉花，好簪在襟上。"她微笑说了一句话，只是听不见。然而似乎我竟没有摘，她也没有戴，依旧抱着花儿，向前走了。

抬头望她去路，只见得两旁开满了花，垂满了花，落满了花。

我想白花终比红花好；然而为何我竟没有摘，她也竟没有戴？

前路是什么地方，为何不随她走去？

都过去了，花也隐了，梦也醒了，前路如何？便摘也何曾戴？

> 图片较小时，可以采用四周型、紧密型环绕、穿越型环绕、上下型环绕等布局，将图片放在合适的位置

④ 如果有多张图片，可以使用无框线的表格辅助排版，也可以有规律地将图片放在合适的位置，如下图所示。

⑤ 图片较多且大小不统一时，可以通过缩放、裁剪的形式使图片尺寸统一。

⑥ 如果图片风格相差较大，整体不和谐，可以调整图片效果，使其风格一致。

多张图片图文排版时，后面3条经常会一起使用，这样排出的效果工整、美观

这也是一种不错的多张图文排版方法，适合在图片数量为奇数时使用，需要图片尺寸足够大才可以

教学视频

3.5　Word 模板拯救不可能

Word 模板中内置有特定格式设置和特定版式设置，可快速生成某一特定类型的文档，用户可直接使用并根据需求进行编辑。

3.5.1　Word 模板

对于 Word 模板，相信大家都对此并不陌生，但在实际使用中，Word 模板经常被忽视，很多用户认为模板没什么用,这是因为大家对 Word 模板不了解,用好模板可以使文档处理的更快捷。为了提升 Word 模板在用户心中的地位,下面就先来了解一下 Word 模板。

1 Word 模板的作用

Word 模板是以"*.dotx"为扩展名的文件。Word 中的模板是所有文档的基础,通过模板可以快速创建出具有相同的页面格式与样式的数个文档。在需要经常创建同一类文档时,使用模板可以避免重复设置页面格式和样式;另外,在多人编辑文档时,利用模板中的固定格式,可以更好地规范文档,提高文档编辑效率。

2 Word 模板中包含的信息

Word 模板中主要包括页面格式、样式、内容 3 类信息,如下图所示。在基于模板创建新文档时,这 3 类信息会自动传递到创建的每一个新文档中。因此,在实际工作中,一定要先创建模板,这样可以提高文档写作、格式调整等工作的效率。

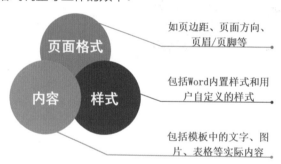

3.5.2 Word 模板的基本操作

在了解了 Word 模板后,接下来介绍 Word 模板的基本操作。

1 模板的获取

模板的获取方法主要有以下 3 种。

（1）使用 Office 模板

选择【文件】→【新建】选项,可以看到有大量的模板,如果在这里没找到合适的模板,

Word 还支持联机搜索模板，如下图所示。

在联网的情况下，可以在搜索框中输入关键字，搜索更多的模板

Word 内置的大量模板

（2）使用自己设置的模板

首先在文档中自定义模板格式，然后将其添加到 Office 中。下面将通过【另存为】命令，将设置好的模板添加到 Office 中。

打开"素材 \ch03\ 自制模板 .docx"文件，这是一个已经设置好格式的模板，现在需要将其存放到 Word 中。选择【文件】→【另存为】→【浏览】选项，在【另存为】对话框中将文件类型保存为 .dotx 即可，如下图所示。

步骤 02 此时会自动切换至"自定义 Office 模板"文件夹下，这是模板文件的默认保存位置

步骤 01 将【保存类型】更改为"Word 模板"

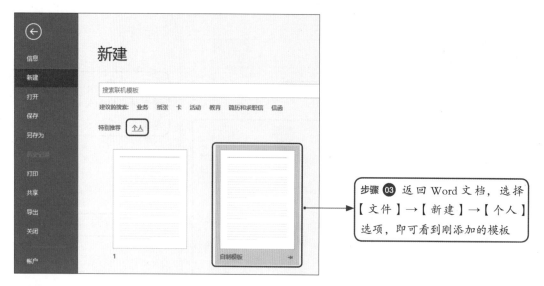

步骤 03 返回 Word 文档，选择【文件】→【新建】→【个人】选项，即可看到刚添加的模板

提示： 只有将模板保存到默认保存位置，才能将其添加到 Office 中，才可以在【文件】→【新建】→【个人】选项下看到。

（3）使用本书赠送的模板资源

用户也可以在本书的赠送资源中，获取并修改合适的模板，如下图所示。

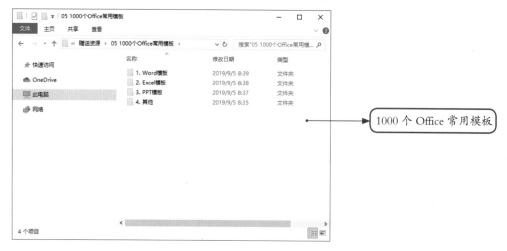

1000 个 Office 常用模板

② 更改模板默认保存位置

默认情况下，将设置好格式的文档另存为模板文件时，其默认保存位置是 D:\Users\

Administrator\Documents\ 自定义 Office 模板（这里的系统盘是 D 盘），下面来介绍如何更改模板的默认保存位置。

　　选择【文件】→【选项】选项，在【Word 选项】对话框的【保存】选项卡下的【保存文档】组中进行设置即可，如下图所示。

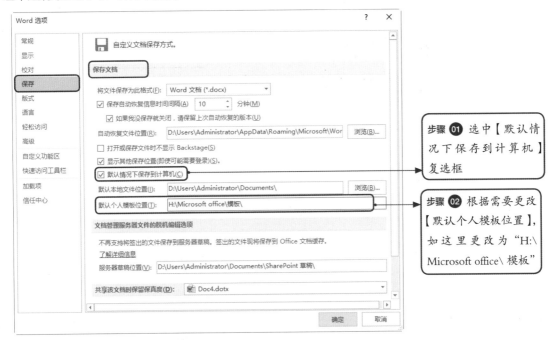

③ 应用模板

　　模板的应用分为两种：第一种情况是直接使用模板创建新文档，它可以创建多个拥有相同格式和内容的文档；第二种情况是将模板应用到已经编辑好的文档中。第一种情况比较简单，打开模板文件即可创建一个新文档，下面主要介绍第二种情况，如果使用格式刷进行格式设置，不仅效率不高，而且还容易出错，那么如何才能在已创建好的文档中套用指定的模板呢？

　　打开"素材 \ch03\ 公司年度报告 .docx"文档，如下图所示。

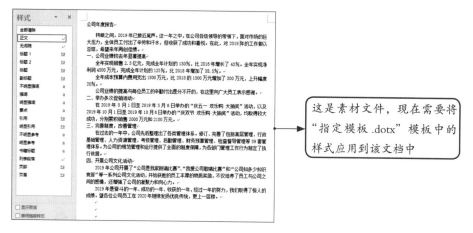

这是素材文件，现在需要将"指定模板.dotx"模板中的样式应用到该文档中

首先调用【Word 选项】对话框，在左侧列表中选择【加载项】选项，如下图所示。

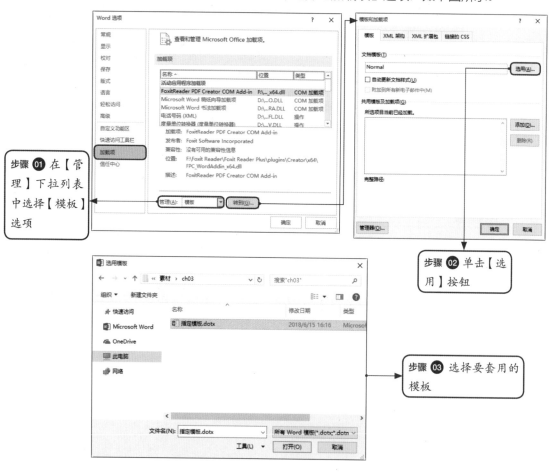

步骤 ❶ 在【管理】下拉列表中选择【模板】选项

步骤 ❷ 单击【选用】按钮

步骤 ❸ 选择要套用的模板

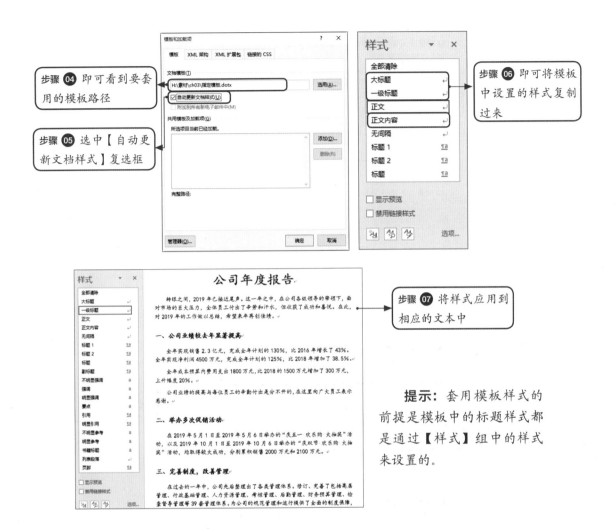

步骤 04 即可看到要套用的模板路径

步骤 05 选中【自动更新文档样式】复选框

步骤 06 即可将模板中设置的样式复制过来

步骤 07 将样式应用到相应的文本中

提示： 套用模板样式的前提是模板中的标题样式都是通过【样式】组中的样式来设置的。

高手自测

学习了本章内容，对于Word排版的艺术有了一定的认识，不妨先自测一下学习效果吧，如果能快速完成，那么说明对Word排版的艺术有了一定程度的掌握，可以尽情享受下一章的学习乐趣；如果完不成，不妨先分析一下原因，再认真地学习一下本章。可以先打开"素材\ch03\高手自测\高手自测.docx"文档，并完成下面的操作。扫描右侧的二维码，即可查看注意事项及操作提示，最终结果可以参阅"结果\ch03\高手自测.docx"文档。

教学视频

① 如下图所示的素材是一份公司销售报告文档，首先将文档中 2018、2019 年的家用电器销售情况的数据文本内容转化成表格。

二、XX 销售公司 2019 年家用电器销售情况

由于市场的不断变化，要求我们公司员工能够适应市场潮流，迎接机遇与挑战，XX 销售公司 2018、2019 年家用电器销售情况如下所示（单位：台）。

年份产品	2018 年	2019 年
电冰箱	1800	2450
空调	3500	4000
洗衣机	2400	3600
热水器	1800	2500
吸尘器	5400	8000

② 为表格添加斜线表头，效果如下图所示。

二、XX 销售公司 2019 年家用电器销售情况

由于市场的不断变化，要求我们公司员工能够适应市场潮流，迎接机遇与挑战，XX 销售公司 2018、2019 年家用电器销售情况如下所示（单位：台）。

产品 / 年份	2018 年	2019 年
电冰箱	1800	2450
空调	3500	4000
洗衣机	2400	3600
热水器	1800	2500
吸尘器	5400	8000

③ 绘制表格边框，效果如下图所示。

二、XX 销售公司 2019 年家用电器销售情况

由于市场的不断变化，要求我们公司员工能够适应市场潮流，迎接机遇与挑战，XX 销售公司 2018、2019 年家用电器销售情况如下所示（单位：台）。

产品 / 年份	2018 年	2019 年
电冰箱	1800	2450
空调	3500	4000
洗衣机	2400	3600
热水器	1800	2500
吸尘器	5400	8000

④ 美化表格，效果如下图所示。

二、XX 销售公司 2019 年家用电器销售情况

由于市场的不断变化，要求我们公司员工能够适应市场潮流，迎接机遇与挑战，XX 销售公司 2018、2019 年家用电器销售情况如下所示（单位：台）。

产品 / 年份	2018 年	2019 年
电冰箱	1800	2450
空调	3500	4000
洗衣机	2400	3600
热水器	1800	2500
吸尘器	5400	8000

第 4 章

高手暗箱：长文档这样排，工作效率提升10倍

Word 有强大的排版功能，但在排版长文档时，大家却时常被其搞得晕头转向，这是因为大家还无法灵活驾驭这些功能，不如先来学习一下高手的技法，以便对Word的长文档排版有一个系统的认知。

下面以排版标书文档为例，带领大家一起来学习高手的"暗箱"操作。

4.1 长文档排版难在哪

提到长文档的排版,很多人都谈虎色变,内容多、序号多、章节多、标题多、图表多、页码要求多,还有难以搞定的目录,总之,长文档的排版始终让人犯难。

在排版长文档时,经常会出现以下状况。

状况一:设置标题和正文的字体及段落样式之后,使用格式刷,从头刷到尾,偶尔有几处还刷不正确。如果格式设置错了或要求改变了,之前刷的格式就都白费了,只能从头来过,让人心力交瘁。

状况二:图片、图表多,手动添加题注,序号记不住,格式不好改,也是一个大麻烦,费了九牛二虎之力改完了,结果发现有缺失或多余的图片,又需要重新编写序号。

状况三:使用空格将内容分页后,突然有需要添加或删除的内容,还需要重新来一遍。

难者不会,会者不难。要解决长文档排版的难题,首先要在心理上战胜它,不要总觉得它很难,要有足够的信心。其次是学习高手排版长文档的秘籍,这也是本章介绍的重点,本章主要以排版招标文件为例,来介绍长文档的排版。通过学习高手的排版操作,掌握排版技巧,轻松解决长文档排版难题。

排版文档的方式有两种:一种是先输入再排版;另一种是先设置版式,一边输入一边排版。

选择哪一种更省时、省力?如果撰写文档过程会有大量的变更修改,应选择方式一。如果撰写长文档能信手拈来,推荐方式二,这样后期修改会节约大量时间。

4.2 文档页面和封面

首先开始设计招标书长文档的排版,这里的排版设计主要是设计文档的页面和封面。

4.2.1 设置文档页面

Word 提供了丰富的页面设置功能,满足用户的页面设置需求。在【布局】选项卡的【页面设置】组中可以看到有【文字方向】【页边距】【纸张方向】【纸张大小】等页面设置功能按钮,利用这些功能按钮,可以快速实现文档页面的设计,如下图所示。

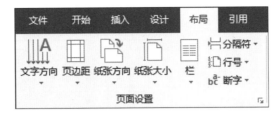

在排版招标书文件时，设置文档页面主要是设置纸张大小、纸张方向及页边距。

1 设置纸张大小及方向

纸张大小就是控制文档页面的尺寸大小，如 A4；纸张方向就是页面显示方向，分为横向和纵向，如下图所示。

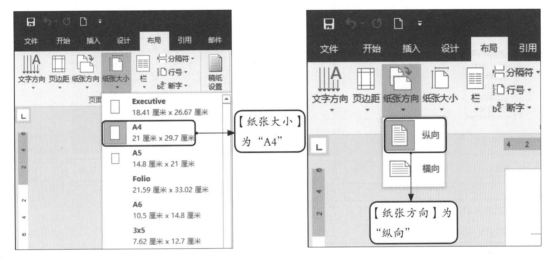

2 设置页边距

页边距主要是控制页面四周留白区域的大小，如下图所示。

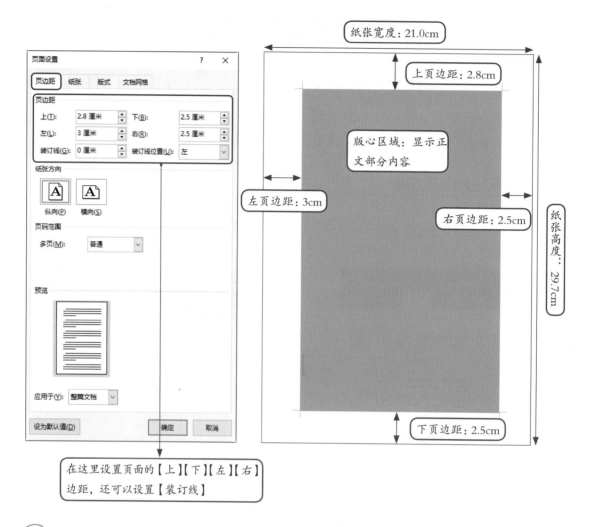

3 纵横交错的页面

标书文件的页面方向大多数都是"纵向"的，只有少数的表格，要求页面方向为"横向"，那么如何才能在同一文档中出现纵横交错的页面呢？

在需要设置为"横向"的页面前后各插入一个分节符，使其单独成为一节，再将此页的页面方向设置为"横向"，如下图所示。

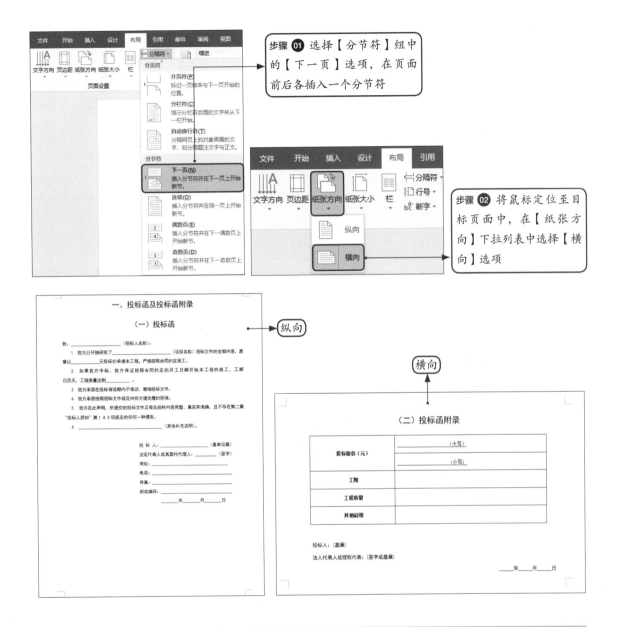

步骤 ① 选择【分节符】组中的【下一页】选项,在页面前后各插入一个分节符

步骤 ② 将鼠标定位至目标页面中,在【纸张方向】下拉列表中选择【横向】选项

4.2.2 设置文档封面

标书文件的封面通常包括企事业单位名称、招标项目名称、招标编号、招标人、招标代理机构、时间等内容,如下图所示。

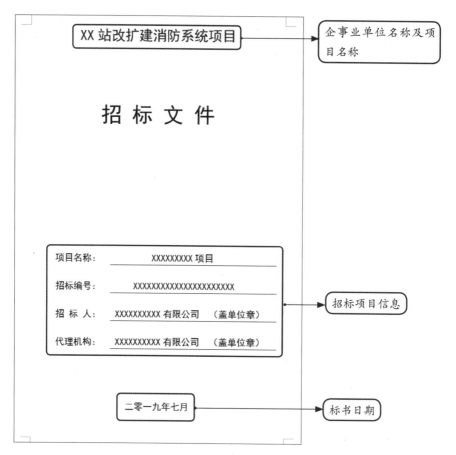

封面内容不多，看似操作简单，但经常会遇到添加的下画线总是对不齐，多一个空格长一些，删一个空格短一些，其解决方法如下图所示

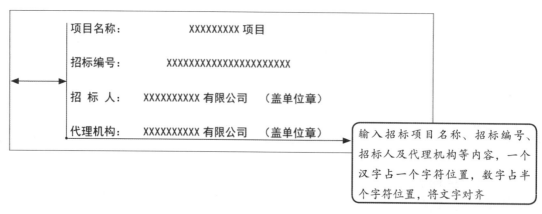

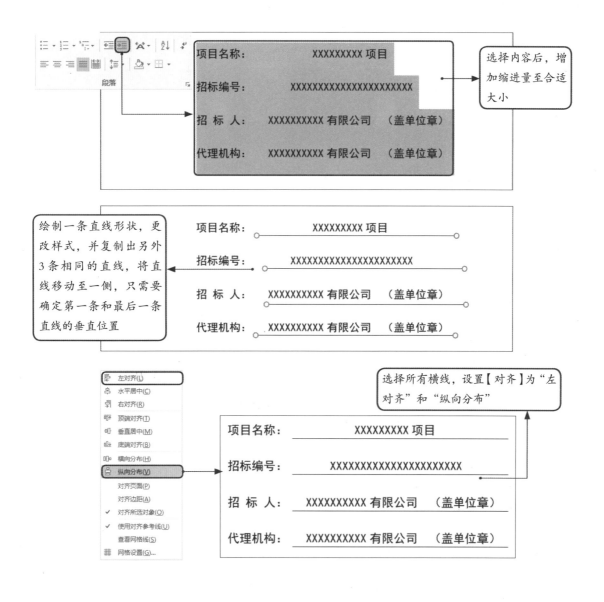

4.3 自定义样式

在 2.1.3 小节和 2.5.2 小节已经了解了样式,并介绍了样式的自定义操作。在撰写长文档正文时，可以先设置好标题样式及正文样式，在排版时，根据内容增加其他样式。

在长文档中，标题层次较多，规范使用标题便于查看和管理文档。在 Word 中提供了 9 级样式，分别对应 1~9 级大纲级别。

在 2.5.2 小节介绍了新建样式的方法，这里再介绍一种更加便捷的方法，然后介绍使用其他方法创建样式时如何设置大纲级别。

① 直接在内置标题样式上右击，在弹出的快捷菜单中选择【修改】选项，打开【修改样式】对话框直接修改样式，更便捷，如下图所示。

根据论文要求直接修改标题名称及样式，并根据需要为样式添加快捷键

在排版文档时，默认情况下，不单独将标题显示在上一页页末，而将正文显示在下一页页首，这样不仅不方便阅读，文档看起来也不专业，使用内置样式直接修改就可以有效避免这种情况，这是因为设置了【与下段同页】和【段中不分页】，如下图所示。

使用其他方法创建样式时，选中这两个复选框，也能避免标题显示在文档页面末尾的情况

② 也可以在【样式】窗格中单击【新建样式】按钮创建新样式，然后根据需要修改样式。使用这种方法时，需要设置标题的大纲级别。

设置大纲级别后，选中【视图】→【显示】→【导航窗格】复选框，即可在【导航窗格】中显示设置了大纲级别的标题，如下图所示。

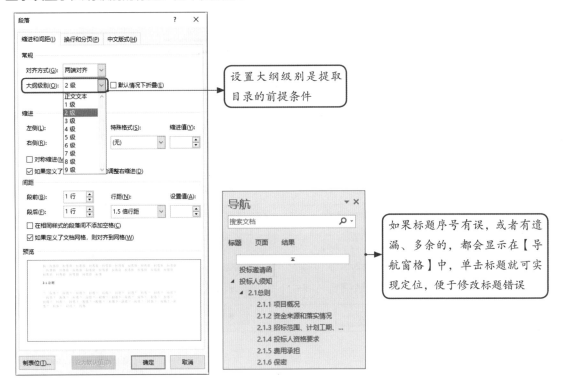

③ 输入文字内容后，设置文字及段落样式，大纲级别可以直接在【段落】对话框中设置，然后将设置好格式的内容指定为样式，如下图所示。

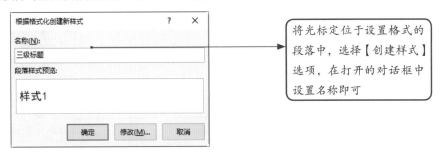

④ 在为标题添加序号时，可以使用多级列表，多级列表是 Word 提供的实现多级编号的功能，"第 1 章""第 2 章"等属于一级标题，"2.1""2.2"等属于二级标题，"2.1.1""3.1.2"等

属于三级标题。

首先将光标定位至任意一个三级标题中，然后单击【开始】→【段落】→【多级列表】按钮，选择【定义新的多级列表】选项，如下图所示。

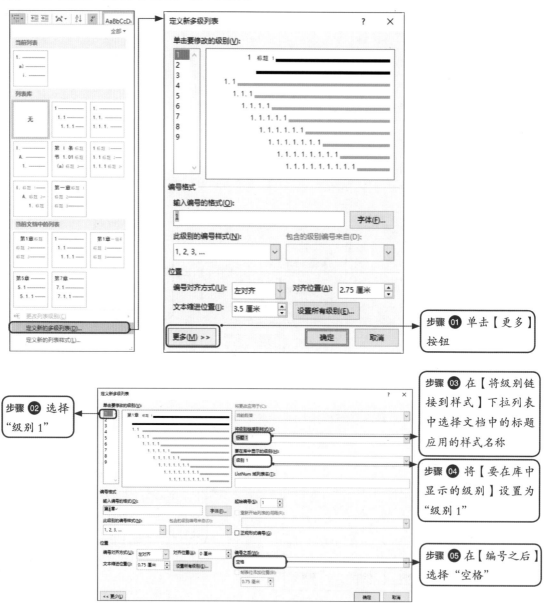

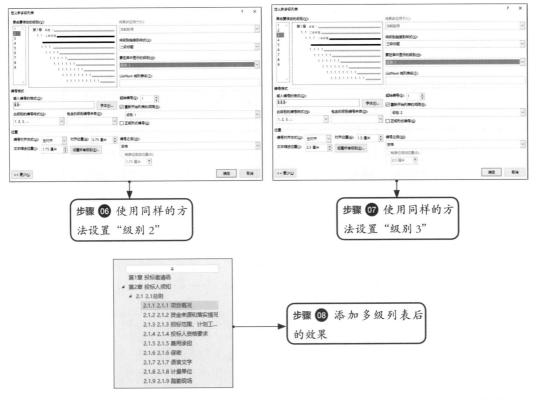

步骤 06 使用同样的方法设置"级别 2"

步骤 07 使用同样的方法设置"级别 3"

步骤 08 添加多级列表后的效果

因为二级标题、三级标题之前手动添加了序号，所以在一个标题中会出现两个同样的序号，此时可以使用查找替换功能，将手动添加的序号全部删除。

单击【开始】→【编辑】→【替换】按钮，打开【查找和替换】对话框，如下图所示。

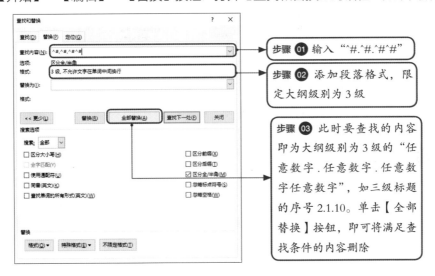

步骤 01 输入"^#.^#.^#^#"

步骤 02 添加段落格式，限定大纲级别为 3 级

步骤 03 此时要查找的内容即为大纲级别为 3 级的"任意数字.任意数字.任意数字任意数字"，如三级标题的序号 2.1.10。单击【全部替换】按钮，即可将满足查找条件的内容删除

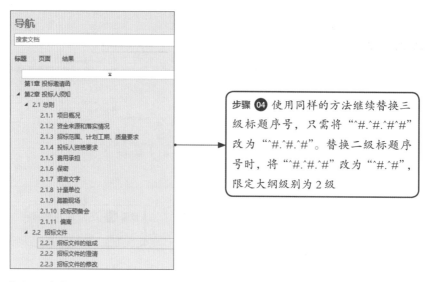

步骤 04 使用同样的方法继续替换三级标题序号，只需将 "^#.^#.^#^#" 改为 "^#.^#.^#"。替换二级标题序号时，将 "^#.^#.^#" 改为 "^#.^#"，限定大纲级别为2级

提示：单击【特殊格式】按钮，在弹出的下拉列表中选择【任意数字】选项，即可输入任意数字符号 ^#，如下图所示。

4.3.2 正文样式

除了标题外，其他文字大多属于正文样式，在创建正文样式的过程中有以下几点需要注意。

① 同一个段落中既有汉字又有英文或数字，并且字体不同，怎么办？需要单独设置吗？

不需要，通常论文正文中中文使用"宋体"，英文或数字使用的是"Times New Roman"字体，在修改或新建样式时，选择【修改样式】对话框中的【格式】→【字体】选项，在打开的【字体】对话框中就可以分别设置同一段落中的中文和西文字体，如下图所示。

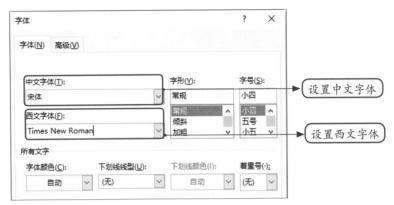

② 设置标题样式按【Enter】键后，能否自动显示为正文样式？

在输入一段文字后，按【Enter】键，会自动重复上一段落的样式，但如果设置标题样式的【后续段落样式】为"正文样式"，设置标题样式后，按【Enter】键，即可自动切换至正文样式，如下图所示。

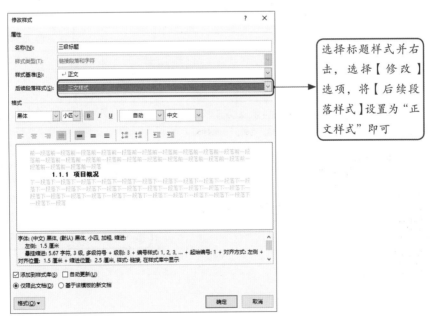

选择标题样式并右击，选择【修改】选项，将【后续段落样式】设置为"正文样式"即可

4.3.3 表格样式

要在标书文件中为所有表格设置统一的样式，逐个进行编辑是不太现实的，一般情况下，可以先创建一个表格样式，再为其他表格——应用此样式。有时表格太多，即使创建了表格样式，逐个应用也是很麻烦的，那就使用"宏"来解决吧！

在使用宏之前，先创建一个统一的表格样式，再使用宏将此样式快速应用至所有表格中。表格样式的应用和创建在前面的 3.3 节已有介绍，下面主要介绍使用宏快速为所有表格应用同一样式。

选择【开发工具】选项卡下【代码】组中的【宏】按钮，弹出【宏】对话框，如下图所示。

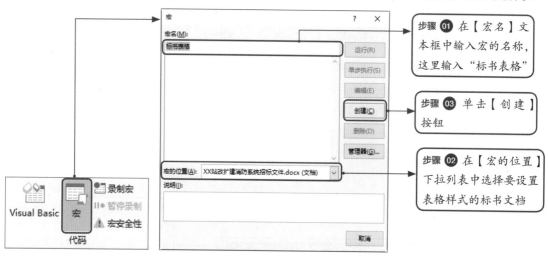

步骤 01 在【宏名】文本框中输入宏的名称，这里输入"标书表格"

步骤 03 单击【创建】按钮

步骤 02 在【宏的位置】下拉列表中选择要设置表格样式的标书文档

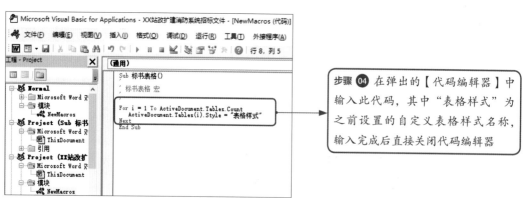

步骤 04 在弹出的【代码编辑器】中输入此代码，其中"表格样式"为之前设置的自定义表格样式名称，输入完成后直接关闭代码编辑器

步骤 05 再次单击【代码】组中的【宏】按钮

步骤 06 调用【宏】对话框，单击【运行】按钮，即可将自定义的表格样式应用到所有表格中

4.4 自动生成图表编号

当长文档中有大量的图片和表格时，如果选择手动为这些图片和表格输入编号，当需要增加或删除某些图表时，就需要重新为这些图表输入编号，这样不仅会影响编号的准确性，还导致效率低下。但如果这些图表编号是自动生成的，那么就不会存在这些问题，因为自动生成的图表编号会随着图表的增加和删除进行自动更新。

为图表设置自动编号就是为其添加题注，下面将为大家详细介绍插入题注的方法、题注样式的修改、题注的更新、自动添加题注及制作带章节号的题注，如下图所示。

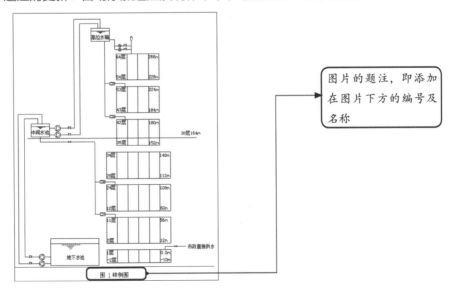

图片的题注，即添加在图片下方的编号及名称

题注一般由题注标签、编号和文字说明3部分组成。在 Word 的【引用】→【题注】组中可以看到有【插入题注】按钮，为了方便使用，可以将此按钮添加至【快速访问工具栏】中，如下图所示。

知识点拨

> 添加至【快速访问工具栏】中的【插入题注】按钮

插入题注的方法，如下图所示。

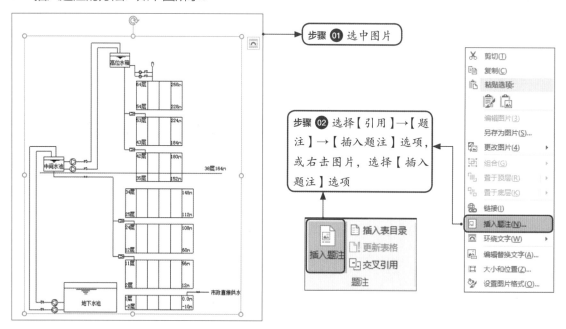

步骤 **01** 选中图片

步骤 **02** 选择【引用】→【题注】→【插入题注】选项，或右击图片，选择【插入题注】选项

如果要为表格添加题注，在打开【题注】对话框后，如果【标签】下拉列表中没有要使用的标签，可以新建标签。新建标签后，即可在【标签】下拉列表中选择。图片题注通常位于图片下方，表格题注位于表格上方，如下图所示。

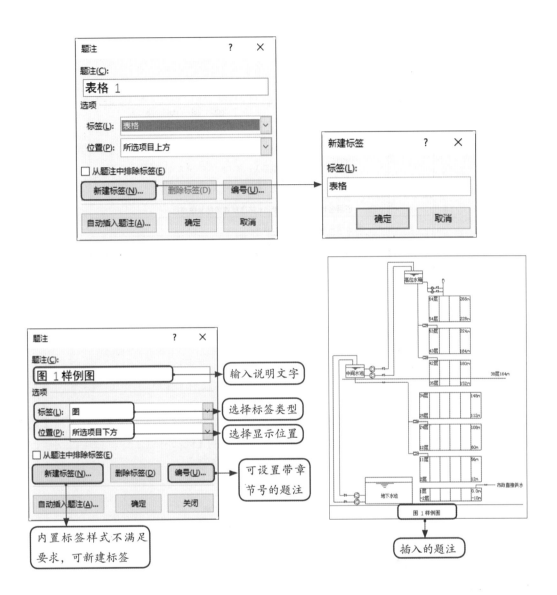

添加的表格题注

投标人须知前附表

表格 1

条款号	条 款 名 称	编 列 内 容
1	招标人	招标人：×××××××××× 地　址：×××××××××× 联系人：×××××××××× 电　话：××××××××××
2	项目名称	新 XX 站改扩建消防系统项目
3	资金落实情况	已落实
4	招标范围	消防系统
5	计划工期	计划工期：_____日历天
6	质量要求	合格

提示： 使用同样的方法继续为其他图片或表格添加题注，继续插入题注，其编号会自动加 1。在操作过程中一定要先选中图片或表格。

4.4.2 题注样式的修改

插入题注后，【样式】组内会显示内置的"题注"样式，选择【开始】→【样式】→【其他】选项，在【题注】样式上右击，选择【修改】选项，在打开的【修改样式】对话框中即可更改"题注"字体及段落样式，方法和修改样式的方法相同，如下图所示。

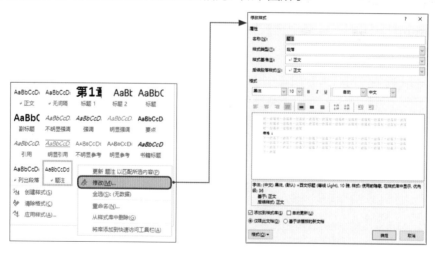

插入题注后，对文档重新编辑，如改变图表的顺序、添加或删除图表等，添加新的图表并插入题注后，后续编号会自动更新。但改变图表的顺序或删除图表后，后续的图表不会自动更新。自动更新题注的方法如下图所示。

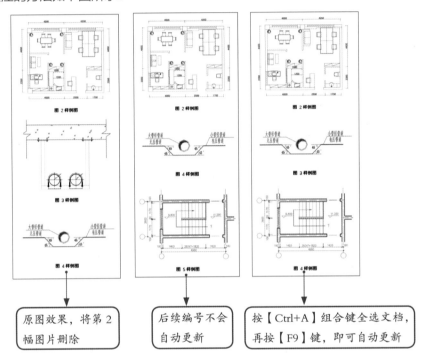

原图效果，将第2幅图片删除

后续编号不会自动更新

按【Ctrl+A】组合键全选文档，再按【F9】键，即可自动更新

另外也可以选中题注并右击，在弹出的快捷菜单中选择【更新域】选项，如下图所示。

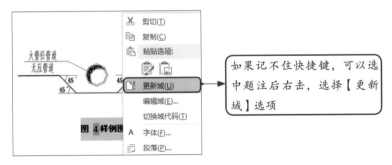

如果记不住快捷键，可以选中题注后右击，选择【更新域】选项

4.4.4 自动添加题注

Word 提供了自动插入题注的功能，即在插入表格的同时，系统自动为其添加题注。但此功能只适用于表格，对于一般插入的图片不适用，如下图所示。

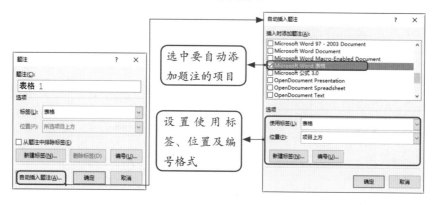

4.4.5 制作带章节号的题注

带章节号的题注就是在第 1 章里编号为图 1-1，图 1-2……表 1-1，表 1-2……等形式，第 2 章编号为图 2-1，图 2-2……表 2-1，表 2-2……等形式。第一个数字表示图片或表格所在的章编号，第 2 个数字表示图片或表格的序号。

方法一：自动包含章节号。

要想使用自动包含章节号功能，需要在长文档中为标题设置多级列表。在前面的 4.3 节中，已为文档设置了多级列表。如何创建自动带有章节号的题注，如下图所示。

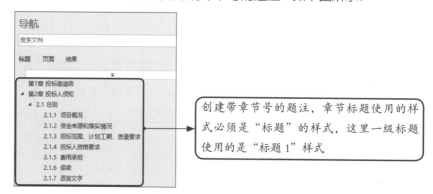

提示: 在【题注编号】对话框中,【章节起始样式】即文档中的标题样式名,而在其下拉列表中提供了标题 1 至标题 9 内置样式,因此要想使用自动包含章节号功能,文档的标题样式只能在标题 1 至标题 9 共 9 种内置样式中选择一种,如下图所示。

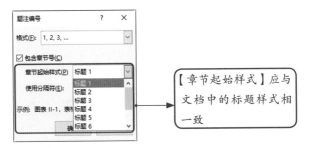

需要将多级列表链接到标题样式中,如下图所示。

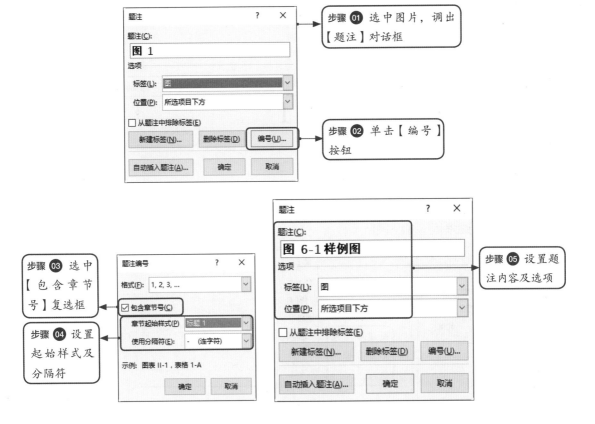

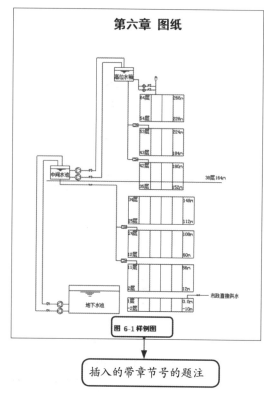

方法二：手动修改题注标签。

如果不想为长文档设置多级列表，就不能直接选中【包含章节号】复选框来制作带章节号的题注。针对此种情况，要想添加带章节号的题注，需要手动创建带章节号的标签，然后在不同章节下选择不同的标签即可，如下图所示。

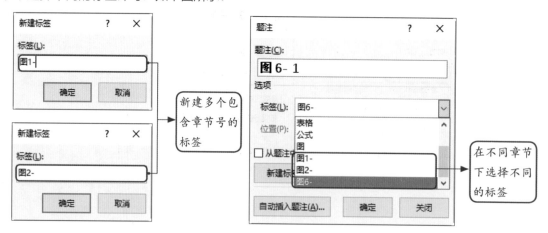

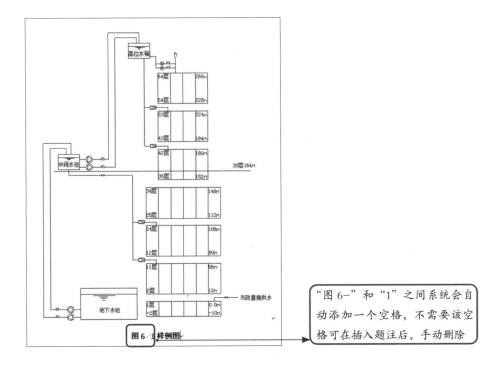

图6-1 样例图

"图 6-"和"1"之间系统会自动添加一个空格，不需要该空格可在插入题注后，手动删除

4.5 轻松搞定页眉和页码

在论文排版中，页眉和页码是比较难搞定的，要么一改全改，要么改不了，下面就来介绍页眉和页码的高级设置方法。

4.5.1 设置文档页眉

插入页眉的操作比较简单，Word 提供了空白的页眉及多个设置好的页眉样式，插入页眉后，文档中所有的页面都会显示该页眉，如果要插入不同的页眉，可以先使用分节符将文档分为不同的节，再单独设置页眉。

1 首页不显示页眉

有封面的文档，封面不需要显示页眉。设置首页不显示页眉的操作方法为选中【页眉和页脚工具-设计】→【选项】→【首页不同】复选框即可，如下图所示。

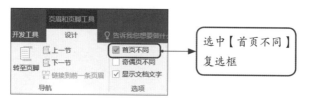

2 奇偶页不同页眉

设置奇偶页不同页眉，在长文档页眉中可以显示更多信息，选中【页眉和页脚工具-设计】→【选项】→【奇偶页不同】复选框，然后分别设置奇数页页眉和偶数页页眉即可，如下图所示。

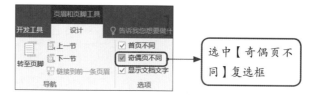

3 不同节不同页眉

插入页眉时，后方的页眉会自动【链接到前一条页眉】，因此，在不同节插入不同的页眉，首先需要插入分节符，并手动取消【链接到前一条页眉】，断开各节页眉之间的联系。

（1）插入分节符和分页符

在需要设置不同页眉的地方插入分节符，在需要另起一页的地方插入分页符，在每一章的最后（除了第 7 章）插入分页符，如下图所示。

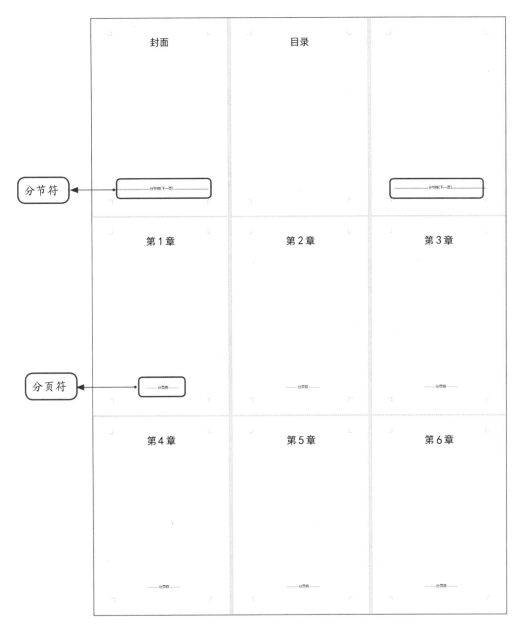

（2）取消【链接到前一条页眉】

在需要单独插入页眉的页眉位置处双击，或者选择【编辑页眉】选项，进入页眉页脚视图。

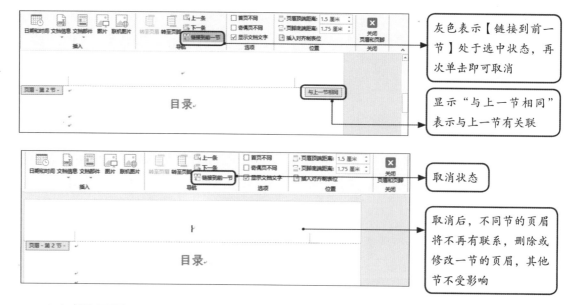

灰色表示【链接到前一节】处于选中状态，再次单击即可取消

显示"与上一节相同"表示与上一节有关联

取消状态

取消后，不同节的页眉将不再有联系，删除或修改一节的页眉，其他节不受影响

（3）插入页眉

情况一：如果正文使用的是统一页眉，或者是奇偶页不同的页眉，那么在"目录"页面的页眉处双击，输入页眉"目录"，其他节页眉不受影响。然后再使用同样的方法，输入正文内容的页眉，如下图所示。

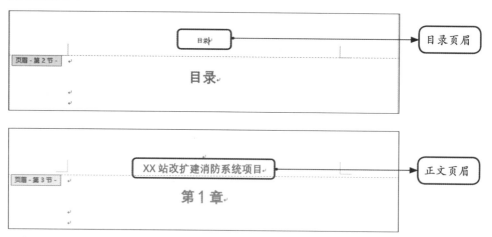

目录页眉

正文页眉

情况二：如果正文内容的页眉要显示当前章节信息，如第 1 章页眉显示"第 1 章"，第 2 章页眉显示"第 2 章"……此时则可以使用 StyleRef 域。

选择【插入】→【文本】→【文档部件】→【域】选项，打开【域】对话框。

因为正文中的一级标题是由多级列表序号和"标题 1，一级标题"共同控制的，所以需要插入两个 StyleRef 域，第一次插入域时，选中【插入段落编号】复选框，插入的是多级列表序号，如"第1章"，第二次插入域时，取消选中【插入段落编号】复选框，插入的是章名称，如下图所示。

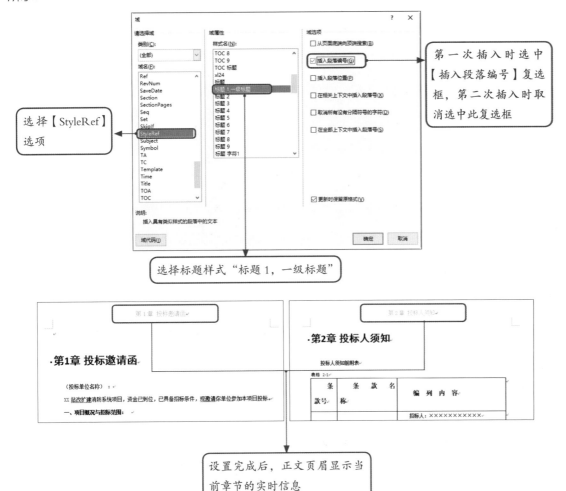

4.5.2　设置文档页码

在设置文档页码之前，首先在文档合适的位置插入分页符和分节符，插入分页符的目的是让页与页之间有明确的间隔，下一页的内容不会因为上一页内容增减、字体大小改变而发生分页位置的变化。插入分节符的作用是在实现前后分页的同时，

知识点拨

形成单独的节，可以设置不同于前面的页码格式。分页符和分节符在前面设置文档页眉时已经插入完成，下面介绍设置页码时的一些常见技巧。

1 设置不同节、不同页码编号格式

设置不同节、不同页码编号格式的效果如下图所示。

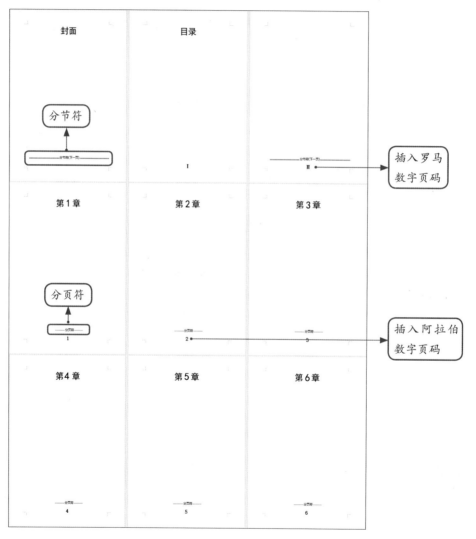

提示： 在封面和目录的结尾处插入分节符，将文档分为三节，即封面、目录和正文内容。

在第 2 节插入页码后，选择【页眉页脚工具-设计】→【页眉和页脚】→【页码】→【设置页码格式】选项，设置罗马数字页码格式，如下图所示。

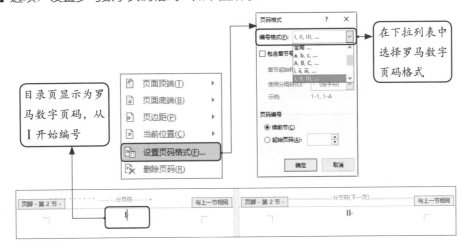

2 插入页码后，页码从第 2 页显示

插入页码后，发现第一页页码从 "2" 开始显示，这时可分为两种情况。

情况一：添加了分节符。

首先检查是否取消选中了【链接到前一条页眉】复选框，然后将鼠标光标定位至第一页页码位置，打开【页码格式】对话框，如下图所示。

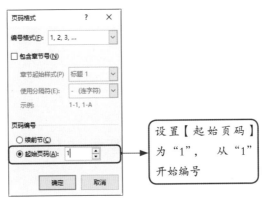

情况二：没有分节符，但首页为封面，选中【首页不同】复选框。

此时，只需要将【起始页码】设置为 "0" 即可，如下图所示。

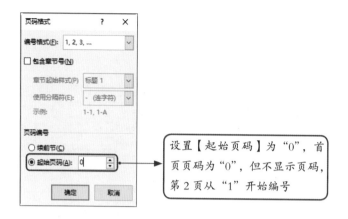

设置【起始页码】为"0"，首页页码为"0"，但不显示页码，第2页从"1"开始编号

3 不同节页码如何连续

添加了分节符（下一页），如果需要不同节之间页码连续。在【页码编号】选项区域中选中【续前节】单选按钮即可，如下图所示。

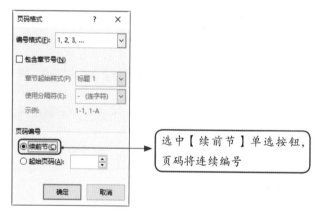

选中【续前节】单选按钮，页码将连续编号

4 奇偶页不同页码的设置

奇偶页页码不同，需要分别在奇数页和偶数页取消选中【链接到前一条页眉】复选框，并分别在奇数页和偶数页各设置一次页码，如下图所示。

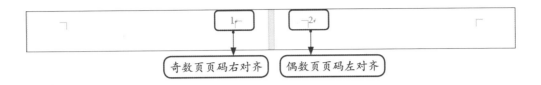

奇数页页码右对齐　　偶数页页码左对齐

如何排出像书一样的目录

教学视频

目录通常放置在正文前，可以在排版时在正文前预留空白页，作为目录页。若没有在正文前预留空白页，可以插入一张空白页作为目录页，自动生成目录的方法如下图所示。

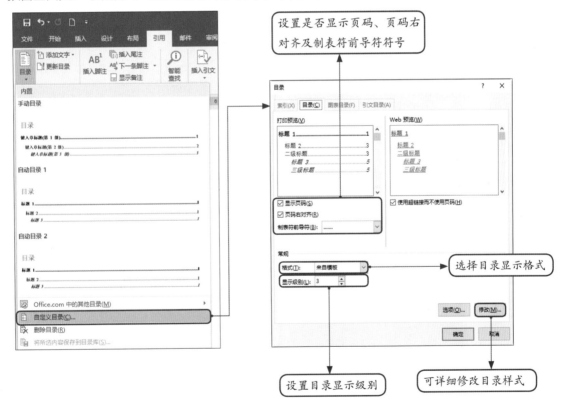

设置是否显示页码、页码右对齐及制表符前导符符号

选择目录显示格式

设置目录显示级别

可详细修改目录样式

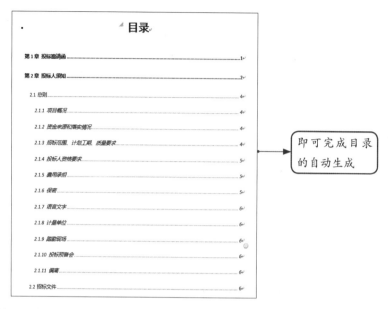

即可完成目录
的自动生成

若对设置的目录样式不满意，还可以选中除"目录"文本外的目录内容，在【开始】选项卡下设置其"字体""字号"及"段落格式"等，美化后的效果如下图所示。

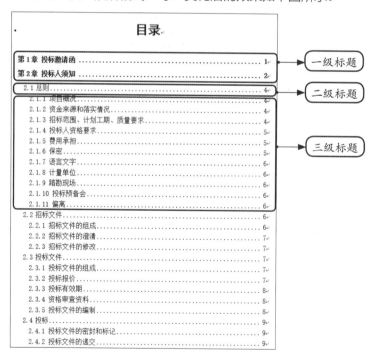

一级标题

二级标题

三级标题

生成目录后，修改文档标题或对文档进行修改，就需要更新目录，如下图所示。

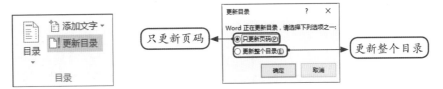

4.7 永远不要忘了检查

Word 自带检查功能，可以帮助用户快速修改文档中的拼写和语法错误。通常以红色或蓝色波浪线提示用户出错的地方，其中红色波浪线表示该处可能存在拼写错误，蓝色波浪线表示该处可能存在语法错误。

4.7.1 开启 Word 的自动检查功能

默认情况下，Word 的自动检查功能是开启的，如果不小心将其关闭了，可以使用以下几种方法将其开启。

方法一：在 Word 底部的状态栏中单击【中文（中国）】按钮，弹出【语言】对话框，取消选中【不检查拼写或语法】复选框，如下图所示。

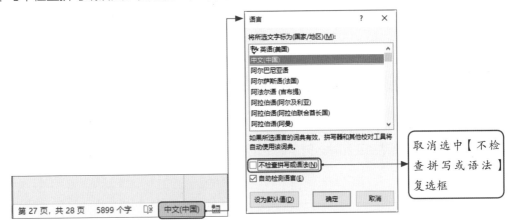

方法二：使用右键菜单开启自动检查功能，如下图所示。

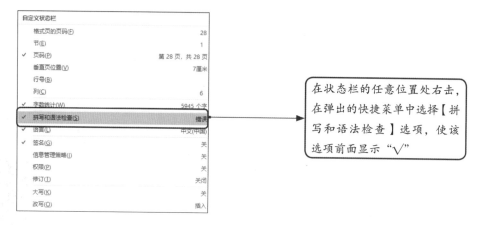

方法三：选择【文件】→【选项】选项，调用【Word 选项】对话框进行设置，如下图所示。

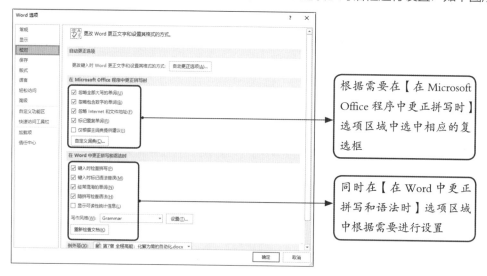

4.7.2 对错误进行更正

开启检查功能之后，对于 Word 系统自动检查出来的错误又该如何更正呢？下面就来为大家介绍两种更正方法，即手动更正和输入时自动更正。

1 手动更正

首先将光标定位至红色或蓝色波浪线位置处并右击，在弹出的快捷菜单中根据需要进行选择，如下图所示。

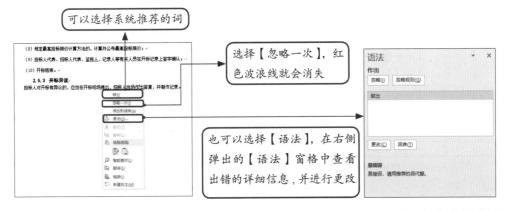

另外也可以单击【审阅】→【校对】→【拼写和语法】按钮，调出【语法】任务窗格进行更改，如下图所示。

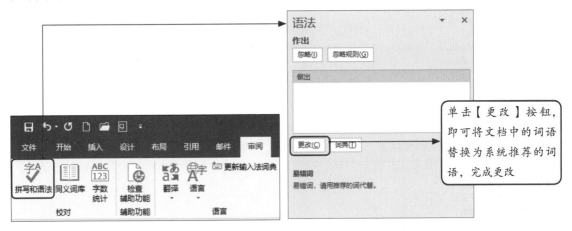

提示：开启 Word 的自动检查功能后，系统自动标记的红色和蓝色波浪线处的词语不一定是错的，用户可根据实际情况进行更改。

② 输入时自动更正

Word 提供了自动更正功能，如果在输入单词"about"时误输成了"abbout"，那么在输入之后，系统会自动更正为正确的"about"。另外对于经常输错的词语，可以进行自定义自动更正操作。

（1）自动更正词条

在【Word 选项】对话框中单击【校对】→【自动更正】按钮，调用【自动更正】对话框进行设置，如下图所示。

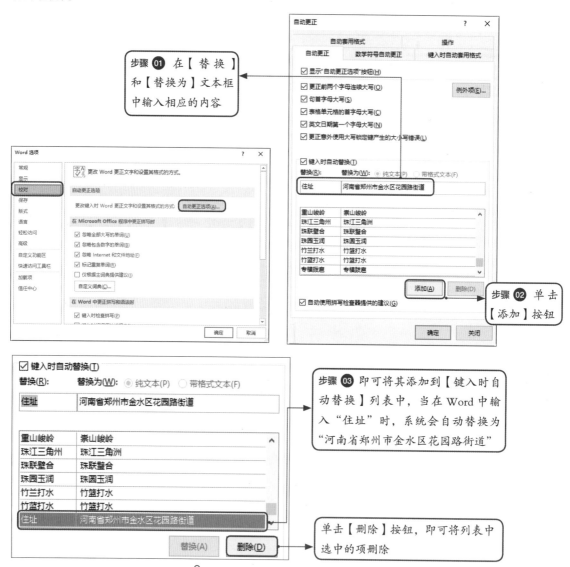

（2）将"(2/3)"更正为"$\frac{2}{3}$"

在文档中按【Ctrl+F9】组合键输入一对域符号"{ }"，在域符号之间输入"EQ \F(2,3)"（EQ 后有一个半角空格），即$\frac{2}{3}$，然后选中这个域，按照上面的方法打开【自动更正】对话框。在【替换为】选项区域中默认选中【带格式文本】单选按钮，同时【替换为】文本框中自动添加"EQ\F(2，3)"，在【替换】文本框中输入"(2/3)"，如下图所示。

此后在文档中输入"(2/3)"时，Word 会自动将其替换为 $\dfrac{2}{3}$ 。

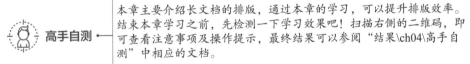

高手自测

本章主要介绍长文档的排版，通过本章的学习，可以提升排版效率。结束本章学习之前，先检测一下学习效果吧！扫描右侧的二维码，即可查看注意事项及操作提示，最终结果可以参阅"结果\ch04\高手自测"中相应的文档。

教学视频

打开"素材 \ch04\ 高手自测 \ 高手自测 .docx"文档，排版该文档，并为其中的图片制作带章节号的题注。最终效果如下图所示。

第1章 植物

1.1 红豆

红豆树，乔木，羽状复叶，小叶长椭圆，圆锥花序，花白色，其果黑甲，种子鲜红色。产于亚热带地区，也常用这种植物的种子。红豆可以制成多种美味的食品，有很的高营养价值。在古代文学作品中常用来象征相思。

图 1-1 红豆

1.2 仙人掌

仙人掌是仙人掌科、仙人掌属的一种植物。别名仙巴掌、观音掌、霸王树、龙舌等，世界有70～110个属，2000余种，主要分布在南美、非洲、我国南方及东南亚等地带。亚热带地区多干旱环境。仙人掌属于蔬科、蔬科类、多维、低钠、无草的新型蔬菜，被誉为21世纪绿色天然食品。仙人掌含有人体必要的多种氨基酸、维生素和矿物质成分，不仅可以作为蔬菜直接食用，还可加工成多种保健品，是一种新型的保健食品。

图 1-2 仙人掌

1.3 百合

百合是百合科百合属多年生草本球根植物，主要分布在亚洲东部、欧洲、北美洲等北半球温带地区。全球已发现 100 多个品种，中国是其最主要的起源地，原产 30 多种，是百合属植物的自然分布中心。近年来，有不少经过人工杂交产生的新品种陆续出现，如亚洲百合、麝香百合、香水百合等。百合的主要应用价值在于观赏，有些品种有食用和药用。

图 1-3 百合花

1.4 满天星

满天星，原名圆锥丝石竹，原产地中海沿岸，属石竹科多年生宿根草本花卉，为常绿堇生小灌木，其株高约65～70厘米，茎细直多，叶片狭长，无柄，对生，叶色粉绿。因其花蕾密和阳光充足的环境，适宜于花坛、路边和花篮剪切。它可作为盆栽观赏和盆景制作，初夏开花，花朵如烟，每年3瓣，鲜有微香，别名破珠钢。可以作为观赏植物，也可作为插花的衬材花卉。满天星的花语为：清纯、关怀等。

图 1-4 满天星

第2章 动物

2.1 狮子

狮子，雄性体长可达 260 厘米，体重 200～300 千克，头部有鬣毛，雌性体形较小。一般只及雄狮的三分之二，是唯一雌雄两态和群居的猫科动物，分布于非洲大部分地区及亚洲的印度等地，主活于开阔的草原疏林地区或半荒漠地带，习性可虎、豹等其他猫科动物有很多显著不同之处，是进化程度最高的猫科动物。

图 2-1 狮子

2.2 老虎

虎，俗称老虎，是哺乳纲猫科豹属四种大型猫科动物中体型最大的一种，有"百兽之王"之称，也是亚洲陆地上最强的食肉动物之一。最大的虎种体重可以达到 370 千克以上。老虎对环境要求很高，每只虎近种均在其属食物链中处于最顶端，在自然界中没有天敌。虎的适应能力也很强，在亚洲分布很广，从北方寒冷的西伯利亚地区，到印度的热带丛林及高山峡谷等地，都能见到其威武雄健的身影。

图 2-2 老虎

2.3 企鹅

目前已知全世界的企鹅共有 18 种，特征为不能飞翔；脚生于身体最下部，故直立行走时，躯体呈竖立姿态；趾间有蹼；前肢为（其他鸟类因起飞）桨状鳍足，羽毛短，以减少摩擦和热流；羽毛间保留一层空气，用以绝热。背部黑色，腹部白色，各个种的主要区别在于头部颜色型和个体大小。

图 2-3 企鹅

2.4 鹦鹉

鹦鹉是鹦形目多羽毛艳丽、爱叫的鸟的统称。典型的攀足，对趾型，两脚向前两脚向后，适合抓握，鸟喙强劲有力，可以食用硬壳果，羽色鲜艳，常被作为宠物饲养。它以其美丽的羽毛、善学人语效鸣的特点，为人们所欣赏和钟爱。分布在温、亚热、热带的广大地域，种类繁多，有2科、82属、358种，是鸟纲最大的科之一。主要分布于热带森林中。

图 2-4 鹦鹉

第 5 章

追本溯"源"：数据获取与整理之道

　　Excel 的源数据表是一切数据分析工作的基础。俗话说：基础不牢，地动山摇。如果没有正确的源数据表，数据分析工作将很难进行。源数据表作为基础表，应严格按照 Excel 的操作规范，制作出通用、简洁、规范的源数据表。

5.1 应该养成的好习惯

在制作源数据表时，不同的人有不同的制表习惯，有时甚至为了一时的方便，作出不规范的表格，为后续的工作埋下隐患。因此，要严格按照 Excel 规范来操作，养成良好的制表习惯，避免因错误的习惯带来不必要的麻烦。

1 将表格标题放在规定的位置

一般情况下，人们都习惯把表格的标题放在表格的首行，如下图所示，其实这样做是不符合 Excel 规范的。

在 Excel 的默认规则中，连续数据区域的首行为标题行。然而标题和标题行是两个不同的概念，标题是用来告知人们这是一张什么表，除此之外不具备任何功能；标题行即每列数据的列标题，代表了每列数据的属性，是排序和筛选的字段依据。

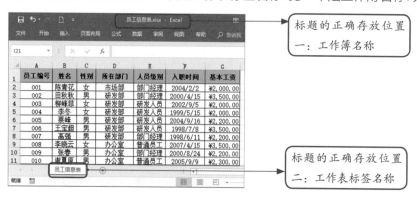

Excel 提供了两处存放标题的位置：一个是工作表标签名称，另一个是工作簿名称，如下图所示。

将标题放在表格的首行，对数据的分析操作没有任何影响，只是不符合 Excel 规范，在这里特意将此提出来，是为了让大家对 Excel 规范有更深的认识。

2 不使用人为设置的分隔列分隔数据

人为设置的分隔列会破坏数据的完整性，导致数据不连续，如下图所示。

员工编号	姓名	基本工资	调薪工资	岗位工资	目标销售金额	实际销售金额	完成率	绩效工资	工龄工资	合计
001	张艳	3000	200	300	¥150,000.00	¥115,030.00	77%	500	100	4100
002	张婷	2000	100	100	¥200,000.00	¥96,806.00	48%	200	0	2400
003	李兴	2000	100	100	¥130,000.00	¥78,036.00	60%	500	200	2900
004	肖小平	2000	100	100	¥210,000.00	¥183,920.00	88%	500	150	2850
005	陈东	2000	100	100	¥70,000.00	¥86,273.00	123%	1000	250	3450
006	童蕾	2500	300	100	¥110,000.00	¥120,672.00	110%	1000	0	3900
007	孙瑶	2200	100	100	¥130,000.00	¥140,358.00	108%	1000	100	3500
008	赵晓	3500	300	100	¥250,000.00	¥103,592.00	41%	200	50	4150
009	田群	2000	100	100	¥80,000.00	¥82,630.00	103%	1000	150	3350
010	邢韵	2000	100	100	¥95,000.00	¥102,364.00	108%	1000	100	3300

员工年度考核表

> 表格中的 C 列、G 列和 K 列被当作分隔线分隔数据，破坏了数据的连续性

Excel 是依据行和列的连续位置识别数据间的关联性，当数据被强行分开后，Excel 会认为这些数据之间没有关系，导致很多的数据分析功能不能实现，如数据的筛选、排序等。更可怕的是，在数据区域中任意选中一个单元格，按【Ctrl+A】组合键竟无法全选数据，只能选中一部分数据。

因此，必须删除表格中多余的分隔列。如下图所示，通过设置单元格格式，加粗表格边框，不仅可以达到相同的视觉效果，而且不会破坏数据的完整性。

员工编号	姓名	基本工资	调薪工资	岗位工资	目标销售金额	实际销售金额	完成率	绩效工资	工龄工资	合计
001	张艳	3000	200	300	¥150,000.00	¥115,030.00	77%	500	100	4100
002	张婷	2000	100	100	¥200,000.00	¥96,806.00	48%	200	0	2400
003	李兴	2000	100	100	¥130,000.00	¥78,036.00	60%	500	200	2900
004	肖小平	2000	100	100	¥210,000.00	¥183,920.00	88%	500	150	2850
005	陈东	2000	100	100	¥70,000.00	¥86,273.00	123%	1000	250	3450
006	童蕾	2500	300	100	¥110,000.00	¥120,672.00	110%	1000	0	3900
007	孙瑶	2200	100	100	¥130,000.00	¥140,358.00	108%	1000	100	3500
008	赵晓	3500	300	100	¥250,000.00	¥103,592.00	41%	200	50	4150
009	田群	2000	100	100	¥80,000.00	¥82,630.00	103%	1000	150	3350
010	邢韵	2000	100	100	¥95,000.00	¥102,364.00	108%	1000	100	3300

员工年度考核表

> 加粗表格边框达到分隔数据的视觉效果

3 不随意合并单元格

单元格的合并操作可以使表格的内容更加清晰，但不是所有的表格都可以合并单元格。Excel 的合并单元格功能只适合在需要打印的表单中使用，如签到表、登记表等，而在用于数据分析的

源数据表格中是不能合并单元格的，否则会影响数据的分析。因为合并单元格后，在合并区域，只有首个单元格有数据，其他单元格都是空值，如下图所示。

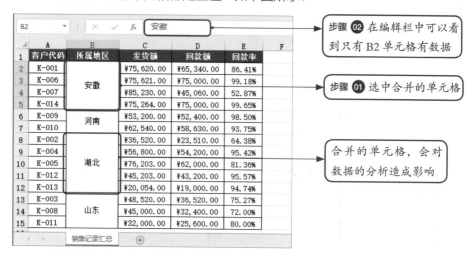

在对数据进行排序时，如果源数据中含有合并的单元格，Excel 就会弹出提示信息，无法实现正常的排序操作，如下图所示。

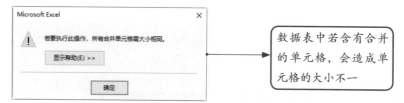

4 不乱用空格

在 Excel 中制作表格时，会经常对数据进行对齐操作。但遇到文本字数不一，却想要将其两端对齐时，有些人可能会在文字中间添加空格来实现文本的对齐，如下图所示。

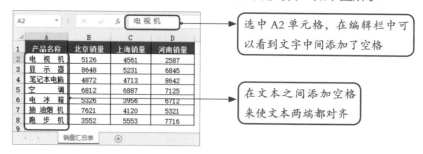

使用空格在某种程度上虽然可以使文本数据对齐，但是当需要对表格中的数据进行查找时，是查找"电视机""电 视机"，还是"电 视 机"呢？

若要将长短不一的文本两端对齐，可以在【段落】对话框中将其对齐方式设置为"分散对齐"。

5　统一数据格式

在 Excel 表格中输入数据时，一定要注意数据格式的规范和统一，否则会使表格看起来杂乱无章，如下图所示的日期格式，不仅不规范，还不统一。因此，在一张表格中只能选用一种规范的日期格式。

	A
1	出生日期
2	1973/8/28
3	1968/7/17
4	1962年12月14日
5	1970年11月11日
6	1971年4月30日
7	1969.5.28
8	1975.12.7
9	1980.6.25
10	1977 08 18
11	1982 07 21

统一格式 →

	A
1	出生日期
2	1973-08-28
3	1968-07-17
4	1962-12-14
5	1970-11-11
6	1971-04-30
7	1969-05-28
8	1975-12-07
9	1980-06-25
10	1977-08-18
11	1982-07-21

可以使用 Excel 提供的分列功能将日期格式统一，具体方法参见 5.3.1 小节。

6　数据与单位要分离

在书写习惯上，一般将数据的单位紧跟在数据的后面，如下图所示。

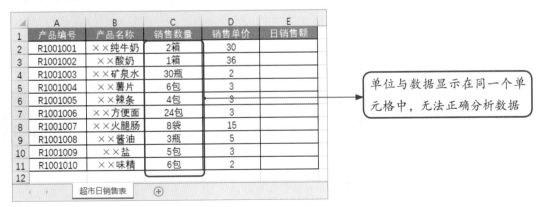

单位与数据显示在同一个单元格中，无法正确分析数据

在需要使用公式对"日销售额"进行计算时，将无法正确显示计算结果，如下图所示。

输入公式 C2*D2，得不出结果

把数量和单位进行分离后再计算，即可显示计算结果，如下图所示。

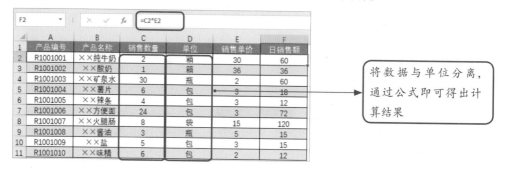

将数据与单位分离，通过公式即可得出计算结果

若要快速将数据和单位分离，可以使用【Ctrl+E】组合键，具体方法参见 5.3.1 小节。

5.2 数据输入的高效捷径

输入数据是制作源数据表的第一步，掌握数据输入捷径，轻松、快速、准确地输入数据，可以节省大量的时间，提高工作效率。

5.2.1 快速输入相同信息

在 Excel 中，可以通过复制粘贴、快速填充等功能快速输入相同的信息，但如果数据量大，并且需要输入相同信息的单元格区域不连续，这些方法就不太适用了。那么，如何才能在不同单元格中批量输入相同的数据信息呢？

知识点拨

1 在同一工作表的不连续单元格区域中输入相同信息

首先按【Ctrl】键，选中要输入相同信息的区域，接着输入内容"录入数据"，如下图所示。

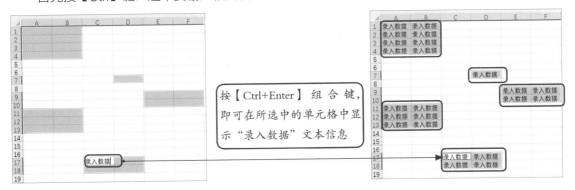

按【Ctrl+Enter】组合键，即可在所选中的单元格中显示"录入数据"文本信息

提示： 默认会在最后一个选择的单元格内显示输入的内容。

2 在不同的工作表中快速输入相同信息

首先，同时选择多个工作表，此时可看到标题栏中显示"组"，然后在工作表中输入信息即可，如下图所示。

可同时在 Sheet1 和 Sheet2 工作表中输入相同信息

提示： 选择两个工作表中要输入相同内容的单元格，并同时选择两个工作表，按【Ctrl+Enter】组合键，可以在两个工作表选择的单元格区域内输入相同内容。

5.2.2 ▶ 快速输入当前的时间和日期

在 Excel 中，可以通过快捷键快速输入当前的时间和日期，如下图所示。

按【Ctrl+；】组合键，快速输入当前日期 ← 2018/8/1 | 17:53 → 按【Ctrl+Shift+：】组合键，快速输入当前时间

5.2.3 ▶ 使用自动填充快速输入

使用 Excel 提供的自动填充功能可以快速输入数据。

1 基本的序列填充

在使用 Excel 的自动填充功能时，一般都会先输入数据，然后进行拖曳填充，但是当表格较大时，拖曳鼠标也是很累的，这时可以双击填充柄，数据即可自动填充，如下图所示。

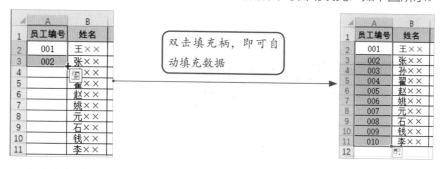

提示： 双击填充柄填充序列的方法，只有在靠近填充列的左侧或右侧有连续数据区域时才能正常使用。如果靠近填充列的左右两侧均无数据，双击填充柄时不会自动填充。

2 自定义序列填充

除此之外，用户可以根据需求，对序列进行自定义，即设置自定义填充。

首先选择【文件】→【选项】选项，在弹出的【Excel 选项】对话框中单击【高级】→【常规】→【编辑自定义列表】按钮，调用【自定义序列】对话框，如下图所示。

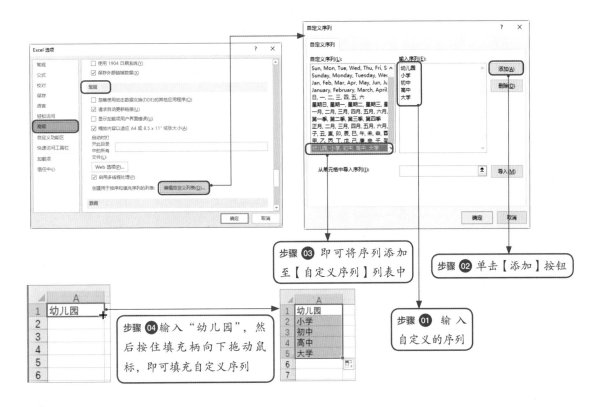

步骤 **03** 即可将序列添加至【自定义序列】列表中

步骤 **02** 单击【添加】按钮

步骤 **04** 输入"幼儿园",然后按住填充柄向下拖动鼠标,即可填充自定义序列

步骤 **01** 输入自定义的序列

③ 使用内置序列填充

Excel 的内置序列提供了多种数据填充方式,满足用户多样化的需求,可实现快速填充数据。

在单元格中输入"2019/1/1",如果直接拖曳填充柄,默认情况下按"日"填充,单击【自动填充选项】按钮,可更改数据的填充方式,如下图所示。

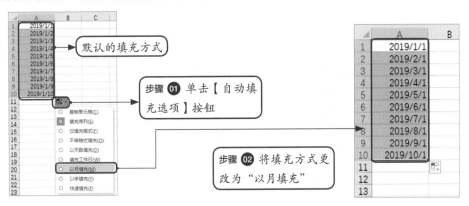

默认的填充方式

步骤 **01** 单击【自动填充选项】按钮

步骤 **02** 将填充方式更改为"以月填充"

另外，用户还可以在【序列】对话框中设置更多的填充方式。

首先，在单元格中输入数据，这里输入"2019/1/1"，然后选中要填充的单元格区域，选择【开始】→【编辑】→【填充】→【序列】选项，调用【序列】对话框，在其中进行填充方式的设置即可，如下图所示。

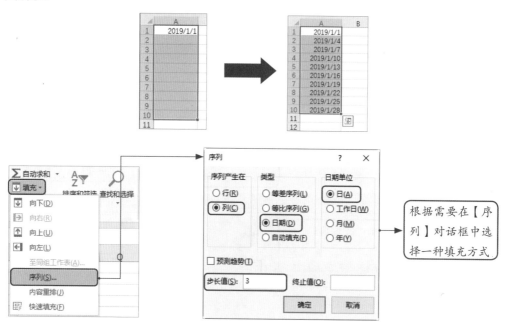

5.2.4 设置数据的智能输入

Excel 对输入的数据是有"记忆"的，当启动"记忆"功能后，就可以自动记忆输入过的数据，只要在单元格中输入前几个字，后面的字就会自动出来，并且提供下拉菜单项供用户选择，如下图所示。

	A	B	C	D	E
1	员工编号	姓名	毕业院校	人员级别	入职时间
2	001	王××	北京××大学	部门经理	2004/2/2
3	002	张××	上海××大学	研发人员	2014/9/5
4	003	孙××	浙江××大学	普通员工	2015/4/15
5	004	翟××	哈尔滨××大学	研发人员	2008/7/8
6	005	赵××			
7	006	姚××			
8	007	元××			
9	008	石××			
10	009	钱××			
11	010	李××			
12					

表格中已有的数据

选择【文件】→【选项】选项，调用【Excel选项】对话框，在其中开启Excel的"记忆"功能，如下图所示。

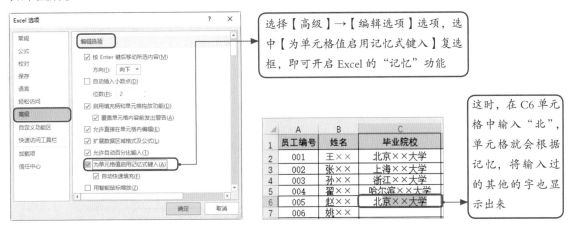

Excel开启"记忆"功能后，还可以在下拉菜单中选择要输入的数据。例如，选中D6单元格并右击，在弹出的快捷菜单中选择【从下拉列表中选择】选项，Excel会自动弹出下拉菜单项供用户选择，如下图所示。

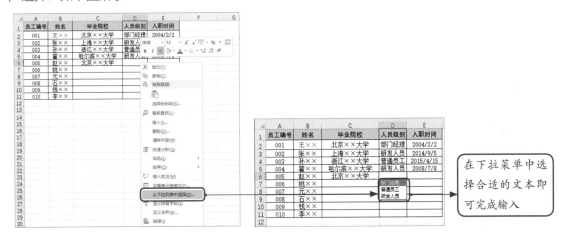

提示： 另外，按【Alt+方向键】组合键，也可调用Excel的下拉菜单项。

5.2.5 快速输入不规则重复信息

"不规则的重复"是相对于"规则的重复"来讲的，通常情况下会将左下图所示的信息重复视为"规则的重复"，右下图所示的信息视为"不规则的重复"。

对于规则的重复信息，可以采用自动填充功能快速输入数据，那不规则的重复信息如何快速输入呢？

通过下图所示单元格的格式设置，可以快速输入不规则的重复数据。

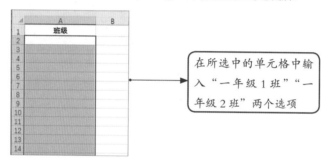

在所选中的单元格中输入"一年级1班""一年级2班"两个选项

按【Ctrl+1】组合键调用【设置单元格格式】对话框，选择【数字】选项卡，在其中自定义单元格格式即可，如下图所示。

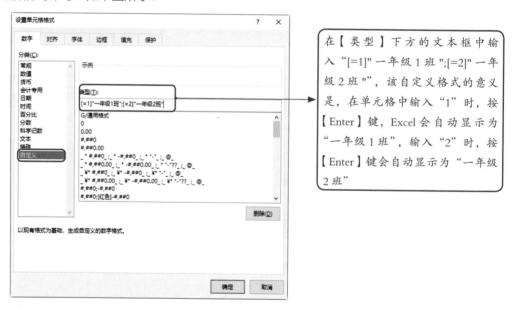

在【类型】下方的文本框中输入"[=1]"一年级 1 班";[=2]"一年级 2 班""，该自定义格式的意义是，在单元格中输入"1"时，按【Enter】键，Excel 会自动显示为"一年级 1 班"，输入"2"时，按【Enter】键会自动显示为"一年级 2 班"

提示： "[=1]"一年级1班";[=2]"一年级2班""中的所有符号均需要在英文状态下输入。此外，这种方法只适用于两项不规则的重复信息。

5.2.6 身份证号码的输入

在 Excel 中输入身份证号码时，默认情况下会以科学计数法的形式显示，那么如何才能将号码中的数字全部显示呢？可以通过以下两种方法进行输入。

第一种方法：使用英文"'"，如下图所示。

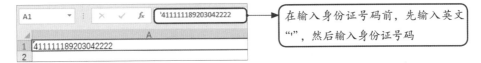

在输入身份证号码前，先输入英文"'"，然后输入身份证号码

第二种方法：将单元格格式设置为"文本"。

选中要输入身份证号码的单元格，按【Ctrl+1】组合键调用【设置单元格格式】对话框，如下图所示。

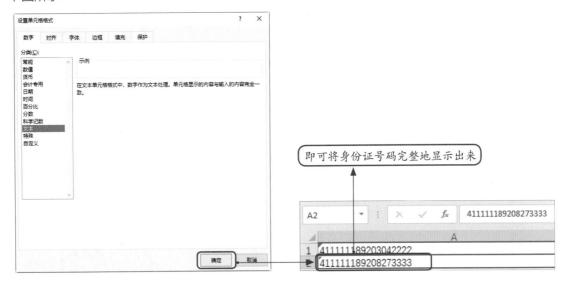

即可将身份证号码完整地显示出来

5.2.7 提取身份证号码中的出生日期

Excel 提供了强大的分列功能，不仅可以将一列文本数据根据分隔符分成多列，还可以提取长字符串中的部分字符，如下图所示。

	A	B	C	D
1	员工编号	员工姓名	身份证号码	出生日期
2	001	陈××	4111111198308280000	
3	002	田××	4222221197907190000	
4	003	柳××	4333331198512140000	
5	004	李××	4000001198711250000	
6	005	蔡××	4555551199005261111	
7	006	王××	4666661198908161111	
8	007	高××	4777771198305241111	
9				

提取身份证号码中的日期，并将其对应放置在"出生日期"列中

首先，选中"身份证号码"列的数据，单击【数据】→【数据工具】→【分列】按钮，调用【文本分列向导】对话框，如下图所示。

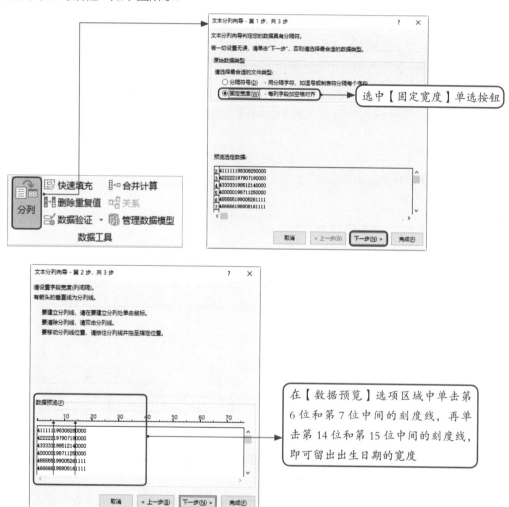

选中【固定宽度】单选按钮

在【数据预览】选项区域中单击第6位和第7位中间的刻度线，再单击第14位和第15位中间的刻度线，即可留出出生日期的宽度

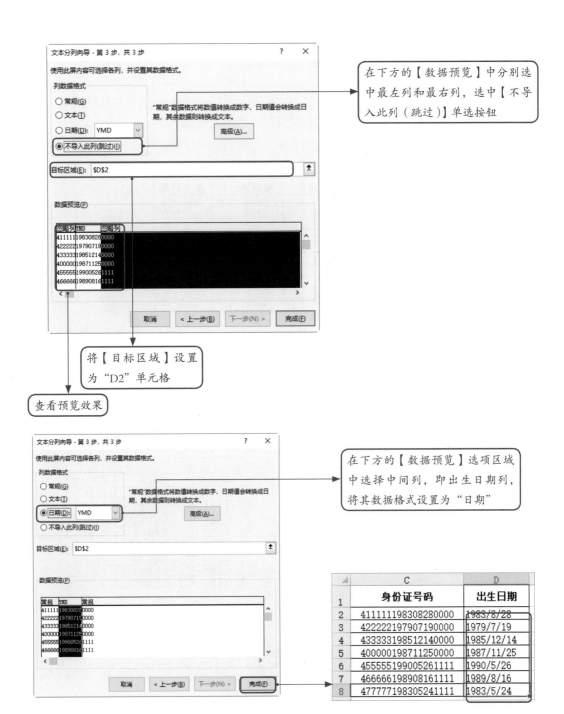

在下方的【数据预览】中分别选中最左列和最右列,选中【不导入此列(跳过)】单选按钮

将【目标区域】设置为"D2"单元格

查看预览效果

在下方的【数据预览】选项区域中选择中间列,即出生日期列,将其数据格式设置为"日期"

	C	D
1	身份证号码	出生日期
2	411111198308280000	1983/8/28
3	422222197907190000	1979/7/19
4	433333198512140000	1985/12/14
5	400000198711250000	1987/11/25
6	455555199005261111	1990/5/26
7	466666198908161111	1989/8/16
8	477777198305241111	1983/5/24

在检查制作完成的表格时，突然发现文本中少了某个重要信息，并且需要批量添加，这时可通过设置单元格格式的方法，快速批量添加相同信息，如下图所示。

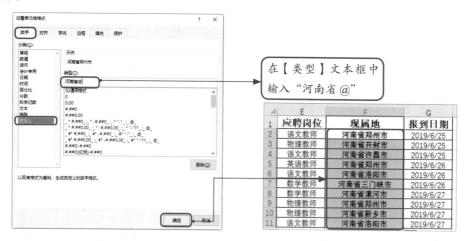

	A	B	C	D	E	F	G
1	序号	姓名	性别	联系电话	应聘岗位	现属地	报到日期
2	001	陈××	男	15502221111	语文教师	郑州市	2019/6/25
3	002	田××	女	15502221112	物理教师	开封市	2019/6/25
4	003	柳××	女	15502221113	语文教师	许昌市	2019/6/25
5	004	李××	女	15502221114	英语教师	郑州市	2019/6/26
6	005	蔡××	女	15502221115	语文教师	洛阳市	2019/6/26
7	006	王××	男	15502221116	数学教师	三门峡市	2019/6/26
8	007	高××	男	15502221117	数学教师	漯河市	2019/6/27
9	008	张××	女	15502221118	物理教师	郑州市	2019/6/27
10	009	赵××	男	15502221119	物理教师	新乡市	2019/6/27
11	010	吴××	女	15502221120	语文教师	洛阳市	2019/6/27

为"现属地"列的城市添加省份——河南省

首先，选中要批量添加信息的数据区域，按【Ctrl+1】组合键，调用【设置单元格格式】对话框，如下图所示。

在【类型】文本框中输入"河南省@"

	E	F	G
1	应聘岗位	现属地	报到日期
2	语文教师	河南省郑州市	2019/6/25
3	物理教师	河南省开封市	2019/6/25
4	语文教师	河南省许昌市	2019/6/25
5	英语教师	河南省郑州市	2019/6/26
6	语文教师	河南省洛阳市	2019/6/26
7	数学教师	河南省三门峡市	2019/6/26
8	数学教师	河南省漯河市	2019/6/27
9	物理教师	河南省郑州市	2019/6/27
10	物理教师	河南省新乡市	2019/6/27
11	语文教师	河南省洛阳市	2019/6/27

5.3 将不规范数据源转换为规范数据源

在 5.1 节中，已经介绍了在制作数据源表时应该养成的一些好习惯，接下来介绍如何利用这些好习惯，将不规范的数据源转换为规范的数据源。

不规范数据源的分析和整理

以下图所示的表格为例，讲解如何将不规范的数据源转换为规范的数据源。

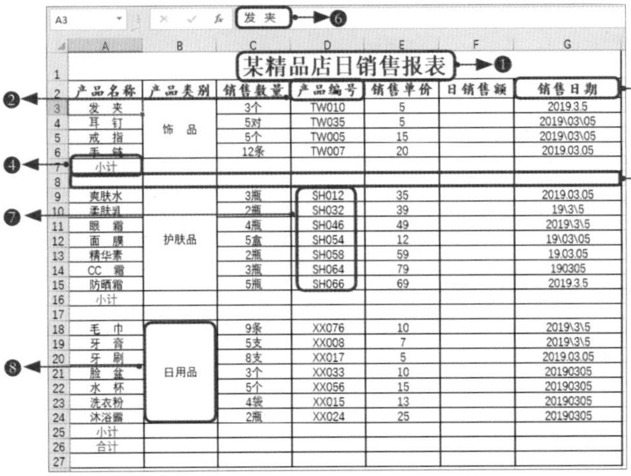

上图中标注序号的都是表格中不规范的地方，下面分析这些不规范的地方及其对应的解决方法。

1 标题占用了标题行的位置

处理方法：删除首行，将工作表标签命名为"某精品店日销售报表"，或者将工作簿名称命名为"某精品店日销售报表"。

2 字段顺序不合理

处理方法："产品编号"应放在"产品名称"列前面。选中"产品编号"列，将鼠标指针移至选中列的边框上，当鼠标指针变为 ⸚ 形状时，按住【Shift】键，将"产品编号"列拖曳至"产品名称"列前面。

3 日期格式使用不规范

处理方法："销售日期"列的日期格式使用不规范，使用 Excel 的"分列"功能可以快速将其统一为规范的日期格式，如下图所示。

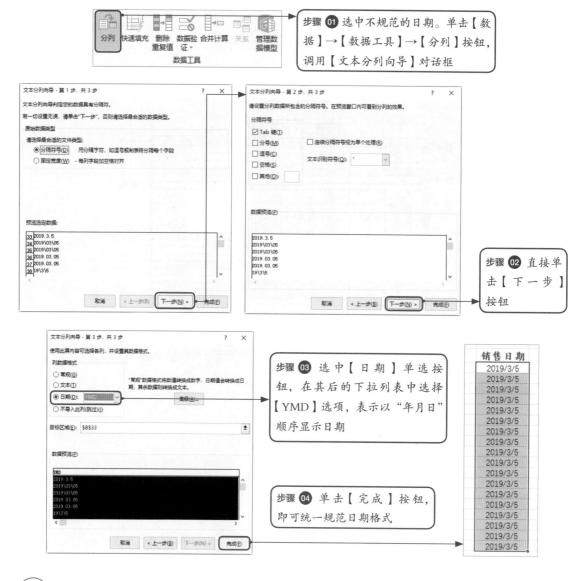

步骤 **01** 选中不规范的日期。单击【数据】→【数据工具】→【分列】按钮，调用【文本分列向导】对话框

步骤 **02** 直接单击【下一步】按钮

步骤 **03** 选中【日期】单选按钮，在其后的下拉列表中选择【YMD】选项，表示以"年月日"顺序显示日期

步骤 **04** 单击【完成】按钮，即可统一规范日期格式

4 多余的小计、合计行

处理方法：作为一张源数据表格，表单中的小计和合计行都是多余的。利用Excel的筛选功能，先将"小计""合计"行筛选出来，再将其删除。

选中所有的数据区域，选择【开始】→【编辑】→【排序和筛选】→【筛选】选项，数据即可进入筛选状态，如下图所示。

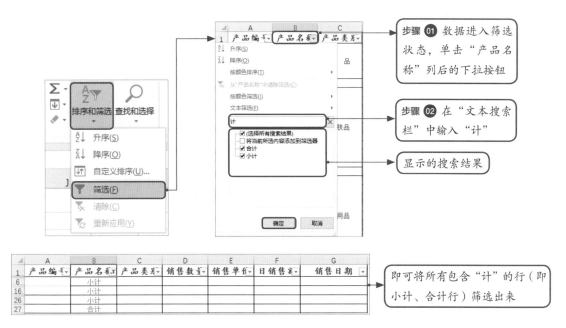

步骤 01 数据进入筛选状态，单击"产品名称"列后的下拉按钮

步骤 02 在"文本搜索栏"中输入"计"

显示的搜索结果

即可将所有包含"计"的行（即小计、合计行）筛选出来

最后，选中筛选出来的行，将其删除，然后取消筛选即可。

5 多余的空白行

处理方法：若数据量少，手动将空白行删除即可；若数据量大，可使用定位功能，先筛选出空白行，再进行删除，具体操作如下。

第一步：选中数据区域 A 列中的空值。

在删除空白行之前，首先选择数据区域，这里选择 A 列数据区域，如下图所示。

	A	B	C	D	E	F	G
1	产品编号	产品名称	产品类别	销售数量	销售单价	日销售额	销售日期
2	TW010	发 夹		3个	5		2019/3/5
3	TW035	耳 钉	饰品	5对	5		2019/3/5
4	TW005	戒 指		5个	15		2019/3/5
5	TW007	手 链		12条	20		2019/3/5
6							
7	SH012	爽肤水		3瓶	35		2019/3/5
8	SH032	柔肤乳		2瓶	39		2019/3/5
9	SH046	眼 霜		4瓶	49		2019/3/5
10	SH054	面 膜	护肤品	5盒	12		2019/3/5
11	SH058	精华素		2瓶	59		2019/3/5
12	SH064	CC 霜		3瓶	79		2019/3/5
13	SH066	防晒霜		5瓶	69		2019/3/5
14							
15	XX076	毛 巾		9条	10		2019/3/5
16	XX008	牙 膏		5支	7		2019/3/5
17	XX017	牙 刷		8支	5		2019/3/5
18	XX033	脸 盆	日用品	3个	10		2019/3/5
19	XX056	水 杯		5个	15		

选择 A 列数据区域

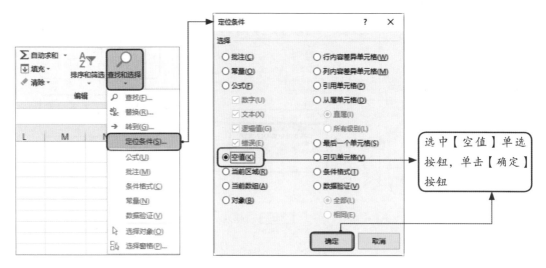

第二步：将选中的空行删除。

即可定位所有包含空值的单元格，在其上右击，选择【删除】选项，在【删除】对话框中选中【整行】单选按钮，单击【确定】按钮即可删除所有空行，如下图所示。

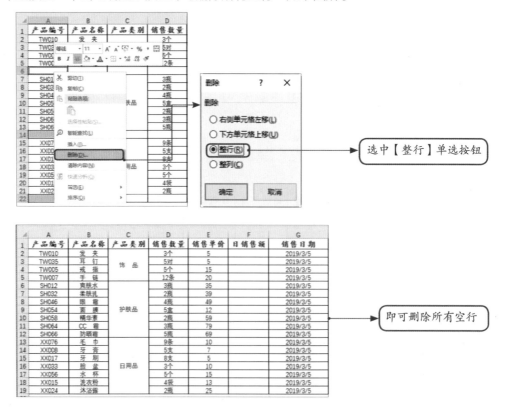

6　文字中间多余的空格

文字中间有多余的空格，虽然可以在视觉上让不同数量的文字两端对齐，看起来更美观。但在 Excel 中，空格与其他字符是一样的。如果加了一个空格，就破坏了原始数据，这是绝对不可以的！

处理方法：首先使用【查找和替换】功能，将文字间多余的空格删除，这里不再赘述。然后再进行"分散对齐"的操作。

选中要对齐的文本，按【Ctrl+1】组合键调用【设置单元格格式】对话框，选择【对齐】选项卡，将【水平对齐】设置为"分散对齐"，并根据需要设置【缩进】值，如下图所示。

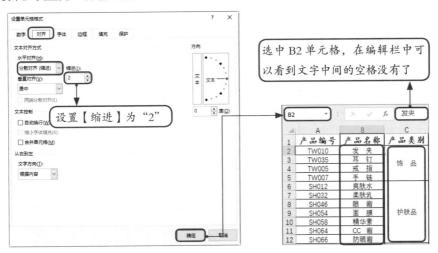

提示： 利用 Excel 提供的"分散对齐"功能，将长短不一的文本两端都对齐，与之前添加空格对齐文本的视觉效果一样，那么如何才能正确区分呢？其实，只需选中单元格，然后在编辑栏中查看其显示效果即可。在 Excel 中，无论对单元格中的数据设置了怎样的格式，只要选中该单元格，在编辑栏中就会显示出原本的数据。

7　数据和单位记录在了同一个单元格中

处理方法：使用【Ctrl+E】组合键，可以快速将数据和单位分离，具体操作如下。

第一步：分离数据和单位。

首先在"销售数量"列后插入两列，并将表头分别设置为"销售数量""单位"。然后在 E2 单元格中输入 3，选中 E3:E19 单元格区域，按【Ctrl+E】组合键，即可获得 D 列单元格中的数据，如下图所示。

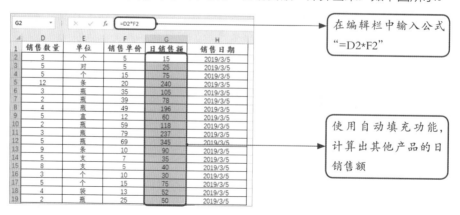

在 F2 单元格中输入"个"，选中 F2:F19 单元格区域，按【Ctrl+E】组合键，即可获得 D 列单元格中的单位，如下图所示。

第二步：利用公式，计算"日销售额"。

最后将多余的 D 列删除，利用公式，即可将"日销售额"计算出来，如下图所示。

8 使用了合并单元格

解决方法：首先取消合并的单元格，再输入相应的文本内容。

第一步：取消合并的单元格。

选中数据中的任一单元格，按【Ctrl+A】组合键选中全部的数据，按【Ctrl+1】组合键调用【设置单元格格式】对话框，选择【对齐】选项卡，在其中取消选中【合并单元格】复选框即可，如下图所示。

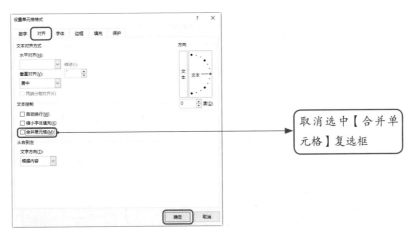

第二步：在空白单元格中批量填充数据。

取消单元格的合并之后，原合并单元格区域只有最上面的单元格中保留了数据，其他均为空白单元格，如下图所示。

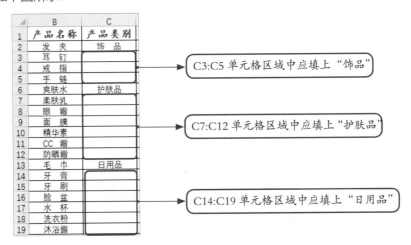

选中除标题行以外的数据区域,即B2:H19单元格区域,选择【开始】→【编辑】→【查找和选择】→【定位条件】选项,调用【定位条件】对话框,如下图所示。

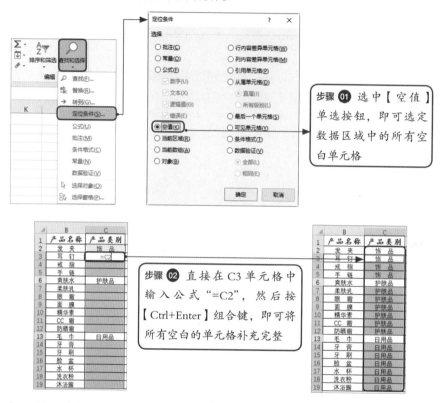

提示: 在C3单元格中输入公式"=C2",表示在C3单元格中引用C2单元格的值,按【Ctrl+Enter】组合键,在所有的空白单元格中都输入了公式,因为公式"=C2"使用了相对引用格式,因此所有空白单元格中的文本都与其上面单元格中的文本相同。

如果担心公式出现问题,可以选择C2:C19单元格区域,按【Ctrl+C】组合键复制。并在C2单元格上右击,选择【粘贴选项】→【值】选项,将公式粘贴为常量值,如下图所示。

至此，不规范的数据源表整理完成，效果如下图所示。

	A	B	C	D	E	F	G	H
1	产品编号	产品名称	产品类别	销售数量	单位	销售单价	日销售额	销售日期
2	TW010	发夹	饰品	3	个	5	15	2019/3/5
3	TW035	耳钉	饰品	5	对	5	25	2019/3/5
4	TW005	戒指	饰品	5	个	15	75	2019/3/5
5	TW007	手链	饰品	12	条	20	240	2019/3/5
6	SH012	爽肤水	护肤品	3	瓶	35	105	2019/3/5
7	SH032	柔肤乳	护肤品	2	瓶	39	78	2019/3/5
8	SH046	眼霜	护肤品	4	瓶	49	196	2019/3/5
9	SH054	面膜	护肤品	5	盒	12	60	2019/3/5
10	SH058	精华素	护肤品	2	瓶	59	118	2019/3/5
11	SH064	CC霜	护肤品	3	瓶	79	237	2019/3/5
12	SH066	防晒霜	护肤品	5	瓶	69	345	2019/3/5
13	XX076	毛巾	日用品	9	条	10	90	2019/3/5
14	XX008	牙膏	日用品	5	支	7	35	2019/3/5
15	XX017	牙刷	日用品	8	支	5	40	2019/3/5
16	XX033	脸盆	日用品	3	个	10	30	2019/3/5
17	XX056	水杯	日用品	5	个	15	75	2019/3/5
18	XX015	洗衣粉	日用品	4	袋	13	52	2019/3/5
19	XX024	沐浴露	日用品	2	瓶	25	50	2019/3/5

某精品店日销售报表

规范的数据源表

5.3.2 不规范数据源的整理技巧

下面介绍几种不规范数据源的整理技巧。

1 按分隔符拆分数据

在 Excel 中，有时会遇到不同属性的字段被放在一列中，这是不符合 Excel 数据规范的，如下图所示。

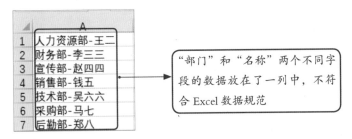

	A
1	人力资源部-王二
2	财务部-李三三
3	宣传部-赵四四
4	销售部-钱五
5	技术部-吴六六
6	采购部-马七
7	后勤部-郑八

"部门"和"名称"两个不同字段的数据放在了一列中，不符合 Excel 数据规范

将 A 列中的字段分别显示在两列中有以下两种方法。

方法一：快速填充法。

数据有明显的区别，如汉字和数字的组合或数据中间有明显的分隔符号，可以通过快速填充的方法实现数据拆分，如下图所示。

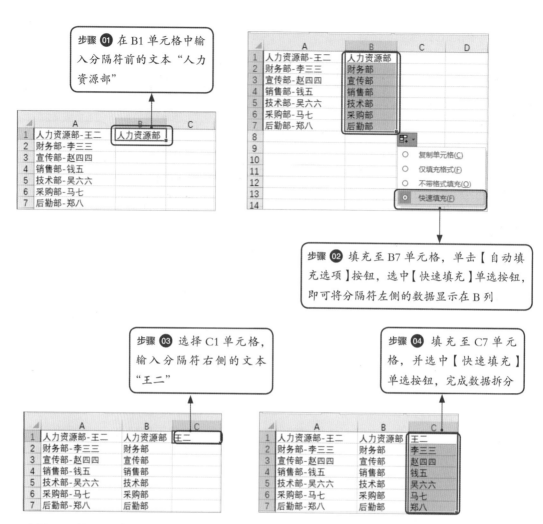

步骤 **01** 在 B1 单元格中输入分隔符前的文本"人力资源部"

步骤 **02** 填充至 B7 单元格，单击【自动填充选项】按钮，选中【快速填充】单选按钮，即可将分隔符左侧的数据显示在 B 列

步骤 **03** 选择 C1 单元格，输入分隔符右侧的文本"王二"

步骤 **04** 填充至 C7 单元格，并选中【快速填充】单选按钮，完成数据拆分

方法二：使用"分列"功能。

使用分列功能分隔这些数据，如果原始数据有规律的分隔符号，可以将其作为分隔依据，如果没有规律的分隔符号，可以添加分隔线进行分隔，这里使用"分隔符号"分列数据。

首先，选中要设置分列的数据区域 A1:A7，单击【数据】→【数据工具】→【分列】按钮，打开【文本分列向导】对话框，如下图所示。

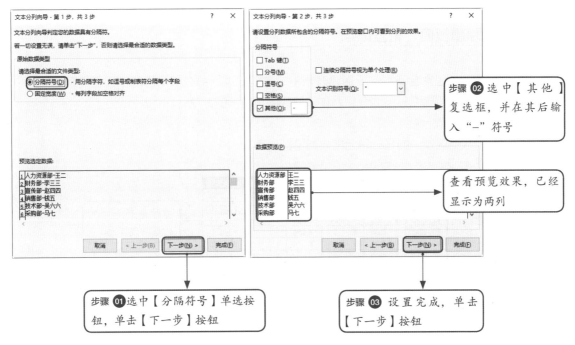

步骤 02 选中【其他】复选框，并在其后输入"-"符号

查看预览效果，已经显示为两列

步骤 01 选中【分隔符号】单选按钮，单击【下一步】按钮

步骤 03 设置完成，单击【下一步】按钮

提示： 如果要拆分的数据宽度是固定的，可以选中【固定宽度】单选按钮。

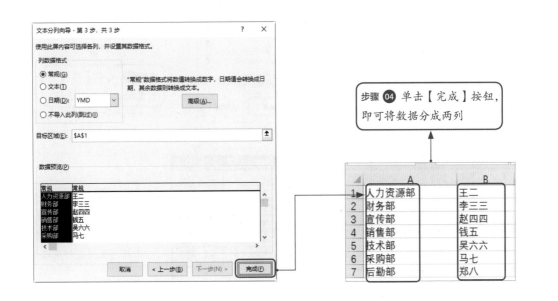

步骤 04 单击【完成】按钮，即可将数据分成两列

2 快速删除重复值、重复记录

在处理数据时，经常会遇到需要删除表格中的重复记录，那么如何才能在大量的数据信息中找到重复项，并将其删除呢？下面介绍两种快速删除重复项的方法。

第一种：高级筛选。

首先，选择数据区域中的任一单元格，如下图所示。

然后，单击【数据】→【排序和筛选】→【高级】按钮，弹出【高级筛选】对话框，如下图所示。

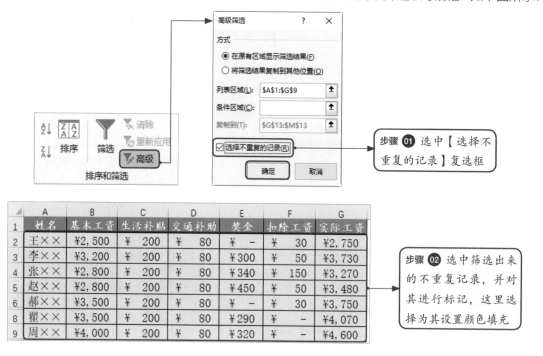

步骤 03 单击【清除】按钮，取消数据的筛选

即可将重复记录突出显示

最后，将突出显示的重复记录删除即可。

第二种：删除重复值。

首先，选择数据区域中的任一单元格，如下图所示。

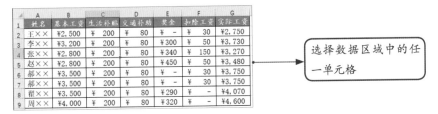

选择数据区域中的任一单元格

然后，单击【数据】→【数据工具】→【删除重复值】按钮，调用【删除重复值】对话框，如下图所示。

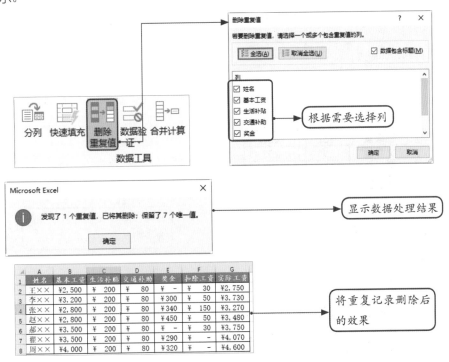

根据需要选择列

显示数据处理结果

将重复记录删除后的效果

提示： 此操作会直接将表格中的重复记录删除，若需要保留，可将原数据复制到其他单元格中再进行操作。

5.4 给数据把个关——核对与保护

源数据表制作完成后，还需要给数据把关——核对数据与保护数据。检查源数据表中是否存在错误的数据，检查完成后可以为数据设置密码，防止数据被修改。

5.4.1 数据的核对

还在一个个核对数据吗？下面介绍几种数据核对技巧，可轻松完成数据核对工作。

1 两列数据的核对

两列数据的核对分为同行数据的核对、不同行数据的核对、不同工作表中两列数据的核对 3 种情况。

（1）同行数据的核对

同行数据的核对如下图所示。

	A	B	C
1	产品名称	账面数量	盘点数量
2	档案盒	451	451
3	文件篮	256	253
4	票据夹	650	650
5	订书机	306	305
6	剪刀	267	265
7	打孔器	362	362
8	笔筒	422	422
9	便利贴	300	300
10	账册	261	261
11	报刊架	350	350
12	证件卡	362	363
13	复写纸	580	580
14	荧光笔	664	660
15	胶带	540	541
16	会议牌	365	365

核对"账面数量"和"盘点数量"两列数据是否一致

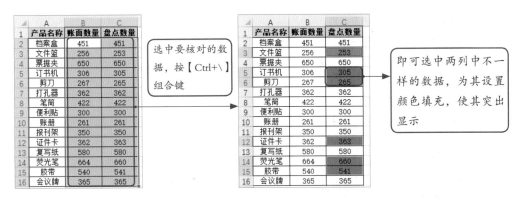

选中要核对的数据，按【Ctrl+\】组合键

即可选中两列中不一样的数据，为其设置颜色填充，使其突出显示

（2）不同行数据的核对

如果需要在两个"产品名称"列中找到相同的名称，如下图所示。

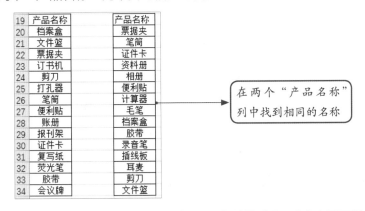

在两个"产品名称"列中找到相同的名称

选中要核对的数据区域，选择【开始】→【样式】→【条件格式】→【突出显示单元格规则】→【重复值】选项，弹出【重复值】对话框，如下图所示。

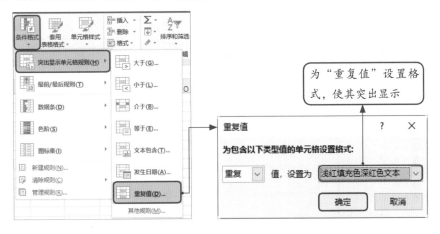

为"重复值"设置格式，使其突出显示

19	产品名称		产品名称
20	档案盒		票据夹
21	文件篮		笔筒
22	票据夹		证件卡
23	订书机		资料册
24	剪刀		相册
25	打孔器		便利贴
26	笔筒		计算器
27	便利贴		毛笔
28	账册		档案盒
29	报刊架		胶带
30	证件卡		录音笔
31	复写纸		插线板
32	荧光笔		耳麦
33	胶带		剪刀
34	会议牌		文件篮

即可将两列中相同的名称以"浅红色填充深红色文本"格式标记出来

（3）不同工作表中两列数据的核对

在不同工作表中，两列数据的核对如下图所示。

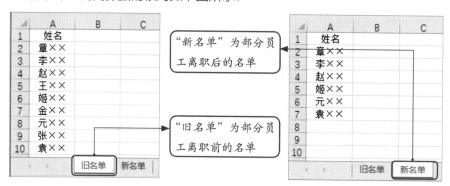

"新名单"为部分员工离职后的名单

"旧名单"为部分员工离职前的名单

下面根据"新名单"找到"旧名单"中离职的员工，首先在"旧名单"中新增"辅助列"，如下图所示。

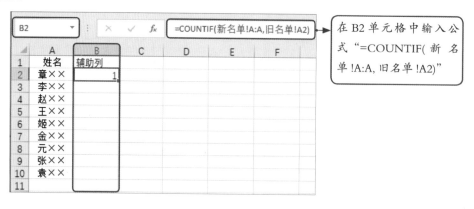

在 B2 单元格中输入公式"=COUNTIF(新名单 !A:A, 旧名单 !A2)"

提示： 公式 "=COUNTIF（新名单 !A: A, 旧名单 !A2）" 表示用 COUNTIF 函数统计"旧名单"中的 A2 员工的姓名在"新名单"中的个数。若统计结果为"0"，代表"新名单"中没有该员工姓名，即该员工是离职员工。

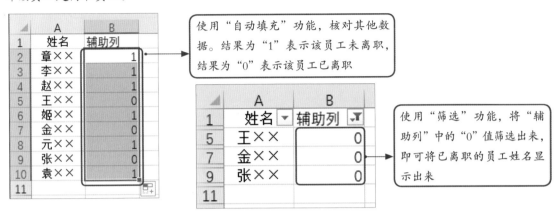

使用"自动填充"功能，核对其他数据。结果为"1"表示该员工未离职，结果为"0"表示该员工已离职

使用"筛选"功能，将"辅助列"中的"0"值筛选出来，即可将已离职的员工姓名显示出来

2 相同项目数据的核对

核对相同项目对应的数据，如核对两个表格中相同产品的库存数量，如下图所示。

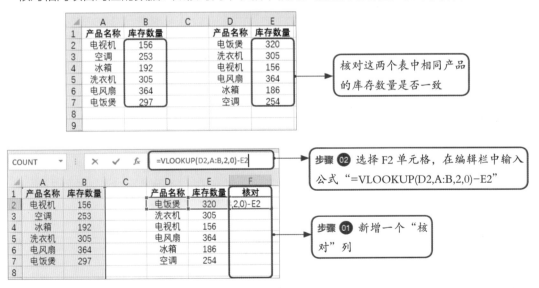

核对这两个表中相同产品的库存数量是否一致

步骤 02 选择 F2 单元格，在编辑栏中输入公式 "=VLOOKUP(D2,A:B,2,0)−E2"

步骤 01 新增一个"核对"列

提示： 在公式 "=VLOOKUP（D2, A: B, 2, 0）−E2" 中，"VLOOKUP（D2, A: B, 2, 0）"表示以 D2 单元格中的数据为参数，查找的数据区域为 A: B，并返回数据区域 A: B 中第二列的值，即返回"库存数量"值，"0"表示精确查找。

使用自动填充功能，快速完成其他数据的核对

核对结果中若显示"0"，则表示两个表格中相同产品的库存数量一致，否则表示不一致。

③ 两个表格的核对

两个表格核对的前提是行标题和列标题必须相同，然后才可以使用以下方法核对其对应的值。

（1）表格中数值类型数据的核对

表格中数值类型数据的核对如下图所示。

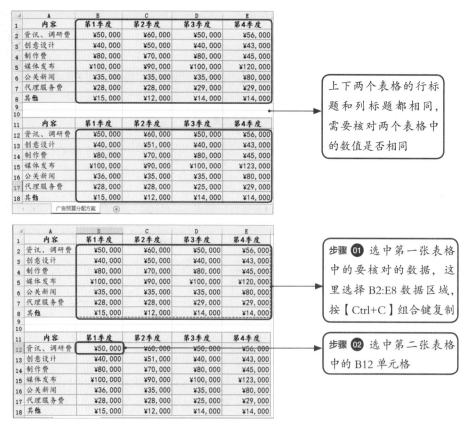

上下两个表格的行标题和列标题都相同，需要核对两个表格中的数值是否相同

步骤 01 选中第一张表格中的要核对的数据，这里选择 B2:E8 数据区域，按【Ctrl+C】组合键复制

步骤 02 选中第二张表格中的 B12 单元格

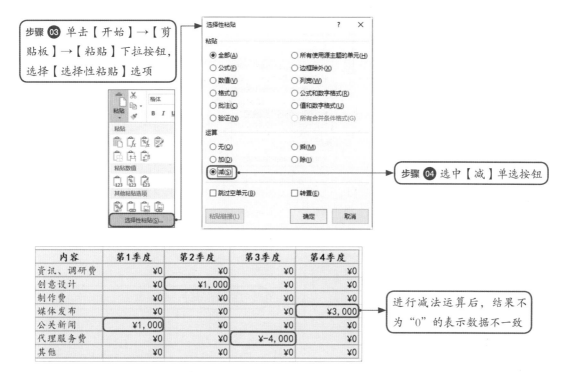

步骤 03 单击【开始】→【剪贴板】→【粘贴】下拉按钮，选择【选择性粘贴】选项

步骤 04 选中【减】单选按钮

内容	第1季度	第2季度	第3季度	第4季度
资讯、调研费	¥0	¥0	¥0	¥0
创意设计	¥0	¥1,000	¥0	¥0
制作费	¥0	¥0	¥0	¥0
媒体发布	¥0	¥0	¥0	¥3,000
公关新闻	¥1,000	¥0	¥0	¥0
代理服务费	¥0	¥0	¥-4,000	¥0
其他	¥0	¥0	¥0	¥0

进行减法运算后，结果不为"0"的表示数据不一致

（2）不限制类型的数据核对

不论表格中的数据类型是数值还是文本，都可以使用"条件格式"功能，突出显示两表中不相同的地方。

这里还以上面的表格为例，具体操作如下图所示。

	A	B	C	D	E
1	内容	第1季度	第2季度	第3季度	第4季度
2	资讯、调研费	¥50,000	¥60,000	¥50,000	¥56,000
3	创意设计	¥40,000	¥50,000	¥40,000	¥43,000
4	制作费	¥80,000	¥70,000	¥80,000	¥45,000
5	媒体发布	¥100,000	¥90,000	¥100,000	¥120,000
6	公关新闻	¥35,000	¥35,000	¥35,000	¥80,000
7	代理服务费	¥28,000	¥28,000	¥29,000	¥29,000
8	其他	¥15,000	¥12,000	¥14,000	¥14,000
9					
10					
11	内容	第1季度	第2季度	第3季度	第4季度
12	资讯、调研费	¥50,000	¥60,000	¥50,000	¥56,000
13	创意设计	¥40,000	¥51,000	¥40,000	¥43,000
14	制作费	¥80,000	¥70,000	¥80,000	¥45,000
15	媒体发布	¥100,000	¥90,000	¥100,000	¥123,000
16	公关新闻	¥36,000	¥35,000	¥35,000	¥80,000
17	代理服务费	¥28,000	¥28,000	¥25,000	¥29,000
18	其他	¥15,000	¥12,000	¥14,000	¥14,000

步骤 01 选中第二张表格

步骤 02 选择【开始】→【样式】→【条件格式】→【新建规则】选项,调用【新建格式规则】对话框

步骤 03 选择【使用公式确定要设置格式的单元格】选项

步骤 04 输入公式"=A11<>A1",查找两张表中不同的数据

步骤 05 单击【格式】按钮

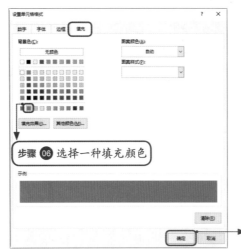

步骤 06 选择一种填充颜色

即可将两张表中不同的数据突出显示

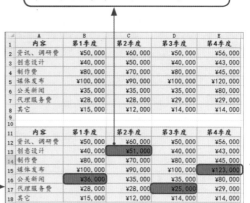

5.4.2 数据的保护

Excel 提供了多种数据保护功能,不仅可以保护工作表和工作簿,还可以为工作表中的某一数据区域设置保护。

知识点拨

1 工作表和工作簿的保护

单击【审阅】→【保护】→【保护工作表】按钮,调用【保护工作表】对话框,如下图所示。

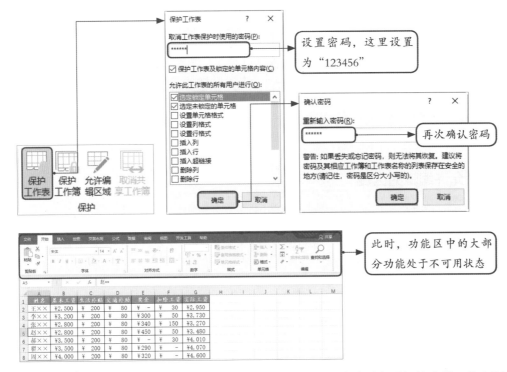

另外，也可以在【文件】→【信息】→【保护工作簿】下拉列表中选择【保护当前工作表】选项，如下图所示。

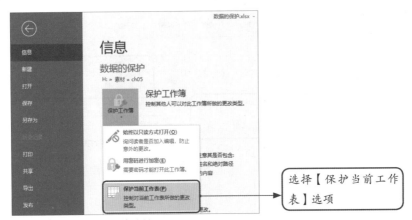

设置保护工作簿的方法与保护工作表相同，保护工作簿是为了防止他人对工作簿的结构进行更改。工作簿的保护设置完成后，在工作表标签上右击，可以看到许多命令处于不可用状态，如下图所示，同时也无法在这个工作簿中新建工作表。

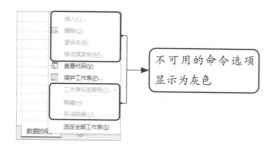

不可用的命令选项
显示为灰色

2 设置允许编辑的区域

在工作表中设置允许编辑的区域，可以保护其他区域中的内容不被修改。

单击【审阅】→【保护】→【允许编辑区域】按钮，调用【允许用户编辑区域】对话框，如下图所示。

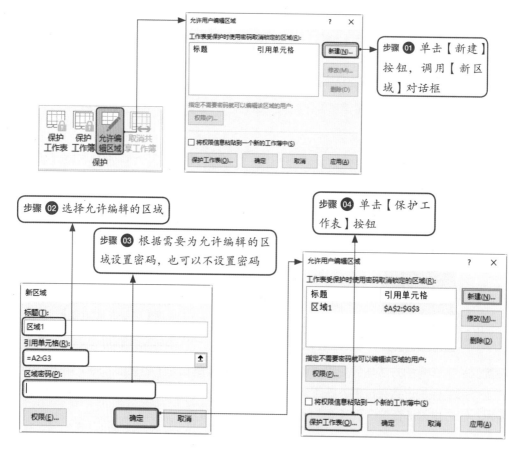

精进Office： 成为Word/Excel/PPT高手

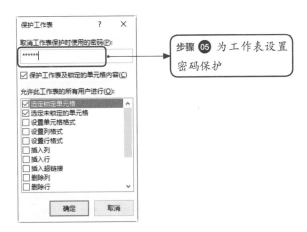

步骤 **05** 为工作表设置密码保护

这样就只能在 A2:G3 单元格区域中编辑数据，当要修改其他单元格中的数据时，就会弹出 Excel 提示框，如下图所示。

5.5 异常数据值的特殊强调

教学视频

在制作源数据表时，为单元格设置数据有效性，可以防止输入错误的信息，保证源数据的准确性。同时也可以检测已经输入的数据，圈出异常的数据值。

5.5.1 设置数据的有效性

通过设置数据的有效性，当输入的数据不在有效性范围内，即输入的是"异常数据"时，Excel 会自动弹出提示框，给出正确的提示。

知识点拨

下面以一张学生成绩表为例，介绍如何设置数据的有效性。

首先为"学号"列设置数据有效性，因学号的数字太多，在输入时容易出错，这里设置学号的长度为"8"，即 8 位数，具体操作如下图所示。

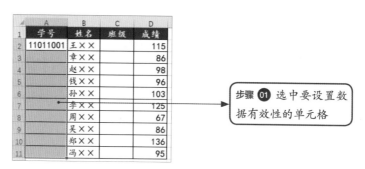

步骤 01 选中要设置数据有效性的单元格

步骤 02 单击【数据】→【数据工具】→【数据验证】按钮，调用【数据验证】对话框

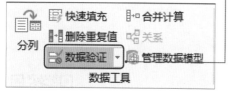

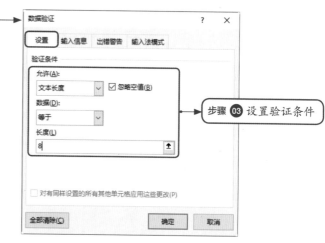

步骤 03 设置验证条件

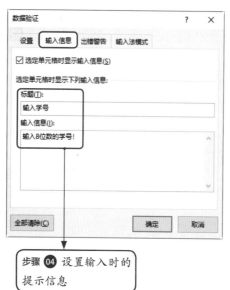

步骤 04 设置输入时的提示信息

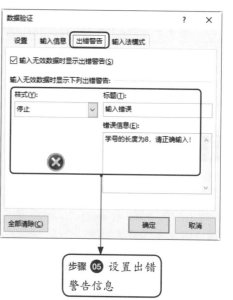

步骤 05 设置出错警告信息

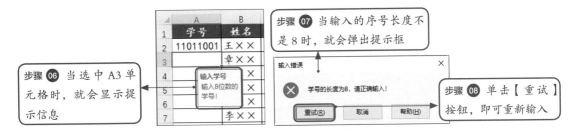

步骤 06 当选中 A3 单元格时，就会显示提示信息

步骤 07 当输入的序号长度不是 8 时，就会弹出提示框

步骤 08 单击【重试】按钮，即可重新输入

另外，还可以通过数据验证，设置数据下拉列表，从而快速准确地输入数据。

还是以上面的成绩表为例，为"班级"列设置数据验证。设置方法与上述步骤相似，只是在设置"验证条件"时不同，具体操作如下图所示。

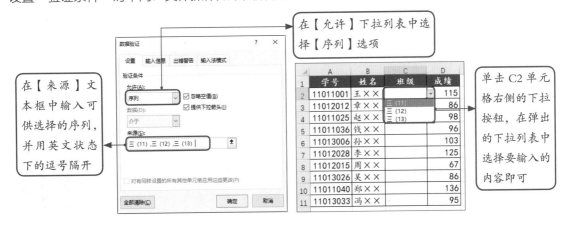

在【允许】下拉列表中选择【序列】选项

在【来源】文本框中输入可供选择的序列，并用英文状态下的逗号隔开

单击 C2 单元格右侧的下拉按钮，在弹出的下拉列表中选择要输入的内容即可

5.5.2 检测无效的数据

若源数据表格中已经输入了数据，可以通过"圈出无效数据"功能，突出显示异常的数据。

继续以上面的成绩表为例，首先选中要检测的数据区域，单击【数据】→【数据工具】→【数据验证】按钮，调用【数据验证】对话框，如下图所示。

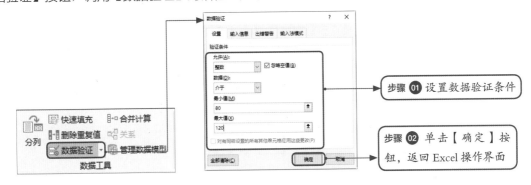

步骤 01 设置数据验证条件

步骤 02 单击【确定】按钮，返回 Excel 操作界面

步骤 **03** 单击【数据】→【数据工具】→【数据验证】下拉按钮，选择【圈释无效数据】选项

即可将范围不在80~120的数据圈出来

更改为正确的数据后，红色的椭圆标识圈会自动消除，或者单击【数据验证】下拉按钮，选择【清除验证标识圈】选项，如下图所示。

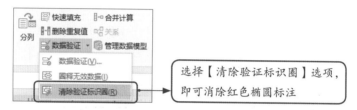

选择【清除验证标识圈】选项，即可消除红色椭圆标注

高手自测

本章主要介绍源数据表的制作与整理规范，通过本章的学习，可以制作结构清晰、格式统一规范的源数据表。结束本章学习之前，可先检测一下学习效果。扫描右侧的二维码，即可查看注意事项及操作提示，最终结果可以参阅"结果\ch05\高手自测"中相应的文档。

教学视频

打开"素材\ch05\高手自测\高手自测.xlsx"表格，指出表格中不规范的地方，并进行整理。最终效果如下图所示。

	A	B	C	D
1	销售日期	销售人员	商品编号	销售数量
2	2019/8/12	张三	SP001	24
3	2019/8/12	张三	SP002	25
4	2019/8/12	张三	SP003	26
5	2019/8/12	张三	SP004	27
6	2019/8/12	张三	SP005	28
7	2019/8/12	李四	SP006	52
8	2019/8/12	李四	SP007	53
9	2019/8/12	李四	SP008	54
10	2019/8/12	李四	SP009	55
11	2019/8/12	李四	SP010	56
12	2019/8/12	王五	SP0011	65
13	2019/8/12	王五	SP0012	54
14	2019/8/12	王五	SP0013	54
15	2019/8/12	王五	SP0014	28
16	2019/8/12	王五	SP0015	42
17	2019/8/12	王五	SP0016	34
18	2019/8/12	赵六	SP0017	52
19	2019/8/12	赵六	SP0018	53
20	2019/8/12	赵六	SP0019	54
21	2019/8/12	赵六	SP0020	55
22	2019/8/12	赵六	SP0021	56
23	2019/8/12	孙七	SP0022	52
24	2019/8/12	孙七	SP0023	53
25	2019/8/12	孙七	SP0024	54

第 6 章

拒绝平庸：图表设计，远不止"好看"这么简单

　　图表设计的过程就是将数据进行可视化表达的过程，用图表来展示数据、传递信息，将其作为与他人沟通的有效工具。如果图表的设计不合理，就缺少"灵魂"，再漂亮的图表也仅仅是"花瓶"而已。本章介绍如何将一堆杂乱无章的数据转化为一眼就能看懂的数据。

6.1 错误图表千万种

了解数据与基本图表类型之间的对应关系,正确选择图表类型,制作出的图表就应该符合要求。但实际情况则是很多图表并不能有效呈现数据。

1 图表表达信息与数据信息不一致

制作图表的目的是促进良好的沟通,解决实际问题,但很多时候制作的图表并没有很好地反映要表达的想法或客观数据,甚至会误导看图者对问题的认识。

在下面的两张图表中,如果仅需要知道每位员工的总销售额,哪一张更合适呢?

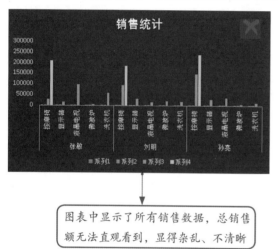

图表中显示了所有销售数据,总销售额无法直观看到,显得杂乱、不清晰

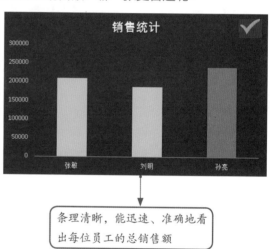

条理清晰,能迅速、准确地看出每位员工的总销售额

2 图表中重点不突出

有效的图表要突出重点,并能明确呈现重点的数据。

观察下面的两个图表,哪个才是最有效的呢? 最简单的方法就是在图表中将突出的数据设定为不同的颜色,这样既便于区分,又突出对比,如右下图所示。

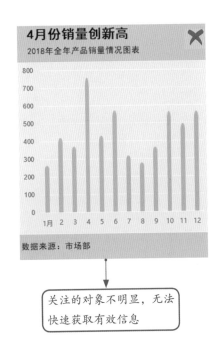

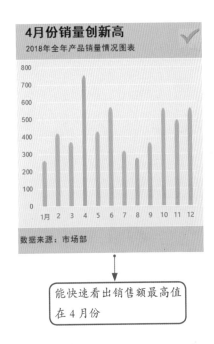

关注的对象不明显，无法快速获取有效信息

能快速看出销售额最高值在 4 月份

③ 避免过于复杂的图表

图表是不需要过多解释的，一图胜千言，不是说需要用一千句话解释一个图表，而是说一个好的图表可以省略一千句解释。有些人喜欢运用各种技巧，加上自己的创新，制作出一些虽博人眼球，但让人难以理解的图表。这就与图表的目的背道而驰了。

你能看出左下图中的图表要表达的内容吗？

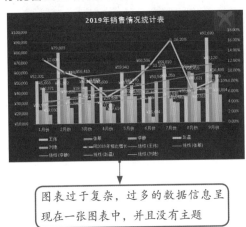

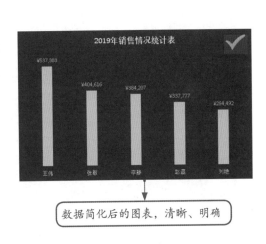

图表过于复杂，过多的数据信息呈现在一张图表中，并且没有主题

数据简化后的图表，清晰、明确

④ 多张图表时频繁改变图表类型

将复杂的数据简单化，就需要用多张图表，但有些图表制作者喜欢用柱形图、条形图、饼图等不同的图表类型表现一类数据，并为每个图表设置各种效果，通过各种手段展示图表技能，导致图表看起来杂乱无章。解决方法就是在相同场景下保持图表的一致性。

下面两组图表，你更喜欢哪组呢？

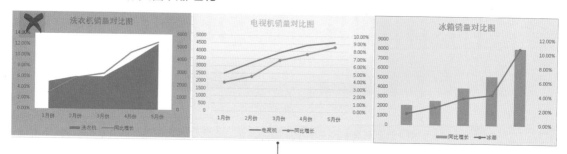

3个图表展示同系列数据，但颜色、形状各异，显得杂乱无章

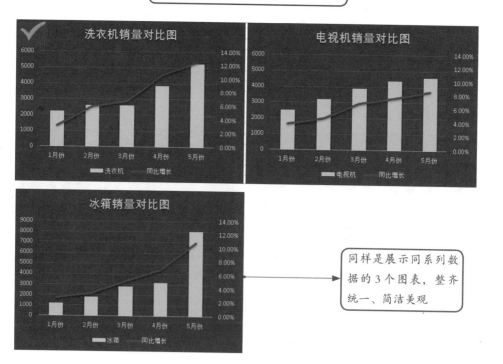

同样是展示同系列数据的3个图表，整齐统一、简洁美观

5 花里胡哨的图表

为了使图表看起来好看,可以搭配不同颜色,但如果处理不当,就会出现大红大紫、色彩渐变类"艳丽"的图表,这类图表往往让人感觉很"俗"。

下图所示的"艳丽"图表,你会放到工作报告中吗?

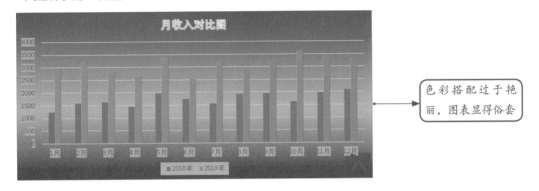

色彩搭配过于艳丽,图表显得俗套

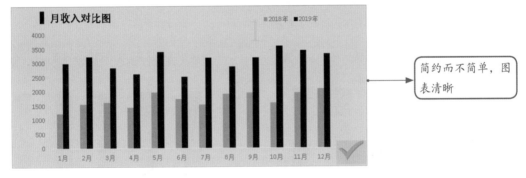

简约而不简单,图表清晰

6 存在误导或欺骗的图表

图表设计不恰当就会导致读者误读,下面介绍几类会导致误读的情况。

(1)夸张的压缩比例

为了让图表适应文档,需要改变图表大小,但过犹不及,当出现下图所示的情况时,就会让读者判断错误。

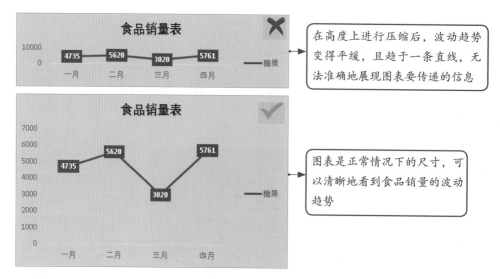

（2）截断柱形图图表Y轴

柱形图图表的Y轴不是从0开始的，会夸大数据间的变化幅度，这样在视觉上就会引起读者误解。

你相信下面两张图表中表现的是同一组数据吗？

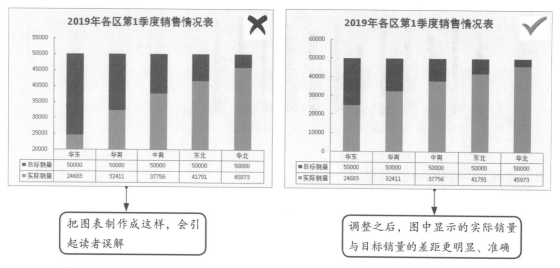

（3）夸张的3D效果

为了让图表看起来漂亮、吸引眼球，会添加一些效果，通常情况下无可厚非，但有些情况会让观众忽略图表展示的内容，被特效吸引，甚至产生错误的理解，如下图所示。

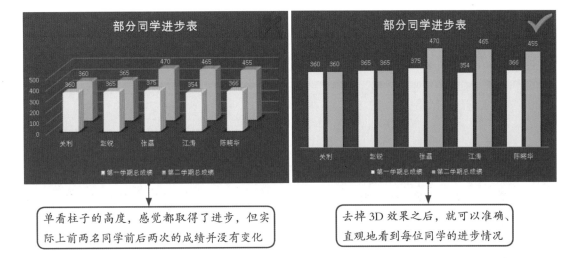

单看柱子的高度，感觉都取得了进步，但实际上前两名同学前后两次的成绩并没有变化

去掉 3D 效果之后，就可以准确、直观地看到每位同学的进步情况

（4）形象化图表不成比例

形象化图表直观、形象、美观，但实物大小与数值不成比例，就会导致图表难以理解，如下图所示。

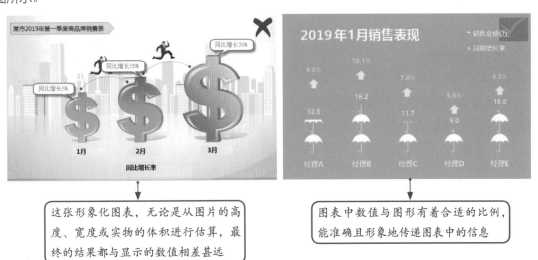

这张形象化图表，无论是从图片的高度、宽度或实物的体积进行估算，最终的结果都与显示的数值相差甚远

图表中数值与图形有着合适的比例，能准确且形象地传递图表中的信息

7 不合理的"数据墨水比"

"数据墨水比"中的"墨水"指的是图表中可使用的图表元素，如图表标题、数据表、网格线、图例等。"数据墨水比"指的是所用到的图表元素与所有图表元素之间的比例。到底怎样才算合适呢？

记住一点，就是从简原则，删掉多余元素，让每个图表元素的存在都有意义。越简单，越容易被接受。

观察下面的两个图表，要展现籍贯为"河南"的学生人数，你会选择哪个呢？

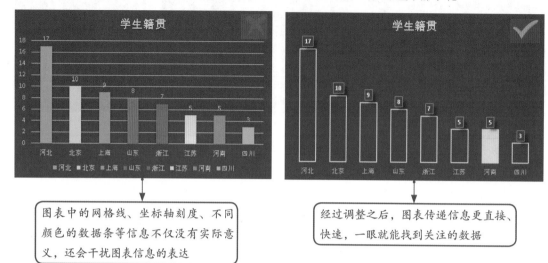

图表中的网格线、坐标轴刻度、不同颜色的数据条等信息不仅没有实际意义，还会干扰图表信息的表达

经过调整之后，图表传递信息更直接、快速，一眼就能找到关注的数据

8 不必要的图表

凡数据必用图表，缺少图表就感觉没有分析数据。但有些数据使用表格表达效果更好，这时就没有必要使用图表了。

（1）差异极小的数据

那些差异极小的数据用图表表示，效果如下图所示，从图表外观上看基本没什么变化，失去了图表的意义，这样的数据在表格中利用排序功能将数据排序即可，没有必要使用图表。

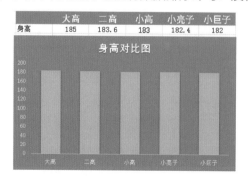

（2）一组没有关联的数字

如果是单组数据，而且横向的数据间又没有可比性，再制作成图表就没有任何意义了，如下图所示，这种类型的数据只需在表格中将要查看的对象重点标注即可。

某某大学生体侧数据记录							
身高/cm	体重/kg	肺活量/ml	50米跑/s	体前屈/cm	立定跳远/cm	仰卧起坐/个	800米跑
163	54	2630	8.9	13.5	169	32	4'18"

6.2 第1步：明确数据指标

明确数据指标就是明确数据是怎样得来的，主要目的是什么。数据是做好图表设计的前提，最初接触数据时，最好能够做到下图所示的几点。

在"素材\ch06\跑步机销售统计表.xlsx"文件中，可以看到用户的表中包含8张表格，如下图所示。

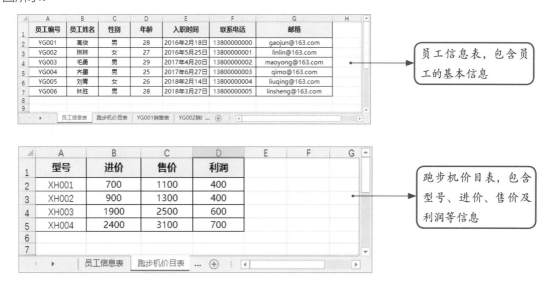

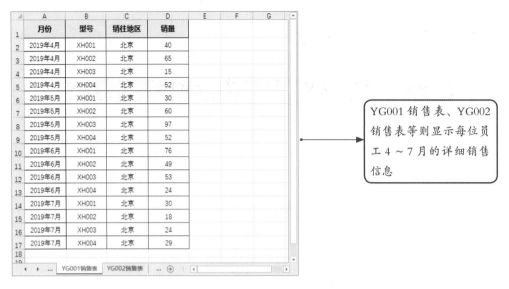

月份 | 型号 | 销往地区 | 销量

YG001销售表、YG002销售表等则显示每位员工4～7月的详细销售信息

文件中的 8 张表格比较容易理解，经过初步分析可以看出，这是一家跑步机销售企业员工基本信息、销售产品信息，以及 4 ～ 7 月每位员工各型号跑步机的销量情况，进一步分析可以看出每个地区的需求差别。

由此得出，型号、销售人员、地区、销量就是关键指标，前面这些信息是通过表格本身的数据信息分析得到的，但并不知道用户关注哪些数据指标，有可能是不同地区的销售情况，也有可能是员工的销售情况，还有可能是不同型号的销售情况。虽然各个表格之间相互独立，但"跑步机价目表"中显示了各型号跑步机的进价、售价、利润等信息，结合员工销售表，又可以获取每位员工的销售总额、获得利润等。销售数量越多，销售总额就越多，利润就越大。所以，需要进入下一步——确定用户想要的信息。

6.3 第 2 步：确定用户想要的信息

教学视频

不同用户从同一组数据中获取的信息可能是不一样的。角色、岗位、阅历的差异也会造成所关注的重点、立场、结论不同。所以，在图表设计时面对不同的使用者所强调的信息就有差别。制作者要充分理解用户需要通过图表获取的信息和主题。

确定用户想要信息的主要影响因素，如下图所示。

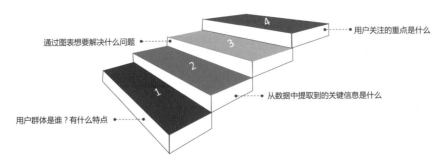

用户群体是谁？有什么特点
通过图表想要解决什么问题
从数据中提取到的关键信息是什么
用户关注的重点是什么

很多时候，制作图表的原始数据可能并不符合作图的要求。例如，原始数据是正式表格的一部分，却又不能因为作图而调整正式表格，这就在很大程度上限制了图表的选择和制作。

这时，就需要在确定用户想要的信息后，为图表准备专门的作图数据，然后才会有较大的自由空间，对数据进行组织、编排、增加辅助列等。

例如，如果需要根据下图所示的数据制作图表，可以使用柱形图或条形图。

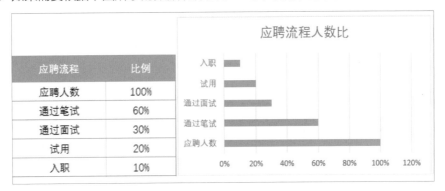

如果将数据进行适当修改，如增加一个辅助列，并将列值设置为"=（1－比例）/2"，就可以制作一个漂亮的类金字塔图，如下图所示。

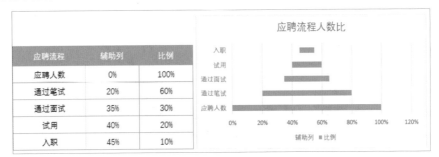

重新返回第 1 步，在"跑步机销售统计表 .xlsx"文件中想要知道员工 YG001 的销量情况，如果直接根据表格数据创建图表，可以看到如下图所示的效果。

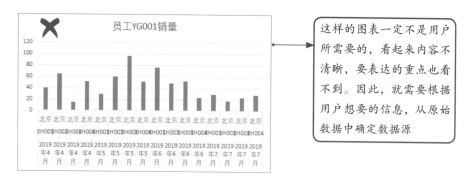

这样的图表一定不是用户所需要的，看起来内容不清晰，要表达的重点也看不到。因此，就需要根据用户想要的信息，从原始数据中确定数据源

用户关注的重点不同，所需要使用的数据源就不同，图表展现的重点信息和逻辑也不相同。与用户沟通后，明确了用户想要的信息，先将其列举出来。

① 关注不同地区 XH004 型号需求情况。

② 关注每位员工第二季度销售利润。

③ 关注不同型号的销售情况。

然后进入第 3 步——定义设计的目标方向，确定数据源。

6.4 第 3 步：定义设计的目标方向，确定数据源

如果前期缺少对设计目标的定义，就会导致设计师说不清楚为什么这样设计，定义设计目标需要站在用户和数据的角度综合分析从而进行构建，如下图所示。一方面需要考虑如何让用户更简单地分析、理解数据从而提高决策效率；另一方面需要考虑数据本身如何更加精准、一目了然地传达给用户。

教学视频

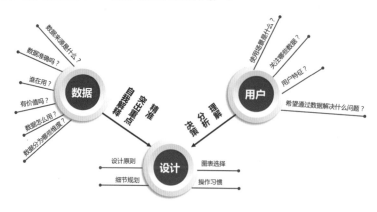

经过第 2 步，已经明确用户要关注的重点包括 3 个方面，然后就可以根据表格提取制作图表的数据，可以通过筛选、公式计算等形式获取数据。

如果要知道员工 YG001 的销量情况，就可以使用公式将不同型号的销量相加制作成数据源，数据多时，就可以借助筛选功能，依次筛选出各型号的数据，如下图所示，然后进行求和。

	A	B	C	D
1	月份	型号	销往地区	销量
2	2019年4月	XH001	北京	40
3	2019年4月	XH002	北京	65
4	2019年4月	XH003	北京	15
5	2019年4月	XH004	北京	52
6	2019年5月	XH001	北京	30
7	2019年5月	XH002	北京	60
8	2019年5月	XH003	北京	97
9	2019年5月	XH004	北京	52
10	2019年6月	XH001	北京	76
11	2019年6月	XH002	北京	49
12	2019年6月	XH003	北京	53
13	2019年6月	XH004	北京	24
14	2019年7月	XH001	北京	30
15	2019年7月	XH002	北京	18
16	2019年7月	XH003	北京	24
17	2019年7月	XH004	北京	29

将 D2、D6、D10、D14 中包含“XH001”型号值的单元格相加，然后分别依次将包含其他型号销量值的单元格相加，就可以提取出员工 YG001 的销量情况的数据源

型号	销量
XH001	176
XH002	192
XH003	189
XH004	157

① 关注不同地区 XH004 型号需求情况，如下图所示。

不同地区XH004型号销量	
地区	销量
北京	157
上海	209
天津	114
广州	180
深圳	151
杭州	243

② 关注不同型号的销售情况，如下图所示。

不同型号销售统计	
型号	销售总量
XH001	857
XH002	1267
XH003	913
XH004	1054

提示：此时获取的数据可以是制作图表的数据源，也可以在此基础上对数据进行调整，如排序、添加辅助列等。

③ 关注每位员工 4 ～ 7 月的销售利润，如下图所示。

各员工4～7月销售利润	
员工	销售利润
高俊	370500
琳琳	348100
毛勇	280000
齐墨	375200
刘青	326900
林胜	434500

清楚了用户需要什么，有了明确的设计目标，很多人在设计图表时会把大量的时间用在寻找图表素材上，一味追求另类效果，实际上是本末倒置，解决不了本质问题。图表的设计离不开Excel 提供的基础类型，这些基础类型不仅高效，而且易于修改。

6.5.1 选择合适的图表

不同的图表类型，侧重突出和反映的图表信息不同。尽管常见的图表种类繁多，但基本图表类型只有以下 5 种。

① 曲线图：用来反映时间变化趋势。

② 柱状图：用来反映分类项目之间的比较，也可以反映时间趋势。

③ 条形图：用来反映项目之间的比较。

④ 饼图：用来反映总体构成，即部分占总体的比例。

⑤ 散点图：用来反映相关性或分布关系。

Excel 提供的图表类型有些是基本的，有些则是由基本类型变化或组合而来的。这里按数据关系或模式分类将图表分为 6 种情况，创建图表时就可以根据数据关系选择合适的图表类型，如下表所示。

数据关系	适用图表类型	效果展示	备注
分类比较	柱形图		表示数据在不同时期的差别或相同时期内不同数据的差别

数据关系	适用图表类型	效果展示	备注
分类比较	折线图	**刘氏企业2019上半年销售完成情况表** 单位 一月 二月 三月 四月 五月 六月 刘氏企业 78 68 95 80 70 92 **2019上半年销售完成情况** 100 80 60 40 20 0 一月 二月 三月 四月 五月 六月 78 68 95 80 70 92	显示数据随时间变化的趋势
	条形图	**2019年上半年各月利润对比** 2500 六月 -100 五月 2540 四月 利润(万) 700 三月 -300 二月 1000 一月	表示各项数据类型之间的差异
	雷达图	结构外观 发热控制 显示效果 电池续航 相机成像	表示独立数据之间,以及某个特定的整体体系之间的关系
时间序列	折线图	**销售数量走势图** 350 300 250 200 150 100 50 0 1月 2月 3月 4月 5月 6月 7月 8月 9月 10月 11月 12月	显示数据随时间变化的趋势

数据关系	适用图表类型	效果展示	备注
时间序列	柱形图	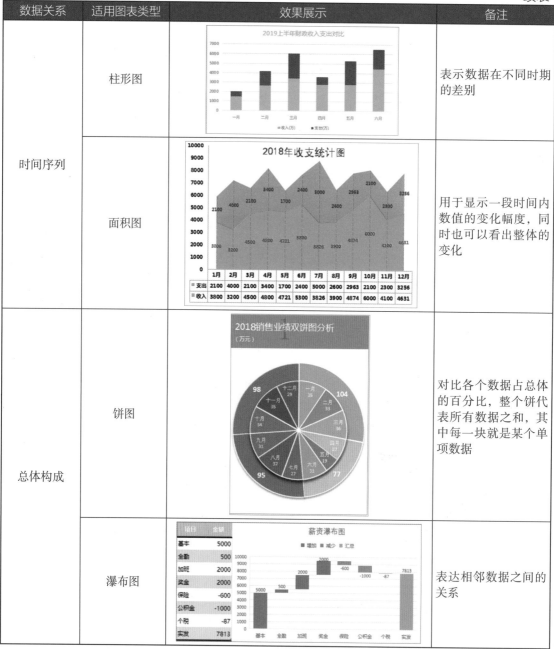	表示数据在不同时期的差别
	面积图		用于显示一段时间内数值的变化幅度，同时也可以看出整体的变化
总体构成	饼图		对比各个数据占总体的百分比，整个饼代表所有数据之和，其中每一块就是某个单项数据
	瀑布图		表达相邻数据之间的关系

数据关系	适用图表类型	效果展示	备注
总体构成	面积图	公司员工一季度业绩统计面积图	用于显示一段时间内数值的变化幅度，同时也可以看出整体的变化
	树状图	电器销售	侧重于数据的分析与展示
频次分布	直方图	考核成绩分布图	横轴表示数据类型，纵轴表示数据分布情况，面积表示各组频数的多少，用于展示数据
	散点图	公司员工年底考核分数散点图	用来显示数据之间的关系，通常用于表示不均匀时间段内的数据变化

数据关系	适用图表类型	效果展示	备注
关联关系	散点图	第一季度员工销售业绩散点图	用于判断两个变量之间的关联关系
	气泡图	某市各区老年人占比	用于显示 3 个变量之间的关联关系
	旭日图	2019年第一季度销售统计旭日图	可以清晰地表达层次结构中不同级别的值和其所占的比值，以及各个层次之间的归属关系

数据关系	适用图表类型	效果展示	备注
变化趋势	股价图	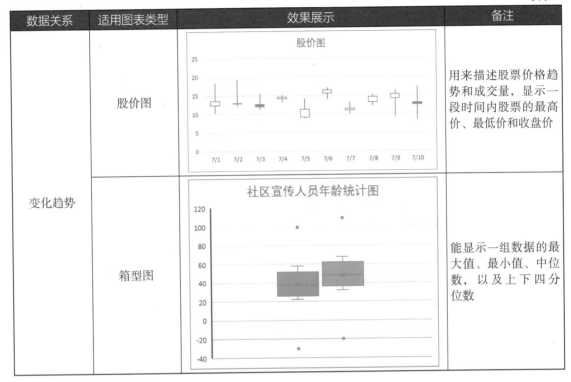	用来描述股票价格趋势和成交量，显示一段时间内股票的最高价、最低价和收盘价
	箱型图		能显示一组数据的最大值、最小值、中位数，以及上下四分位数

6.5.2　创建图表

在创建图表前，需要先选择数据源，选择数据源有以下两种情况。

① 选择原始数据中的任意单元格，执行生成图表命令，生成图表时会自动将整个表格作为数据源。

② 选择要生成图表的部分数据区域，执行生成图表命令，将会以选择的数据区域作为数据源生成图表。

创建图表的操作比较简单，其方法有以下3种。

1 使用系统推荐的图表

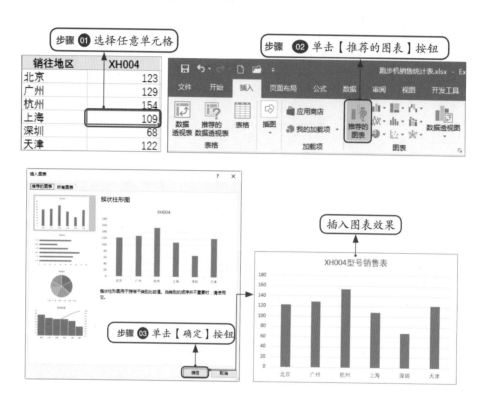

步骤 ① 选择任意单元格

销往地区	XH004
北京	123
广州	129
杭州	154
上海	109
深圳	68
天津	122

步骤 ② 单击【推荐的图表】按钮

插入图表效果

步骤 ③ 单击【确定】按钮

2 使用功能区

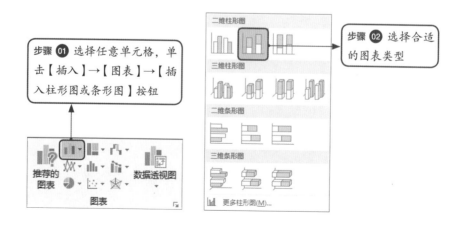

步骤 ① 选择任意单元格，单击【插入】→【图表】→【插入柱形图或条形图】按钮

步骤 ② 选择合适的图表类型

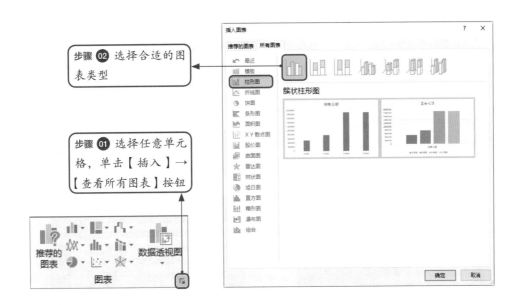

③ 使用图表向导

步骤 02 选择合适的图表类型

步骤 01 选择任意单元格，单击【插入】→【查看所有图表】按钮

6.6 第 5 步：提升图表的细节体验

前面介绍了图表设计的准备工作，下面介绍提升图表的功能和细节。功能能够吸引用户的关注，而细节能够让关注的用户留下来！

知识点拨

6.6.1 柱形图和条形图

柱形图和条形图侧重反映数值高低，制作柱形图或条形图时可以通过以下几种形式提升细节。

① 排序有理

对于非时间关系的序列，通常会将数值以由小到大或由大到小的顺序排列。但考虑到视觉方向一般是从左到右、由上到下，但柱形图侧重于分类项的展示顺序，并不要求按数值排序。

条形图可以按数值排序作图用来表达名次，所以更需要注意排序，默认情况下，最下方的原始数据会显示在图表最上方，如果排序时要在最上方显示最高数据，可以将条形图的原始数据设置为【升序】排序，如下图所示。

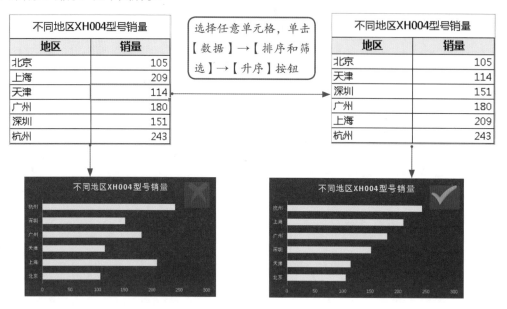

2 设置纵坐标轴从"0"开始

如果原始数据差异不是很大，Excel 会默认调高纵坐标的起点以突出差异性，但这种差异会导致同样的数据呈现的效果不同，引起错觉，如下图所示。所以，将纵坐标轴设置为从"0"开始能更准确地展示数据之间的差异。

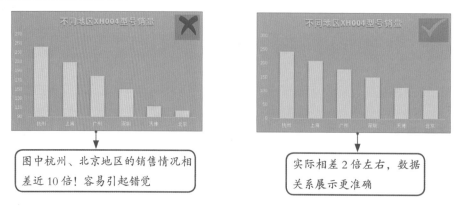

如果要更改纵坐标显示效果，可通过下图所示的方法设置。

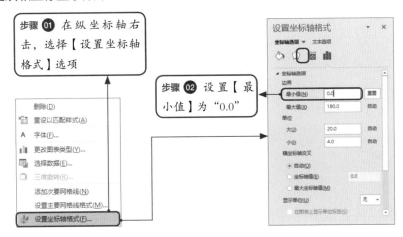

3 纵坐标数据格式

纵坐标列数值较大时，特别是十万、百万等数据，可以设置纵坐标的数据格式，增强图表的可视效果，让图表更简洁、更易于阅读，如下图所示。

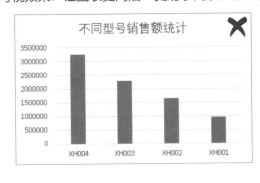

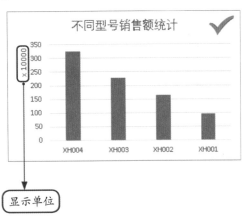

可以在纵坐标轴上右击，选择【设置坐标轴格式】选项，在【设置坐标轴格式】窗格中设置显示单位，如下图所示。

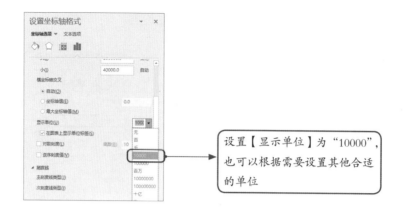

设置【显示单位】为"10000"，也可以根据需要设置其他合适的单位

4 利用数据标签合理安排条形图类别名称位置

制作条形图时，原始数据中包含负值，数据标签显示在条形图内，看起来不美观，如下图所示。

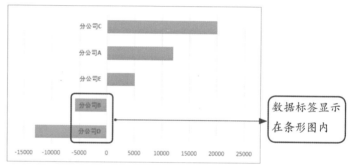

数据标签显示在条形图内

可以更改数据源格式，添加辅助列，然后更改图表格式，如下图所示。

步骤 **01** 新建"左侧"列，在 C2 单元格输入公式"=IF(B2>0,-1,NA())"，并填充至 C6 单元格

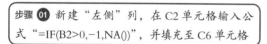

	A	B	C	D
1	分公司名称	盈亏值	左侧	右侧
2	分公司D	-13000	#N/A	1
3	分公司B	-5800	#N/A	1
4	分公司E	5000	-1	#N/A
5	分公司A	12000	-1	#N/A
6	分公司C	20000	-1	#N/A

步骤 **02** 新建"右侧"列，在 D2 单元格输入公式"=IF(B2<0,1,NA())"，并填充至 D6 单元格

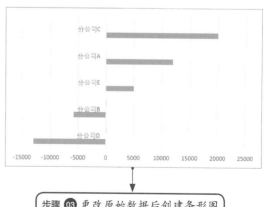

步骤 **03** 更改原始数据后创建条形图

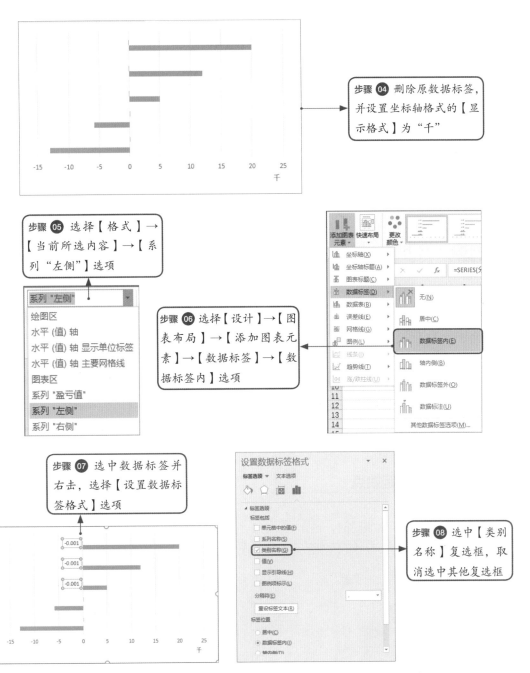

然后使用同样的方法设置【系列"右侧"】系列，并设置【系列"左侧"】和【系列"右侧"】的【形状填充】为"无填充"，设置【形状轮廓】为"无轮廓"。

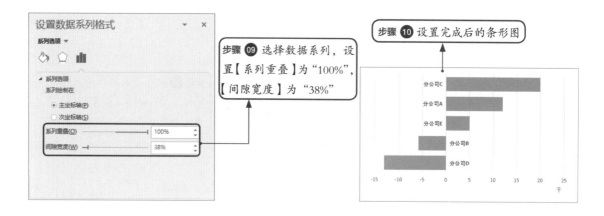

步骤 09 选择数据系列，设置【系列重叠】为"100%"，【间隙宽度】为"38%"

步骤 10 设置完成后的条形图

6.6.2 饼图和圆环图

饼图和圆环图是制作图表时常用的图表类型，用于展示比例关系。

在制作饼图和圆环图时，可以在源数据中添加一个辅助列，显示个体的数量占总体数量的百分比，如下图所示。

	A	B
21	各员工第2季度销售利润	
22	员工	销售利润
23	高俊	370500
24	琳琳	348100
25	毛勇	280000
26	齐墨	375200
27	刘青	326900
28	林胜	434500

在 C23 单元格中输入公式"=B23/SUM(B23:B28)"，即可计算出该员工所占的百分比，使用同样的方法可计算出其他员工所占的百分比。

	A	B	C
21	各员工第2季度销售利润		
22	员工	销售利润	辅助列
23	高俊	370500	17%
24	琳琳	348100	16%
25	毛勇	280000	13%
26	齐墨	375200	18%
27	刘青	326900	16%
28	林胜	434500	20%

1 12 点钟方向为起始点

饼图和时钟相似，观察饼图时，通常会从 12 点钟方向开始，创建饼图后，可以设置第一扇区的起始角度为 12 点钟方向，如下图所示。

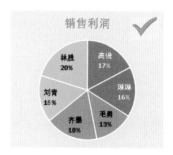

创建饼图后，在饼图上右击，选择【设置数据系列格式】选项，将【第一扇区起始角度】设置为"0°"即可，如下图所示。

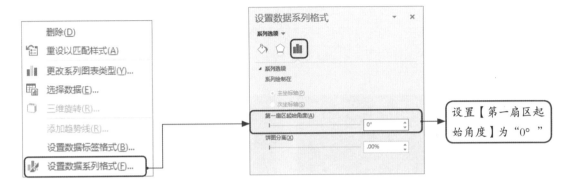

2 所占比例降序排列

为了更快地了解图表中的重点类别或其他类别的占比排名情况，可以将原始数据设置为降序排列，如下图所示。

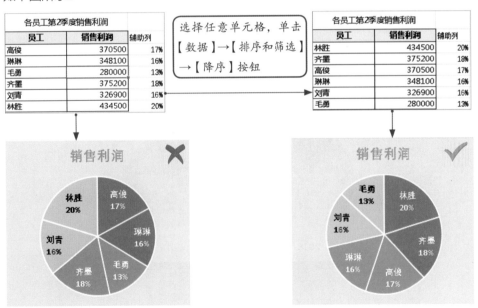

3 不显示图例并放大数值字体

无论是饼图还是圆环图，均可使用面积及数据标签区别，不需要使用图例。不使用图例时，数据标签可同时显示类别名称和数字，为了便于阅读，可以将数值字体尽可能增大一些，如下图所示。

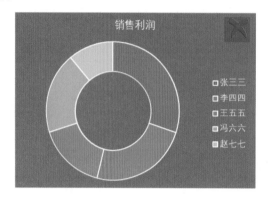
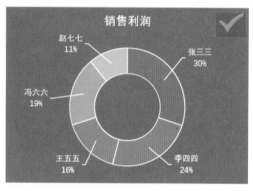

4 避免多个饼图比较

饼图说明数据项所占的比例，无法进行数据的比较。当遇到需比较的百分比数据时，可以使用堆积柱形图，如下图所示。

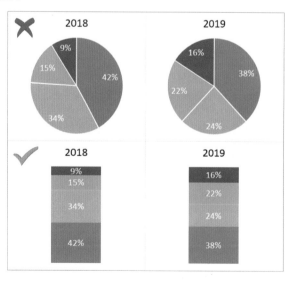

5 不超过 6 个类别，类别多时可使用复合饼图

如果饼图与圆环图的类别较多，就会分散图表的重点，不利于传递主要信息。为了更方便地分类、对比和记忆信息，可以将类别降低至 6 个以内，如下图所示。

产品类别	销售占百分比
空调	12%
洗衣机	11%
电视机	10%
冰箱	8%
微波炉	10%
电饭煲	6%
电磁炉	7%
被褥	9%
毯子	5%
凉席	4%
蚊帐	6%
猪肉	5%
牛肉	3%
羊肉	2%
鱼类	2%

将所有产品归纳分类，类别不超 6 个

产品类别	销售占百分比
家用电器	33%
厨房用具	31%
床上用品	24%
肉类	12%

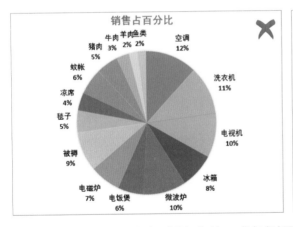

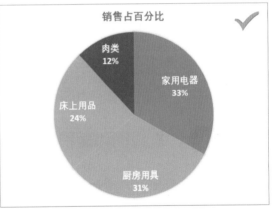

如果无法对较多的类别进行归纳，或者必须要突出分类后某一类中的部分数据，就可以使用复合饼图，复合饼图主要是从第一个饼图中提取出一些数据放在第二个饼图中，使较小的百分比更具可读性或突出显示第二个饼图中的某项数据，如下图所示。

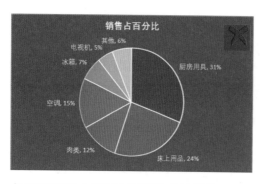
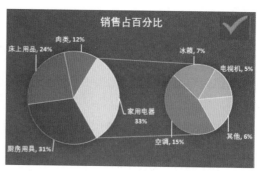

如果要设置小饼图中系列选项的数值，可以在饼图上右击，选择【设置数据序列格式】选项，在【第二绘图区中的值】微调框中设置数量，如下图所示。

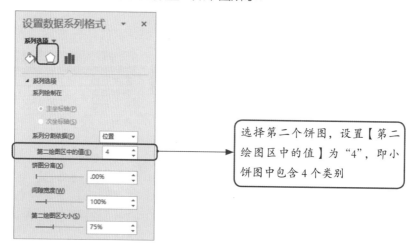

选择第二个饼图，设置【第二绘图区中的值】为"4"，即小饼图中包含4个类别

6.6.3 折线图和面积图

折线图和面积图的优化技巧主要有以下4个方面。

1 线条加粗

折线图主要是用线条来展现数据的变化趋势，加粗线条是美化折线图必不可少的环节。在加粗线条时，要注意最小不能低于2.25磅，最大不能高于4磅。对比下面的两个图，显然线条加粗的折线图更具吸引力。

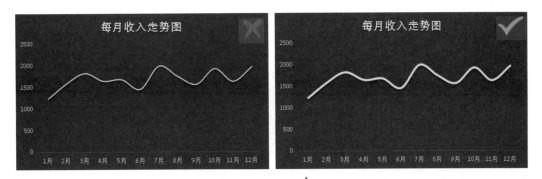

创建折线图后，选中线条并右击，选择【设置数据系列格式】选项，在打开的【设置数据系列格式】任务窗格中设置线条的宽度，如下图所示。

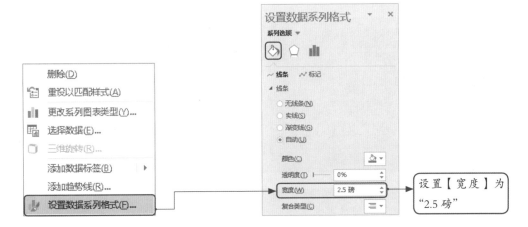

设置【宽度】为"2.5磅"

2 避免凌乱的线条

有时源数据中的数据系列过多，如果用折线图展现，很容易导致各种颜色的数据线条交错在一起，看起来很凌乱。为了避免这种因线条过多而带来的图表紊乱感，就需要对图表信息进行优化，具体操作如下图所示。

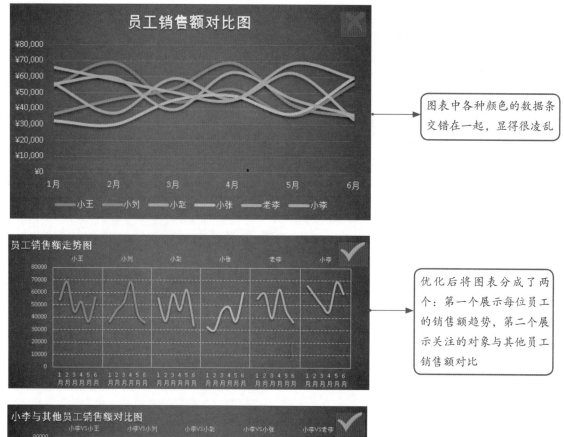

图表中各种颜色的数据条交错在一起，显得很凌乱

优化后将图表分成了两个：第一个展示每位员工的销售额趋势，第二个展示关注的对象与其他员工销售额对比

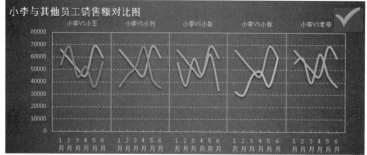

首先，将原始表格数据形式进行更改，如下图所示。

上半年员工销售统计表

月份 员工	1月	2月	3月	4月	5月	6月
小王	¥54,320	¥68,950	¥44,621	¥52,623	¥36,280	¥56,289
小刘	¥36,525	¥45,810	¥52,643	¥68,755	¥42,360	¥35,652
小赵	¥55,626	¥36,955	¥58,962	¥45,852	¥62,540	¥33,586
小张	¥32,154	¥29,810	¥45,251	¥48,397	¥36,970	¥60,158
老李	¥55,620	¥59,652	¥39,526	¥63,201	¥46,268	¥36,584
小李	¥65,826	¥58,024	¥50,284	¥45,280	¥68,740	¥59,620

步骤 **01** 将原始数据形式进行更改，更改后为两个表格。注意，在更改后的表格的首尾空行的蓝色单元格中输入一个空格

月份\员工	小王	小刘	小赵	小张	老李	小李
1月	¥54,320					
2月	¥68,950					
3月	¥44,621					
4月	¥52,623					
5月	¥36,280					
6月	¥56,289					
1月		¥36,525				
2月		¥45,810				
3月		¥52,643				
4月		¥68,755				
5月		¥42,360				
6月		¥35,652				
1月			¥55,626			
2月			¥36,955			
3月			¥58,962			
4月			¥45,852			
5月			¥62,540			
6月			¥33,586			
1月				¥32,154		
2月				¥29,810		
3月				¥45,251		
4月				¥48,397		
5月				¥36,970		
6月				¥60,158		
1月					¥55,620	
2月					¥59,652	
3月					¥39,526	
4月					¥63,201	
5月					¥45,268	
6月					¥36,584	
1月						¥65,826
2月						¥58,024
3月						¥50,284
4月						¥45,280
5月						¥68,740
6月						¥59,620

更改后的数据1

月份\员工	小李	小李VS小王	小李VS小刘	小李VS小赵	小李VS小张	小李VS老李
1月	¥65,826	¥54,320				
2月	¥58,024	¥68,950				
3月	¥50,284	¥44,621				
4月	¥45,280	¥52,623				
5月	¥68,740	¥36,280				
6月	¥59,620	¥56,289				
1月	¥65,826		¥36,525			
2月	¥58,024		¥45,810			
3月	¥50,284		¥52,643			
4月	¥45,280		¥68,755			
5月	¥68,740		¥42,360			
6月	¥59,620		¥35,652			
1月	¥65,826			¥55,626		
2月	¥58,024			¥36,955		
3月	¥50,284			¥58,962		
4月	¥45,280			¥45,852		
5月	¥68,740			¥62,540		
6月	¥59,620			¥33,586		
1月	¥65,826				¥32,154	
2月	¥58,024				¥29,810	
3月	¥50,284				¥45,251	
4月	¥45,280				¥48,397	
5月	¥68,740				¥36,970	
6月	¥59,620				¥60,158	
1月	¥65,826					¥55,620
2月	¥58,024					¥59,652
3月	¥50,284					¥39,526
4月	¥45,280					¥63,201
5月	¥68,740					¥45,268
6月	¥59,620					¥36,584

更改后的数据2

修改数据后，就可以创建折线图，然后对两个表格进行操作，分别添加一个新数据系列，如下图所示。

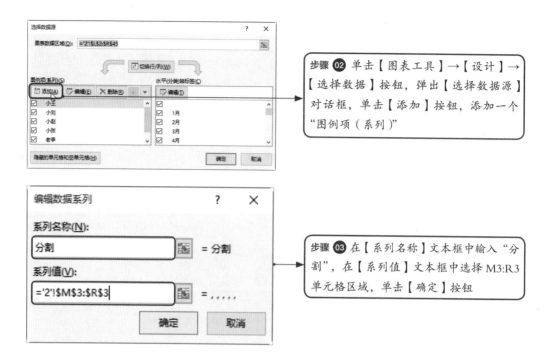

步骤 02 单击【图表工具】→【设计】→【选择数据】按钮，弹出【选择数据源】对话框，单击【添加】按钮，添加一个"图例项（系列）"

步骤 03 在【系列名称】文本框中输入"分割"，在【系列值】文本框中选择 M3:R3 单元格区域，单击【确定】按钮

下面将添加的"分割"系列设置为【次坐标轴】，如下图所示。

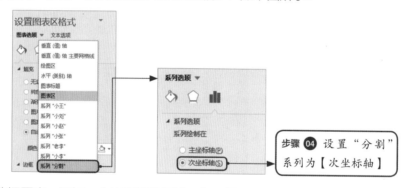

步骤 04 设置"分割"系列为【次坐标轴】

其次，选择图表，添加一个次要横坐标轴，如下图所示。

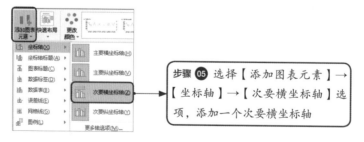

步骤 05 选择【添加图表元素】→【坐标轴】→【次要横坐标轴】选项，添加一个次要横坐标轴

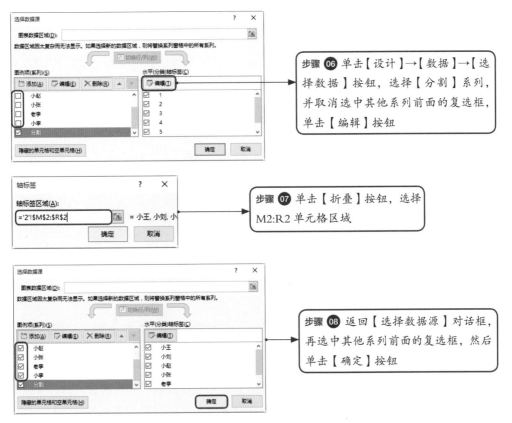

步骤 06 单击【设计】→【数据】→【选择数据】按钮，选择【分割】系列，并取消选中其他系列前面的复选框，单击【编辑】按钮

步骤 07 单击【折叠】按钮，选择 M2:R2 单元格区域

步骤 08 返回【选择数据源】对话框，再选中其他系列前面的复选框，然后单击【确定】按钮

最后，可以使用网格线在图表中添加图表间的分割线，如下图所示。

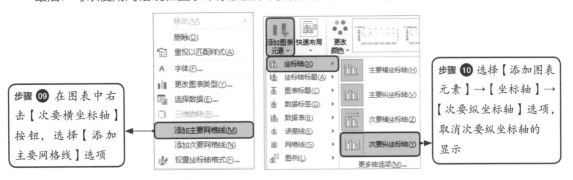

步骤 09 在图表中右击【次要横坐标轴】按钮，选择【添加主要网格线】选项

步骤 10 选择【添加图表元素】→【坐标轴】→【次要纵坐标轴】选项，取消次要纵坐标轴的显示

③ 尽量不用图例

看图时，一般需要通过图例才能知道各系列数据都代表什么，但在图表中，图例一般都放在

图表的上方、右上角、下方或右下角等位置，有时图表中各种颜色的数据线条交错在一起，数据系列也特别多，通常是一边看图例，一边看对应的数据系列，这样就会严重影响读图的速度。如果将系列名称直接放在线条旁，就可以省去看图例的时间，能够快速查看各个数据信息，如下图所示。

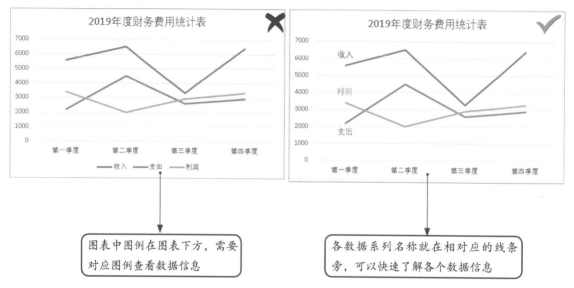

图表中图例在图表下方，需要对应图例查看数据信息

各数据系列名称就在相对应的线条旁，可以快速了解各个数据信息

首先为各个数据系列添加"数据标签"图表元素，然后设置数据标签格式，打开【设置数据标签格式】任务窗格，在【标签选项】→【标签包括】选项组中只选中【系列名称】复选框，最后设置字体颜色、大小及其所在位置即可。

4 数据点落在横坐标轴刻度线上

在用折线图和面积图表示时间系列数据时，各个数据点一定要落在横坐标轴，即时间轴的刻度线上，如果数据点落在了两个时间类别中间，读者就容易对数据日期产生误解，如下图所示。

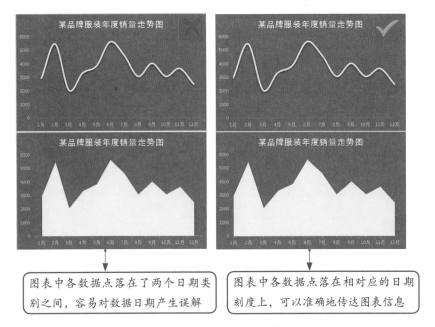

图表中各数据点落在了两个日期类别之间，容易对数据日期产生误解

图表中各数据点落在相对应的日期刻度上，可以准确地传达图表信息

创建图表后，选择横坐标轴，并打开【设置坐标轴格式】任务窗格，在【坐标轴选项】→【坐标轴位置】选项区域中选中【在刻度线上】单选按钮即可，如下图所示。

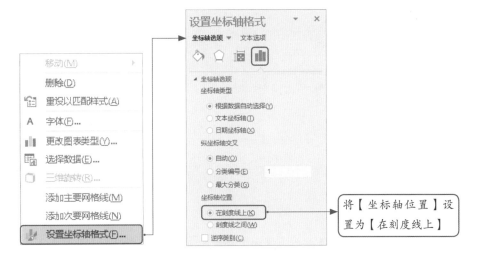

将【坐标轴位置】设置为【在刻度线上】

6.6.4 制作个性的图表

具备了制作专业图表的能力后，就可以尝试突破思维限制，制作出一些既个性又漂亮的图表，

下面以条形图和圆环图为例进行介绍，效果如下图所示。

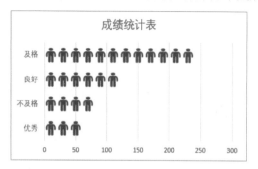

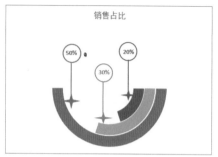

1 人形条形图

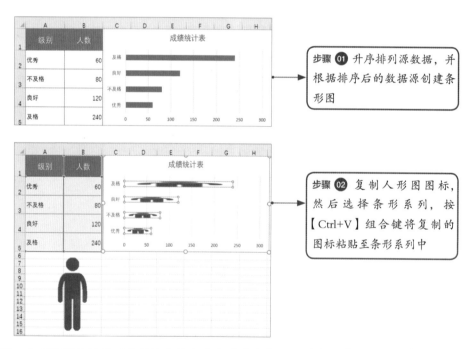

步骤 01 升序排列源数据，并根据排序后的数据源创建条形图

步骤 02 复制人形图图标，然后选择条形系列，按【Ctrl+V】组合键将复制的图标粘贴至条形系列中

提示： 在【设置数据系列格式】窗格中选中【图片或纹理填充】单选按钮，单击【文件】按钮，可以选择电脑中存储的图片，将其添加至条形系列中。

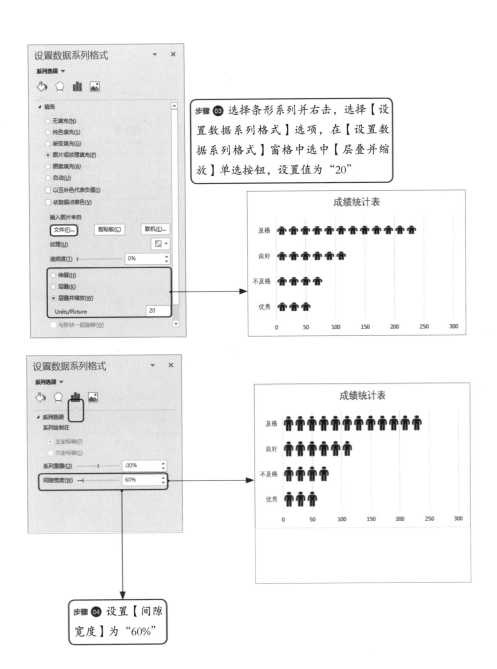

步骤 03 选择条形系列并右击，选择【设置数据系列格式】选项，在【设置数据系列格式】窗格中选中【层叠并缩放】单选按钮，设置值为"20"

步骤 04 设置【间隙宽度】为"60%"

2 船型圆环图

原始数据

销售人员	销售占比
毛勇	20%
刘青	30%
琳琳	50%

销售人员	销售占比	辅助列
毛勇	20%	80%
刘青	30%	70%
琳琳	50%	50%

在原始数据的基础上添加辅助列，数值为"1－销售占比"

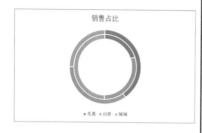

步骤 01 根据修改后的数据源创建圆环图，单击【图表工具】→【设计】→【数据】→【切换行/列】按钮，将图表更改为3个圆环

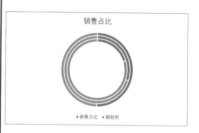

步骤 02 设置数据系列【第一扇区起始角度】为"90°"，【圆环图内径大小】为"41%"

步骤 03 分别将"辅助列"代表的系列设置为【无填充】

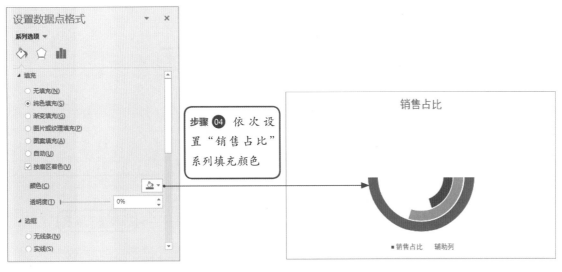

步骤 04 依次设置"销售占比"系列填充颜色

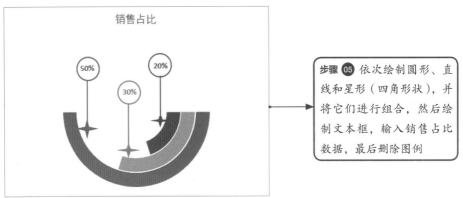

步骤 05 依次绘制圆形、直线和星形（四角形状），并将它们进行组合，然后绘制文本框，输入销售占比数据，最后删除图例

 高手自测 ← 本章主要介绍图表设计，结束本章内容前，可先做个小测试。扫描右侧的二维码，即可查看注意事项及操作提示，最终结果可以参阅"结果\ch06\高手自测.xlsx"中相应的文档。

教学视频

打开"素材 \ch06\ 高手自测 \ 高手自测 .xlsx"文档，并根据提供的数据制作合理的图表，最终效果如下图所示。

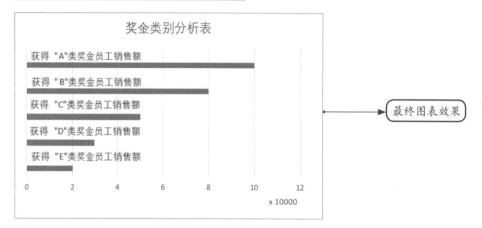

类别名称	数据
获得"A"类奖金员工销售额	100000
获得"B"类奖金员工销售额	80000
获得"C"类奖金员工销售额	50000
获得"D"类奖金员工销售额	30000
获得"E"类奖金员工销售额	20000

素材

奖金类别分析表

获得 "A"类奖金员工销售额

获得 "B"类奖金员工销售额

获得 "C"类奖金员工销售额

获得 "D"类奖金员工销售额

获得 "E"类奖金员工销售额

0   2   4   6   8   10   12

x 10000

最终图表效果

7

大道至简：让你的数据分析游刃有余

　　数据分析的过程就是挖掘隐藏在普通数据背后的有效信息的过程。看似晦涩难懂的数据分析，实则简单易学，因为好的方法都是简单易学的。Excel 提供了多种数据分析工具，使用这些工具，可以满足用户日常的数据分析需求。

　　掌握正确的数据分析方法，可以让你的数据分析游刃有余。

7.1 数据分析的力量

数据分析就是对数据加以研究的过程，透过表层数据，探究隐藏在数据背后的规律，并从中提取有效信息。Excel 作为一款数据处理和分析软件，提供了多种数据分析工具，如排序、筛选、分类汇总、函数公式及数据透视表等，其强大的数据分析功能可以从大量数据中提取有效信息，并形成结论，帮助管理者进行判断和决策，以便采取适当的策略和行动。

在互联网信息时代，谁能先掌握有效的数据信息，谁就能先发制人，抢占市场先机。因为现代企业管理者在做决策时，是要有数据依据的，有了数据才有执行力。快速、准确、全面的数据分析可以帮助企业快速抢占市场，夺得先机。由此可见，数据分析的好坏关乎一个企业的生存与发展。

设想以下情景：A 和 B 都是做休闲服装的公司，并且两家公司的实力相当。在 2019 年夏季，两家公司同时在全国范围内上架了 20 款夏季新品。经过两周的售卖，A 公司比 B 公司先得到了准确、全面的数据分析报告，对各款产品的市场销售情况，以及存货、滞销、补货情况有了充分了解。于是 A 公司马上行动，加大畅销款的生产量，对于滞销款型采取加大促销力度等一系列措施，来完善产品的市场销售。

B 公司拿到数据分析报告比 A 公司整整晚了一周，在 B 公司针对产品的市场销售情况制订应对措施时，A 公司已经完成了第一轮市场的调整和优化。此时 A 公司已抢占了销售市场，并受到了消费者的欢迎。长此以往，消费者记住的是 A 公司的服装品牌，B 公司的产品就会逐渐淡出消费者的视野。

这难道是 B 公司缺乏执行力，没能抢占市场先机吗？不是，是因为没有及时获得有效的数据分析，而没有数据是不敢贸然决策的。由此可见，有效的数据分析是企业生存与发展的关键所在。

7.2 让数据重新"站"队

教学视频

排序是表格数据整理和分析工作最常用的操作之一。通过排序，表格中无序的数据信息变为有序数据，这样更有利于对数据的观察和分析。

排序的三要素是指排序范围、排序依据及排序顺序。在给数据进行排序之前，首先要搞清楚参与排序的范围有哪些？排序的顺序依据是什么？排序的顺序是升序还是降序？

1 排序范围

排序范围是指对单独一列数据进行排序，还是会联动多列数据一起排序。

当选中数据区域中的某列数据进行排序时，Excel 会弹出【排序提醒】对话框，用户可根据需要进行选择，如下图所示。

选中此单选按钮，表示会联动多列数据一起排序

	A	B	C	D	E
1	学号	姓名	语文	数学	英语
2	10010	陈XX	88	90	95
3	10011	田XX	75	100	90
4	10012	柳XX	90	85	82
5	10013	李XX	82	95	99
6	10014	蔡XX	86	87	85
7	10015	王XX	95	75	96
8	10016	高XX	92	68	88
9	10017	张XX	89	84	82
10	10018	薛XX	96	79	84
11	10019	赵XX	88	89	96
12	10020	吴XX	90	92	82

→ 源表

选中此单选按钮，表示对单独一列数据进行排序

	A	B	C	D	E
1	学号	姓名	语文	数学	英语
2	10011	田XX	75	100	90
3	10013	李XX	82	95	99
4	10020	吴XX	90	92	82
5	10010	陈XX	88	90	95
6	10019	赵XX	88	89	96
7	10014	蔡XX	86	87	85
8	10012	柳XX	90	85	82
9	10017	张XX	89	84	82
10	10018	薛XX	96	79	84
11	10015	王XX	95	75	96
12	10016	高XX	92	68	88

排序完成时扩展选定区域

	A	B	C	D	E
1	学号	姓名	语文	数学	英语
2	10010	陈XX	88	100	95
3	10011	田XX	75	95	90
4	10012	柳XX	90	92	82
5	10013	李XX	82	90	99
6	10014	蔡XX	86	89	85
7	10015	王XX	95	87	96
8	10016	高XX	92	85	88
9	10017	张XX	89	84	82
10	10018	薛XX	96	79	84
11	10019	赵XX	88	75	96
12	10020	吴XX	90	68	82

排序完成时以当前选定区域排序

提示："以当前选定区域排序"会破坏源数据表中同一行数据的关联和对应关系，在操作时应谨慎选择。

2 排序依据

排序依据是指在排序时参照哪一列数据的大小顺序进行排序，参照的这一列数据在排序中称为"关键字段"。如上面排序例子中的关键字段就是"数字"，由"数字"列的成绩高低顺序来决定排序的顺序。

3 排序顺序

顺序的类型分为数值大小顺序、文本的字母顺序，以及逻辑、概念顺序，前两种类型的顺序可直接使用"升序" $\frac{A}{Z}\downarrow$ 图标或"降序" $\frac{Z}{A}\downarrow$ 图标。对于逻辑或概念顺序的数据，则需要采用"自定义排序"的方法。

7.2.2 对数据进行排序

常见的排序方式包括单条件排序、多条件排序及自定义排序等。

知识点拨

1 单条件排序

单条件排序是指设置一个关键字段进行排序，如下图所示。

▲	A	B	C	D	E
1	学号	姓名	语文	数学	英语
2	10010	陈XX	88	90	95
3	10011	田XX	75	100	90
4	10012	柳XX	90	85	82
5	10013	李XX	82	95	99
6	10014	蔡XX	86	87	85
7	10015	王XX	95	75	96
8	10016	高XX	92	68	88
9	10017	张XX	89	84	82
10	10018	薛XX	96	79	84
11	10019	赵XX	88	89	96
12	10020	吴XX	90	92	82

将学生的成绩按照"数学"成绩由高到低进行排序

首先，在关键字段数据中选择任一单元格，单击【数据】→【排序和筛选】→【降序】按钮，如下图所示。

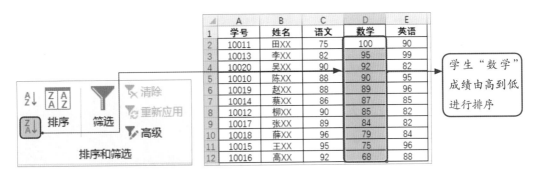

提示： 也可在【排序】对话框中设置单条件排序，如下图所示。

2 多条件排序

多条件排序是指设置多个字段排序，其中包括一个主要关键字段，其余是次要关键字段，主要关键字段中的相同数据按次要关键字段进行排序，如下图所示。

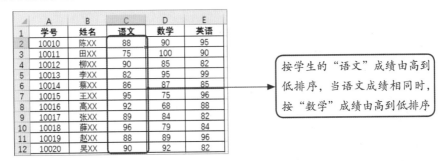

选择数据区域中的任一单元格，单击【数据】→【排序和筛选】→【排序】按钮，调用【排序】对话框，在其中设置关键字段及排序顺序，如下图所示。

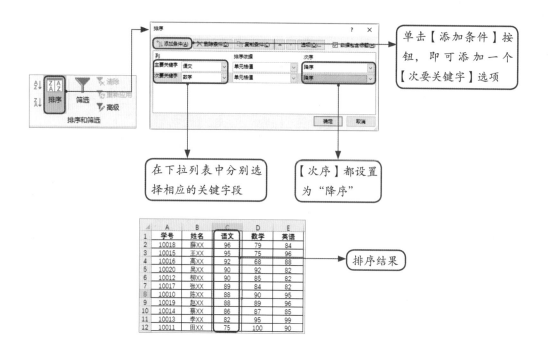

在下拉列表中分别选择相应的关键字段

【次序】都设置为"降序"

单击【添加条件】按钮，即可添加一个【次要关键字】选项

排序结果

3 自定义排序

自定义排序是指用户可根据需要自定义排序序列，即根据自定义的序列进行排序，如下图所示的"手机挂件，手机链，小首饰，娃娃"序列。

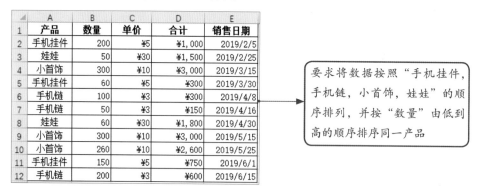

要求将数据按照"手机挂件，手机链，小首饰，娃娃"的顺序排列，并按"数量"由低到高的顺序排序同一产品

选中数据区域中的任一单元格，单击【数据】→【排序和筛选】→【排序】按钮，调用【排序】对话框，如下图所示。

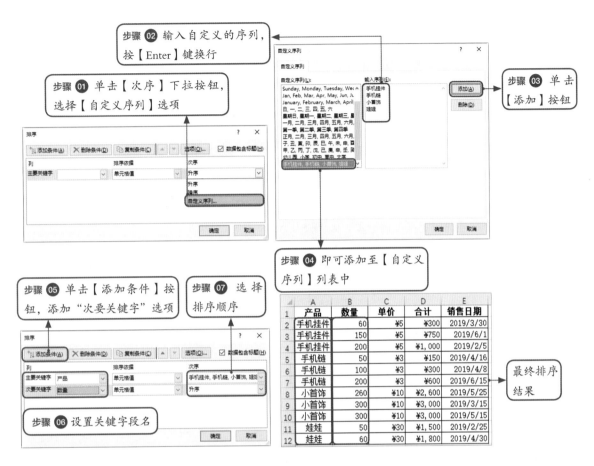

步骤 02 输入自定义的序列，按【Enter】键换行

步骤 01 单击【次序】下拉按钮，选择【自定义序列】选项

步骤 03 单击【添加】按钮

步骤 04 即可添加至【自定义序列】列表中

步骤 05 单击【添加条件】按钮，添加"次要关键字"选项

步骤 07 选择排序顺序

步骤 06 设置关键字段名

最终排序结果

	A	B	C	D	E
1	产品	数量	单价	合计	销售日期
2	手机挂件	60	¥5	¥300	2019/3/30
3	手机挂件	150	¥5	¥750	2019/6/1
4	手机挂件	200	¥5	¥1,000	2019/2/5
5	手机链	50	¥3	¥150	2019/4/16
6	手机链	100	¥3	¥300	2019/4/4
7	手机链	200	¥3	¥600	2019/6/15
8	小首饰	260	¥10	¥2,600	2019/5/25
9	小首饰	300	¥10	¥3,000	2019/3/15
10	小首饰	300	¥10	¥3,000	2019/5/15
11	娃娃	50	¥30	¥1,500	2019/2/25
12	娃娃	60	¥30	¥1,800	2019/4/30

7.3 一眼看出需要关注的数据

教学视频

在实际工作中，总免不了在众多的数据中找出关键数据，但面对格式千篇一律的数据，往往不知道从哪儿找起，更别提找到需要的数据了。如果拿着这样的表格向领导汇报工作，是很难将情况汇报清楚的。那么，如何才能一眼看出需要关注的数据，并快速读懂表格中表达的信息呢？这里主要介绍使用 Excel 强大的数据标识工具——条件格式，来突出显示需要关注的数据。

7.3.1 条件格式概述

条件格式主要通过设置一定的条件，筛选出需要关注的数据，然后为这些数据设置格式，如设置颜色填充、渐变填充等，使其突出显示。条件格式的用途如下图所示。

Excel 提供了多种条件格式的设置模式，在【条件格式】下拉菜单中，除包括条件格式规则的快捷设置选项外，还有自定义设置选项，如下图所示。

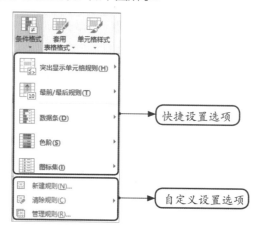

（1）快捷设置选项

快捷设置选项的含义如下图所示。

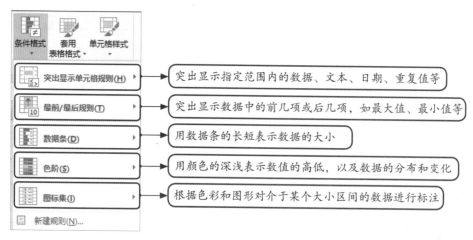

（2）自定义设置选项

选择【条件格式】下拉列表中的【新建规则】选项，在打开的【新建格式规则】对话框中即可自定义规则，如下图所示。

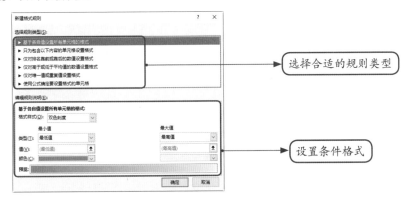

选择合适的规则类型

设置条件格式

7.3.2 条件格式的设置

对条件格式有了一定了解后，接下来介绍条件格式的设置，其主要分为3个方面：一是基本的条件格式设置，如通过设置填充颜色等方式突出显示最大值、最小值等；二是数据的图形化和可视化，如用数据条的长短、色阶颜色的深浅或以图标等方式直观展示数据的大小及分布情况；三是用自定义条件实现复杂条件的设置。

知识点拨

1 基本的条件格式设置

	A	B	C
1	序号	产品名称	年度总销售量
2	1	电视机	40320
3	2	冰箱	43106
4	3	空调	39443
5	4	橱柜	21340
6	5	电饭煲	25030
7	6	净水器	33696
8	7	电磁炉	49600
9	8	衣柜	28289

找出"年度总销售量"的最大值和最小值

首先选中"年度总销售量"列的数据，选择【开始】→【样式】→【条件格式】→【前10项】选项，设置最大值的格式；选择【最后10项】选项，设置最小值的格式，如下图所示。

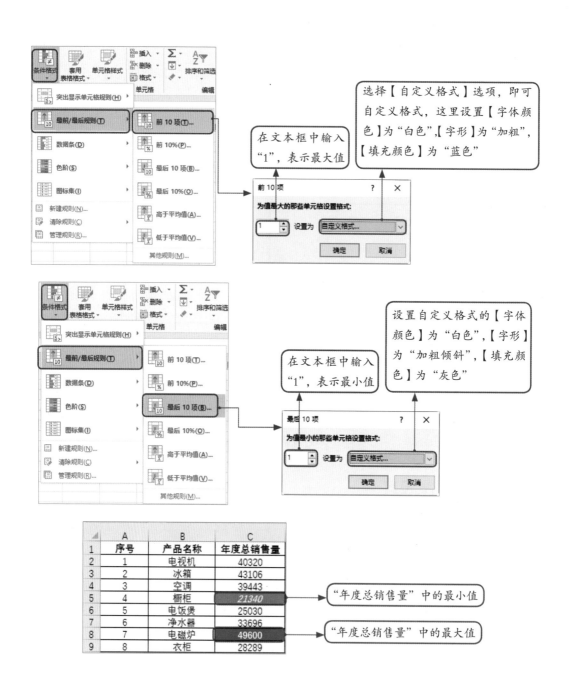

选择【自定义格式】选项，即可自定义格式，这里设置【字体颜色】为"白色"，【字形】为"加粗"，【填充颜色】为"蓝色"

在文本框中输入"1"，表示最大值

设置自定义格式的【字体颜色】为"白色"，【字形】为"加粗倾斜"，【填充颜色】为"灰色"

在文本框中输入"1"，表示最小值

"年度总销售量"中的最小值

"年度总销售量"中的最大值

序号	产品名称	年度总销售量
1	电视机	40320
2	冰箱	43106
3	空调	39443
4	橱柜	21340
5	电饭煲	25030
6	净水器	33696
7	电磁炉	49600
8	衣柜	28289

2 数据的图形化和可视化

	A	B	C
1	业务员	成交金额（万）	订单数
2	林XX	¥252	10
3	赵XX	¥138	5
4	张XX	¥140	6
5	李XX	¥47	2
6	王XX	¥165	8
7	吴XX	¥110	4
8	钱XX	¥17	1

	A	B	C	D
1	业务员	成交金额（万）	订单数	
2	林XX	¥252	10	10
3	赵XX	¥138	5	5
4	张XX	¥140	6	6
5	李XX	¥47	2	2
6	王XX	¥165	8	8
7	吴XX	¥110	4	4
8	钱XX	¥17	1	1

用数据条的长短表示订单数的多少，直观展示员工销售业绩

首先复制"订单数"列的数据，并粘贴至相邻的单元格中，然后选中粘贴过来的数据

选择【开始】→【样式】→【条件格式】→【数据条】选项，在弹出的子菜单中选择一种数据条样式，如下图所示。

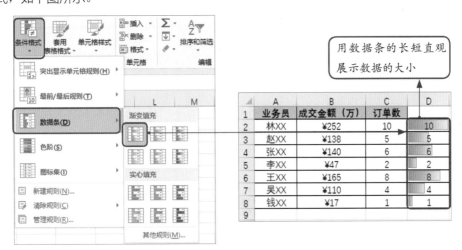

用数据条的长短直观展示数据的大小

若对显示的数据条格式不满意，如要取消数据条中显示的数据，可以在【新建格式规则】对话框中进行格式的调整。首先选中 D2:D8 单元格区域，选择【开始】→【样式】→【条件格式】→【数据条】→【其他规则】选项，调用【新建格式规则】对话框，如下图所示。

3 用自定义条件实现复杂条件的设置

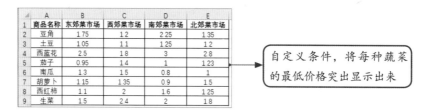

自定义条件，将每种蔬菜的最低价格突出显示出来

首先选中 B2:E9 单元格区域，选择【开始】→【样式】→【条件格式】→【新建规则】选项，调用【新建格式规则】对话框，如下图所示。

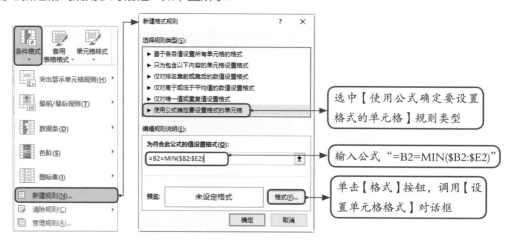

提示： "MIN($B2: $E2)" 表示 B2: E2 单元格区域中的最小值，公式 "=B2=MIN($B2: $E2)" 表示判断 B2 单元格（活动单元格）的值是否等于 B2: E2 单元格区域中的最小值。在条件格式中，针对活动单元格的设置，适用于所选区域的每一个单元格。

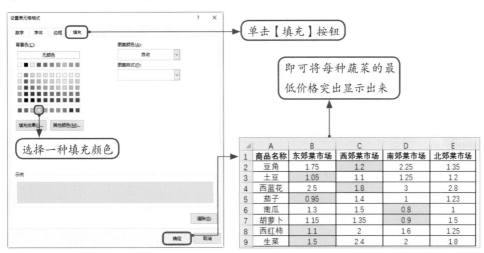

7.4 数据分析神器——数据透视表

数据透视表作为傻瓜式的数据分析神奇，通过字段的拖曳等简单操作，即可轻松实现复杂数据的排序和汇总，对数据的分析和决策起着至关重要的作用，是一款值得拥有的数据分析神器。

7.4.1 数据透视表的用途

作为 Excel 中专业的数据分析工具，数据透视表可以根据源数据的内容及分类，按任意角度、任意多层级、不同的汇总方式，得到不同的汇总结果。它就像变形金刚一样，可以快速变换出不同形式的表格。数据透视表整合了排序、筛选、分类汇总及统计函数的各项功能，通过简单的拖曳等操作，即可快速分析、比较大量的数据。总而言之，数据透视表的作用就是透过表层数据，将隐藏在数据背后的真正意义显示出来，帮助用户更好地分析数据，其功能和用途如下图所示。

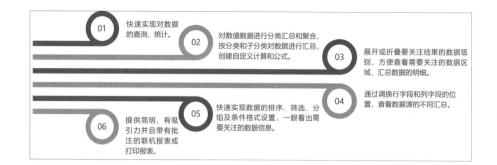

7.4.2 数据透视表的创建方法

了解了"神通广大"的数据透视表之后，是不是对它充满了好奇！下面介绍数据透视表的创建方法，带你开启数据透视表之旅。

创建数据透视表的方法有以下3种。

第一种：单击【数据透视表】按钮，如下图所示。

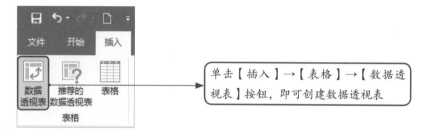

单击【插入】→【表格】→【数据透视表】按钮，即可创建数据透视表

第二种：使用数据透视表向导创建，如下图所示。

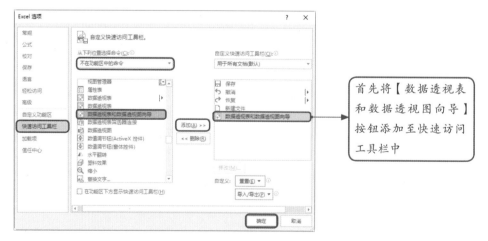

首先将【数据透视表和数据透视图向导】按钮添加至快速访问工具栏中

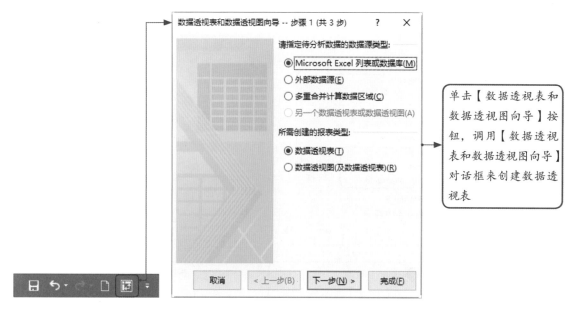

第三种：使用快捷键创建。

使用快捷键，依次按【Alt】键、【P】键、【D】键，调用【数据透视表和数据透视图向导】对话框来创建数据透视表。

下面介绍使用第一种方法来创建数据透视表，具体操作如下图所示。

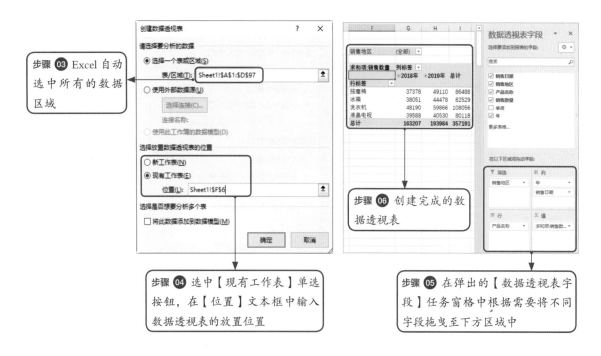

步骤 ③ Excel 自动选中所有的数据区域

步骤 ④ 选中【现有工作表】单选按钮，在【位置】文本框中输入数据透视表的放置位置

步骤 ⑥ 创建完成的数据透视表

步骤 ⑤ 在弹出的【数据透视表字段】任务窗格中根据需要将不同字段拖曳至下方区域中

7.4.3 数据透视表的布局和格式

数据透视表创建完成后，还可以根据需要更改透视表的布局和格式。

① 数据透视表的组成

数据透视表主要由四部分构成：筛选字段、行字段、列字段、数值字段区域，如下图所示。

筛选字段是透视表特有的区域，用于对表格数据的筛选

列字段相当于表格的列标题

行字段相当于表格的行标题

数值字段区域

2 数据透视表的布局和格式

根据需要调整字段位置，即可改变数据透视表的布局，快速实现多种数据类目的汇总。例如，将数据透视表"筛选"区域的字段和"列"区域的字段互换，生成的数据透视表如下图所示。

若习惯将第一行的标题居中显示，可以选中数据透视表中的任一单元格并右击，选择【数据透视表选项】选项，调用【数据透视表选项】对话框，如下图所示。

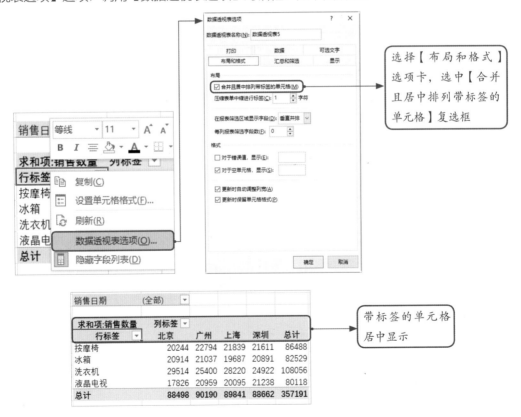

③　数据透视表的美化

可以将数据透视表美化，具体操作如下图所示。

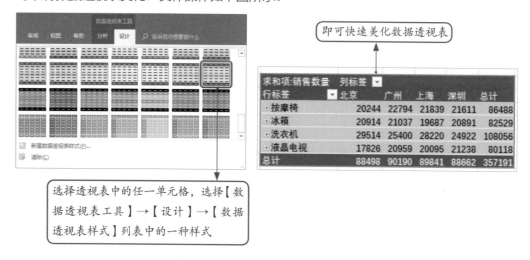

即可快速美化数据透视表

选择透视表中的任一单元格，选择【数据透视表工具】→【设计】→【数据透视表样式】列表中的一种样式

7.4.4　数据透视表的汇总方式

数据透视表的汇总方式有很多种，如求和、计数、平均值、最大值、最小值、乘积等，如下图所示。数据透视表默认的汇总方式是求和，若是文本类型的数据，则默认的汇总方式是计数。

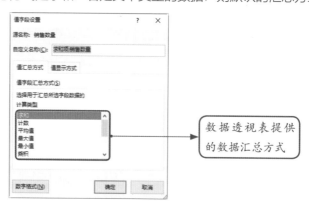

数据透视表提供的数据汇总方式

数据透视表的汇总方式可以在【值字段设置】对话框中进行更改。调用【值字段设置】对话框的方法如下图所示。

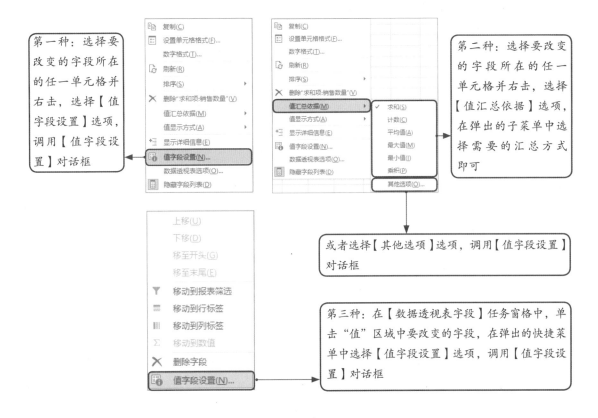

第一种：选择要改变的字段所在的任一单元格并右击，选择【值字段设置】选项，调用【值字段设置】对话框

第二种：选择要改变的字段所在的任一单元格并右击，选择【值汇总依据】选项，在弹出的子菜单中选择需要的汇总方式即可

或者选择【其他选项】选项，调用【值字段设置】对话框

第三种：在【数据透视表字段】任务窗格中，单击"值"区域中要改变的字段，在弹出的快捷菜单中选择【值字段设置】选项，调用【值字段设置】对话框

7.4.5 数据透视表的组合功能

数据透视表的组合功能，可以帮助用户快速按照分组对数据进行统计。下面介绍几种常用的分组形式。

① 按日期分组

在 Excel 2013 以后的版本中，系统会自动将日期字段按年、季度、月进行分组。在【数据透视表字段】任务窗格中，将"销售日期"字段拖曳至"行"区域中时，会自动生成"季度"和"年"字段，如下图所示。

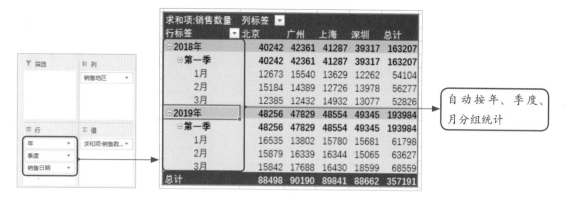

求和项:销售数量	列标签				
行标签	北京	广州	上海	深圳	总计
□2018年	40242	42361	41287	39317	163207
□第一季	40242	42361	41287	39317	163207
1月	12673	15540	13629	12262	54104
2月	15184	14389	12726	13978	56277
3月	12385	12432	14932	13077	52826
□2019年	48256	47829	48554	49345	193984
□第一季	48256	47829	48554	49345	193984
1月	16535	13802	15780	15681	61798
2月	15879	16339	16344	15065	63627
3月	15842	17688	16430	18599	68559
总计	88498	90190	89841	88662	357191

自动按年、季度、月分组统计

提示: 若要取消分组,可以选中分组数据中的任一单元格并右击,在弹出的快捷菜单中选择【取消组合】选项即可,如下图所示。

在 Excel 2013 之前的版本中,需要手动设置分组,如下图所示。

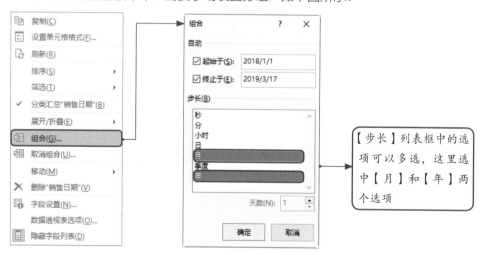

【步长】列表框中的选项可以多选,这里选中【月】和【年】两个选项

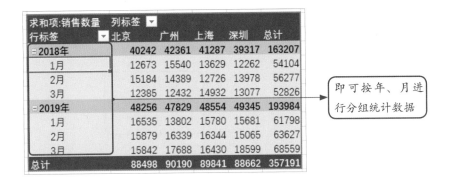

求和项:销售数量	列标签				
行标签	北京	广州	上海	深圳	总计
⊟2018年	40242	42361	41287	39317	163207
1月	12673	15540	13629	12262	54104
2月	15184	14389	12726	13978	56277
3月	12385	12432	14932	13077	52826
⊟2019年	48256	47829	48554	49345	193984
1月	16535	13802	15780	15681	61798
2月	15879	16339	16344	15065	63627
3月	15842	17688	16430	18599	68559
总计	88498	90190	89841	88662	357191

即可按年、月进行分组统计数据

② 文本手动分组

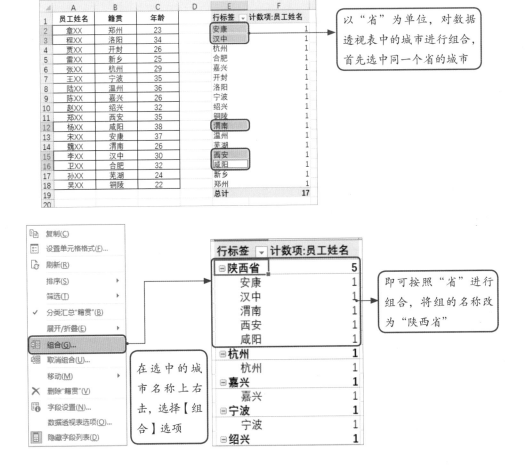

以"省"为单位,对数据透视表中的城市进行组合,首先选中同一个省的城市

在选中的城市名称上右击,选择【组合】选项

即可按照"省"进行组合,将组的名称改为"陕西省"

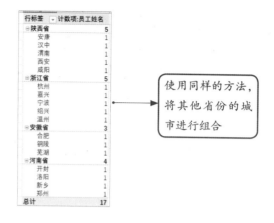

使用同样的方法,将其他省份的城市进行组合

3 分段组合

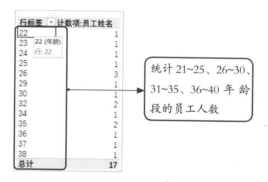

统计 21~25、26~30、31~35、36~40 年龄段的员工人数

首先,在数据透视表中选中要分组字段中的任一单元格并右击,在弹出的快捷菜单中选择【组合】选项,调用【组合】对话框,如下图所示。

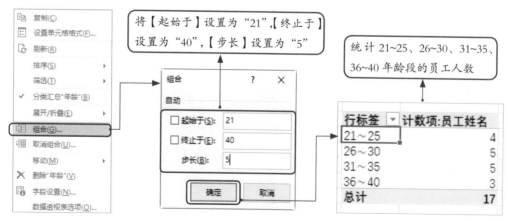

将【起始于】设置为"21",【终止于】设置为"40",【步长】设置为"5"

统计 21~25、26~30、31~35、36~40 年龄段的员工人数

切片器相当于一个筛选器，可以根据不同的字段对透视表中的数据进行筛选，从而帮助用户快速找到要查看的数据。

① 切片器的基本操作

首先，选中透视表中的任一单元格，单击【数据透视表工具】→【分析】→【筛选】→【插入切片器】按钮，调用【插入切片器】对话框，如下图所示。

若要查看2019年3月各个地区的冰箱销量，只需在切片器中选择相应的字段即可，如下图所示。

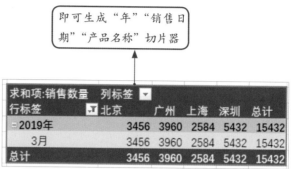

即可生成"年""销售日期""产品名称"切片器

2 共享切片器

共享切片器是指通过一个切片器，控制多个数据透视表，实现多个透视表之间的联动。

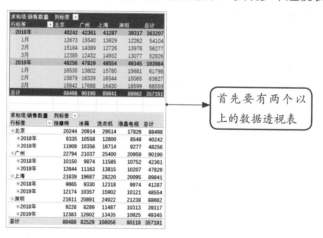

首先要有两个以上的数据透视表

首先为其中一个透视表创建切片器，然后选中切片器，单击【切片器工具】→【切片器】→【报表连接】按钮，调用【数据透视表连接（产品名称）】对话框，如下图所示。

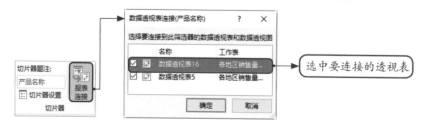

选中要连接的透视表

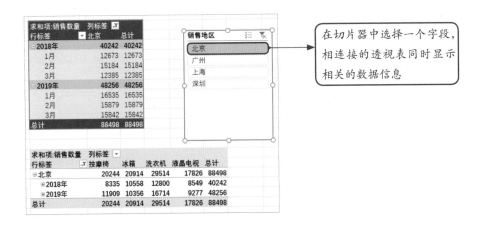

在切片器中选择一个字段，相连接的透视表同时显示相关的数据信息

7.4.7 利用数据透视表汇总多个工作表的数据

一般情况下，作为源数据表，表格中的内容应尽量放在一张工作表中，但有时一些统计类的表格不得不分表填写，如各分店的销售统计表。遇到这种情况时，如果要汇总数据，使用数据透视表汇总会更加方便、快捷，因为数据透视表具有多重合并计算数据区域的功能，如下图所示。

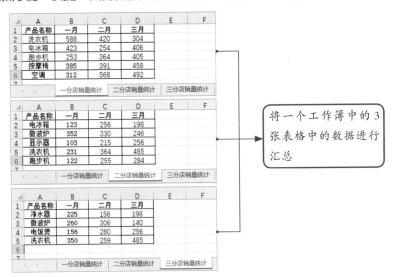

将一个工作簿中的3张表格中的数据进行汇总

单击【快速访问工具栏】中的【数据透视表和数据透视图向导】按钮，调用【数据透视表和数据透视图向导】对话框。（可参考 7.4.2 小节数据透视表的创建方法的"第二种：使用数据透视表向导创建"），如下图所示。

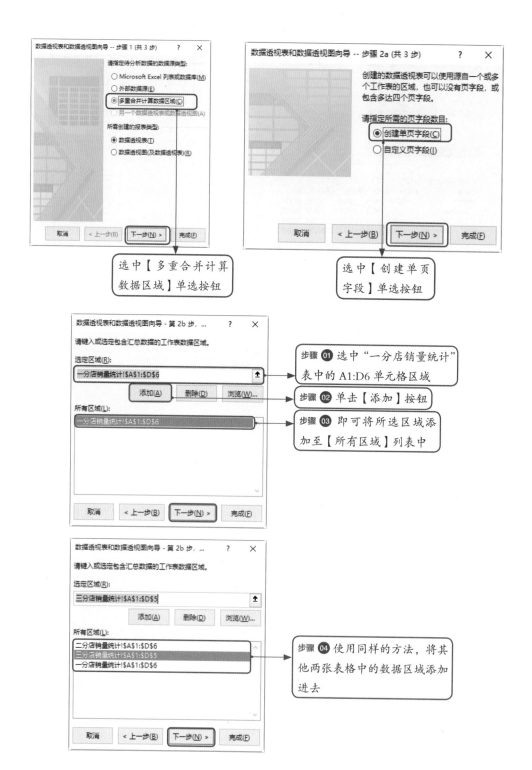

选中【多重合并计算数据区域】单选按钮

选中【创建单页字段】单选按钮

步骤 ❶ 选中"一分店销量统计"表中的 A1:D6 单元格区域

步骤 ❷ 单击【添加】按钮

步骤 ❸ 即可将所选区域添加至【所有区域】列表中

步骤 ❹ 使用同样的方法,将其他两张表格中的数据区域添加进去

步骤 06 创建完成的数据透视表

步骤 05 选择数据透视表的放置位置

F	G	H	I	J
页1	(全部) ▼			
求和项:值	列标签 ▼			
行标签 ▼	一月	二月	三月	总计
按摩椅	385	391	458	1234
电冰箱	546	510	604	1660
电饭煲	156	280	256	692
净水器	225	156	198	579
空调	312	568	492	1372
跑步机	375	619	689	1683
微波炉	612	636	386	1634
洗衣机	1169	1043	1274	3486
显示器	103	215	256	574
总计	3883	4418	4613	12914

7.5 制作一份高质量的数据分析报告

Excel 的数据分析功能可以满足大部分数据分析工作的需求。本节将介绍如何使用 Excel 的数据分析功能，制作一份数据分析报告。

数据分析大致分为 5 个阶段，如下图所示。

01 数据收集	按照数据分析的主题，有目的地收集和整理数据，是数据分析的基础性工作。
02 数据处理	对收集的数据进行规范处理，整理出一个用于数据分析、准确、清晰的源数据表。这个阶段的工作是整个数据分析的关键，因为源数据表的好坏，直接决定了数据分析质量的高低。
03 数据分析	通过Excel提供的数据分析工具，如排序、条件格式、数据透视表等，对数据进行探索和分析，挖掘隐藏在数据背后的真正意义，为企业提供决策依据。
04 数据展现	将数据分析的结果用图来展示，如条形图、饼图等，这样可以使分析结果更加直观，使数据更加具有说服力。
05 撰写报告	这是数据分析的最后一个阶段，撰写数据分析报告，呈现整个分析结果，以及解决方案和建议，以供参考。

下面根据已收集的烟台、厦门、西安、石家庄、杭州各个城市上半年的 AQI（空气质量指数），以及空气质量等级在每个月中对应的天数来介绍数据的分析，如下图所示。

	A	B	C	D	E	F	G	H	I	J
1	城市名称	AQI平均指数		城市名称	优（天）	良（天）	轻度污染（天）	中度污染（天）	重度污染（天）	严重污染（天）
2	烟台	72		烟台	12	13	5	1		
3	厦门	45		厦门	20	11				
4	西安	180		西安		5	5	12	3	6
5	石家庄	141		石家庄		9	11	4	3	4
6	杭州	86		杭州	10	12	5	5		

2019年上半年西安市空气质量分析报告 | 数据分析汇总表 | 1月 | 2月 | 3月 | 4月 | 5月 | 6月

各个城市1月的空气质量指数

1月各个城市空气质量各个等级对应的天数

7.5.1　数据收集

数据的收集是数据分析的基础性工作，在收集过程中要确保原始数据的准确性。下面对收集来的原始数据进行整理。

① 填充数据区域中的空白单元格

制作分析数据用的源数据表时，数据区域中不能留有空白。接下来将使用 Excel 的定位功能，快速在空白单元格中输入"0"。

这里以 1 月的数据为例，首先选中 D1:J6 单元格区域，选择【开始】→【编辑】→【查找和选择】→【定位条件】选项，调用【定位条件】对话框，如下图所示。

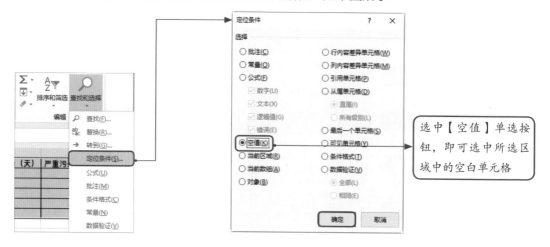

选中【空值】单选按钮，即可选中所选区域中的空白单元格

城市名称	优（天）	良（天）	轻度污染（天）	中度污染（天）	重度污染（天）	严重污染（天）
烟台	12	13	5	1	0	
厦门	20	11				
西安		5	5	12	3	6
石家庄		9	11	4	3	4
杭州	10	12		5		

直接输入"0"，然后按【Ctrl+Enter】组合键

城市名称	优（天）	良（天）	轻度污染（天）	中度污染（天）	重度污染（天）	严重污染（天）
烟台	12	13	5	1	0	0
厦门	20	11	0	0	0	0
西安	0	5	5	12	3	6
石家庄	0	9	11	4	3	4
杭州	10	12	5	5	0	0

即可在所有的空白单元格中输入"0"

使用同样的方法，将其他月份数据中的空值进行填充。

2 核对数据

每个城市空气质量各个等级的天数相加之和应等于该月的总天数，如1月、3月、5月的总天数是31天，2月的总天数是28天，4月和6月的总天数是30天。

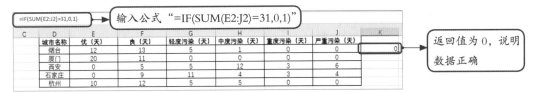

城市名称	优（天）	良（天）	轻度污染（天）	中度污染（天）	重度污染（天）	严重污染（天）
烟台	12	13	5	1	0	0
厦门	20	11	0	0	0	0
西安	0	5	5	12	3	6
石家庄	0	9	11	4	3	4
杭州	10	12	5	5	0	0

将空气质量各个等级对应的天数相加，核对最终相加的结果是否等于该月的总天数

这里先以1月数据为例，通过公式进行核对。如下图所示，首先在K2单元格中输入公式"=IF(SUM(E2:J2)=31,0,1)"，表示如果E2:J2单元格区域中的数据之和等于31，那么返回值为0，否则返回值为1。

输入公式"=IF(SUM(E2:J2)=31,0,1)"

返回值为0，说明数据正确

然后使用自动填充功能，核对其他城市的数据，如下图所示。

返回值为1，说明"杭州"数据中存在错误，需要修改

使用同样的方法，核对其他月份的数据，至此数据的收集工作完成。

源数据应尽量放在一张工作表中，这样有利于数据的分析。

① 汇总上半年各城市 AQI 平均值

下面使用 Excel 的"合并计算"功能，将上半年各个月的城市月 AQI 平均值进行合并计算。

选择"数据分析汇总表"工作表中的 A1 单元格，并输入"城市名称"，然后单击【数据】→【数据工具】→【合并计算】按钮，调用【合并计算】对话框，如下图所示。

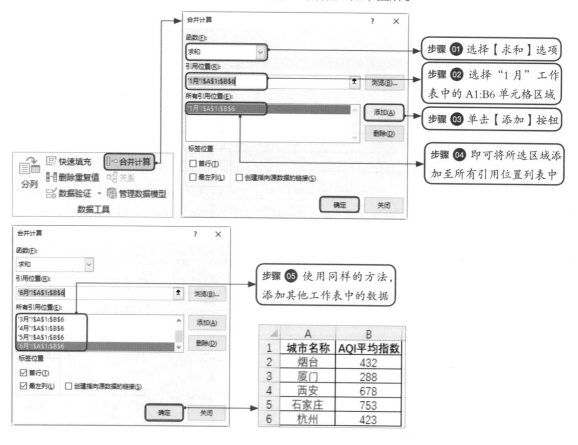

② 汇总上半年各城市空气质量等级天数

使用同样的方法，汇总上半年各城市空气质量等级天数，结果如下图所示。

	城市名称	优（天）	良（天）	轻度污染（天）	中度污染（天）	重度污染（天）	严重污染（天）
8							
9	烟台	37	118	25	1	0	0
10	厦门	108	71	2	0	0	0
11	西安	6	89	44	22	13	7
12	石家庄	2	79	61	18	13	8
13	杭州	41	117	15	6	0	0

7.5.3 数据分析

使用 Excel 的数据分析工具分析数据。假设在这 5 个城市中要重点分析"西安"的上半年空气质量情况。

利用数据透视表汇总 1~6 月 6 个工作表中的空气质量等级天数数据，并将数据透视表放置在"数据分析汇总表"工作表中。具体操作方法可参考 7.4.7 小节，这里不再赘述，直接展示创建的透视表效果，如下图所示。

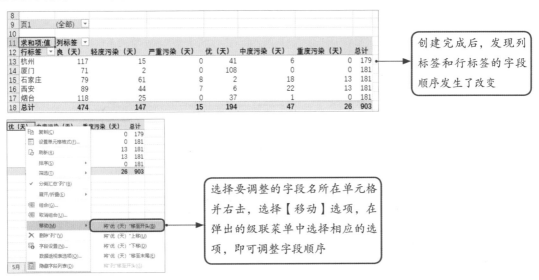

9	页1	(全部)	▼				
10							
11	求和项:值	列标签	▼				
12	行标签 ▼	优【天】	良【天】	轻度污染【天】	中度污染【天】	重度污染【天】	严重污染【天】	总计
13	烟台	37	118	25	1	0	0	181
14	厦门	108	71	2	0	0	0	181
15	西安	6	89	44	22	13	7	181
16	石家庄	2	79	61	18	13	8	181
17	杭州	41	117	15	6	0	0	179
18	总计	194	474	147	47	26	15	903

> 调整字段顺序后的效果

单击 "列标签" 右侧的下拉按钮，在弹出的下拉列表选中【优】和【良】复选框，如下图所示。

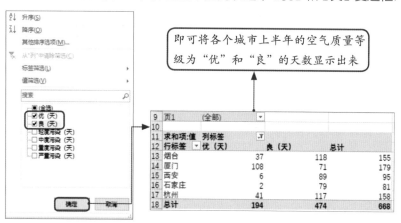

> 即可将各个城市上半年的空气质量等级为 "优" 和 "良" 的天数显示出来

然后单击 "列标签" 右侧的下拉按钮，选中【西安】复选框，如下图所示。

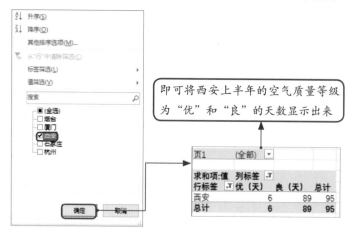

> 即可将西安上半年的空气质量等级为 "优" 和 "良" 的天数显示出来

　　使用同样的方法，汇总 1~6 月 6 个工作表中的各个城市 AQI 数据，并将数据透视表放置在 "数据分析汇总表" 工作表中，效果如下图所示。

页1	(全部)						
求和项:值	列标签						
行标签	1月AQI平均指数	2月AQI平均指数	3月AQI平均指数	4月AQI平均指数	5月AQI平均指数	6月AQI平均指数	总计
杭州	86	78	63	70	64	62	423
厦门	45	51	53	57	42	40	288
石家庄	141	131	140	128	108	105	753
西安	180	126	120	102	80	70	678
烟台	72	64	70	80	71	75	432
总计	524	450	446	437	365	352	2574

然后使用数据透视表的筛选功能，查看“西安”的数据信息，如下图所示。

页1	(全部)						
求和项:值	列标签						
行标签	1月AQI平均指数	2月AQI平均指数	3月AQI平均指数	4月AQI平均指数	5月AQI平均指数	6月AQI平均指数	总计
西安	180	126	120	102	80	70	678
总计	180	126	120	102	80	70	678

7.5.4 数据展现

通过图表的展示，可以更加直观地展现数据。

1 创建折线图

创建折线图，直观地展现西安上半年空气质量指数走势。

首先将西安市上半年各个月的 AQI 平均值信息筛选出来。在“数据分析汇总表”工作表中输入表格的行标题和列标题，然后在 B9 单元格中输入公式“=INDIRECT("1 月 !B4")”，表示引用“1 月”工作表中 B4 单元格的值 , 如下图所示。

B9 =INDIRECT("1月!B4")

输入公式“=INDIRECT("1 月 !B4")”

	A	B	C	D	E	F	G
7							
8	城市名称	1月	2月	3月	4月	5月	6月
9	西安	180					

使用同样的方法，将其他月份的西安市 AQI 平均值的数据引用过来，如下图所示。

G9 =INDIRECT("6月!B4")

	A	B	C	D	E	F	G
7							
8	城市名称	1月	2月	3月	4月	5月	6月
9	西安	180	126	120	102	80	70

然后根据此表格创建折线图，效果如下图所示。

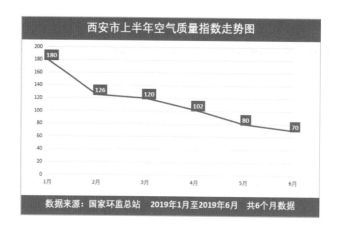

2 创建条形图

创建条形图，直观地展现西安市上半年空气质量等级为"优"的天数在这5个城市中的排名，如下图所示。

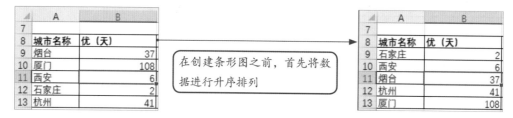

在创建条形图之前，首先将数据进行升序排列

然后选中要创建图表的数据区域，创建条形图，效果如下图所示。

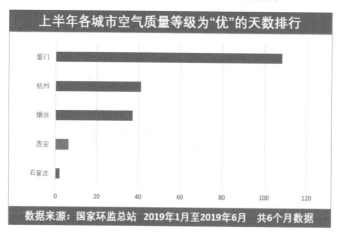

创建条形图，直观地展现西安市上半年 AQI 排名，同样是将数据进行升序排列，如下图所示。

	A	B	C	D	E
1	城市名称	AQI平均值		城市名称	AQI平均值
2	烟台	432		厦门	288
3	厦门	288		杭州	423
4	西安	678	进行升序排列	烟台	432
5	石家庄	753		西安	678
6	杭州	423		石家庄	753

然后根据升序排列的数据区域，创建条形图，效果如下图所示。

3 创建饼图

创建饼图，直观地展现西安市上半年空气质量等级对比。首先将西安市的数据信息筛选出来，然后进行行列转置，再通过排序将数据按照天数由小到大的顺序进行排列，如下图所示。

城市名称	优（天）	良（天）	轻度污染（天）	中度污染（天）	重度污染（天）	严重污染（天）	
西安	6	89	44	22	13	7	筛选出来的数据

城市名称	西安
优（天）	6
良（天）	89
轻度污染（天）	44
中度污染（天）	22
重度污染（天）	13
严重污染（天）	7

将表格中的数据按由小到大的顺序进行排列

城市名称	西安
优（天）	6
严重污染（天）	7
重度污染（天）	13
中度污染（天）	22
轻度污染（天）	44
良（天）	89

通过粘贴选项中的"转置"按钮，实现行列互换

最后创建饼图，效果如下图所示。

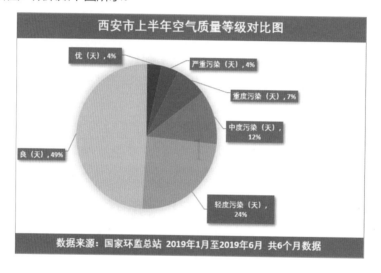

7.5.5 撰写报告

数据分析的最后一步是撰写数据分析报告，对西安市 2019 年上半年的空气质量情况进行分析和总结。

在 Word 中撰写报告时，需要使用 Excel 创建的图表，可以直接将其复制并粘贴至 Word 文档中。制作完成的数据分析报告如下图所示。

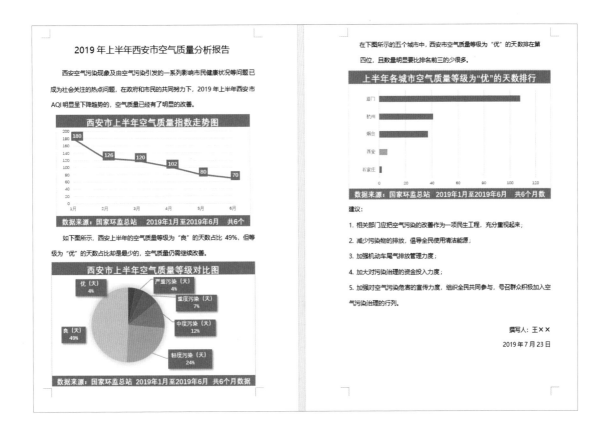

2019 年上半年西安市空气质量分析报告

西安空气污染现象及由空气污染引发的一系列影响市民健康状况等问题已成为社会关注的热点问题，在政府和市民的共同努力下，2019 年上半年西安市 AQI 明显呈下降趋势的，空气质量已经有了明显的改善。

西安市上半年空气质量指数走势图

数据来源：国家环监总站　2019年1月至2019年6月　共6个

如下图所示，西安上半年的空气质量等级为"良"的天数占比 49%，但等级为"优"的天数占比却是最少的，空气质量仍需继续改善。

西安市上半年空气质量等级对比图

数据来源：国家环监总站 2019年1月至2019年6月 共6个月数据

在下图所示的五个城市中，西安市空气质量等等级为"优"的天数排在第四位，且数量明显要比排名前三的少得多。

上半年各城市空气质量等级为"优"的天数排行

数据来源：国家环监总站　2019年1月至2019年6月　共6个月数

建议：

1. 相关部门应把空气污染的改善作为一项民生工程，充分重视起来；

2. 减少污染物的排放，倡导全民使用清洁能源；

3. 加强机动车尾气排放管理力度；

4. 加大对污染治理的资金投入力度；

5. 加强对空气污染危害的宣传力度，组织全民共同参与，号召群众积极加入空气污染治理的行列。

撰写人：王××

2019 年 7 月 23 日

高手自测

本章主要介绍数据分析，通过本章的学习，可以使用Excel提供的数据分析工具，如排序、条件格式及数据透视表等工具，来分析数据。结束本章学习之前，可先检测一下学习效果。扫描右侧的二维码，即可查看注意事项及操作提示，最终结果可以参阅"结果\ch07\高手自测"中相应的文档。

教学视频

打开"素材 \ch07\ 高手自测 \ 高手自测 .xlsx"表格。

首先，按照学生的"数学"成绩进行降序排列，"数学"成绩相同的按"语文"成绩排序；其次，突出显示各科中不及格的成绩；最后，创建数据透视表，计算各科成绩的平均分及不及格人数，最终效果如下图所示。

	A	B	C	D	E	F	G
1	学号	姓名	语文	数学	英语	文科综合	总成绩
2	100171201	朱XX	85	105	98	179	467
3	100171202	许XX	96	114	66	196	472
4	100171203	章XX	105	106	78	157	446
5	100171204	王XX	87	90	105	206	488
6	100171205	贺XX	113	97	126	186	522
7	100171206	吕XX	89	102	117	189	497
8	100171207	史XX	76	89	105	181	451
9	100171208	陈XX	95	95	107	176	473
10	100171209	田XX	88	97	69	196	450
11	100171210	柳XX	86	84	85	193	448
12	100171211	钱XX	95	96	89	206	486
13	100171212	蔡XX	92	108	106	201	507
14	100171213	孙XX	104	115	98	165	482
15	100171214	高XX	113	106	91	154	464
16	100171215	张XX	99	119	89	143	450
17	100171216	薛XX	106	126	82	206	520
18	100171217	赵XX	83	108	96	189	476
19	100171218	吴XX	89	124	108	196	517
20	100171219	卫XX	107	96	114	176	493
21	100171220	沈XX	112	129	106	184	531
22	100171221	蒋XX	98	87	124	194	503
23	100171222	曹XX	64	81	118	198	461
24	100171223	魏XX	89	82	109	208	488
25	100171224	林XX	95	87	108	204	494
26	100171225	雷XX	97	96	95	194	482
27	100171226	马XX	102	84	115	187	488
28	100171227	任XX	104	100	92	186	482
29	100171228	石XX	109	106	106	164	485
30	100171229	陆XX	89	115	115	155	474
31	100171230	谢XX	106	120	106	189	521

高手赋能：强大的函数公式

Excel 不仅仅是电子表格，它同时具有强大的计算功能，其中的函数公式与其他计算工具相比，计算得更快、更准，计算量更大。如果多学些函数，就能把复杂的计算简单化、让日常办公高效化。

8.1 函数用不好，天天加班少不了

有一个关于使用函数与加班关系的段子。

只会加减乘除的，经常 22 点以后下班。

会 SUMIF 函数的，20 点就能下班。

会 VLOOKUP 函数的，18 点就能下班。

会 SUMPRODUCT 函数的，17 点就能下班。

会 MATCH 和 INDEX 嵌套的，16 点就能下班。

会 OFFSET 和 INDIRECT 嵌套的，15 点就能下班。

全都会的，吃完午饭就能下班。

全不会的，在监督你们上班！！

Excel 函数实际上就是一些复杂的计算公式，函数把复杂的计算步骤交由程序处理，使用者只需按函数格式输入相关参数，就可以得出结果。因此，函数的作用就是缩短公式长度，简化计算步骤。

为什么别人用函数做事轻松愉快、从不加班，自己却整天愁眉苦脸、有干不完的活？原因就在于函数用不好，主要有两种情况：一是对函数及其参数的使用不了解；二是选对了函数，但缺乏技巧。

1 不了解函数怎么办

不知道如何使用函数，或者用过一个函数后，过一段时间就忘记了。这种情况可以从以下 4个方面解决。

① 查阅函数手册，可以购买有关函数使用的书籍，随时翻阅。

② 将使用过的函数及其用法根据功能或作用分类，记下来。

③ 使用 Excel 提供的搜索函数和按类别选择函数功能，如下图所示。

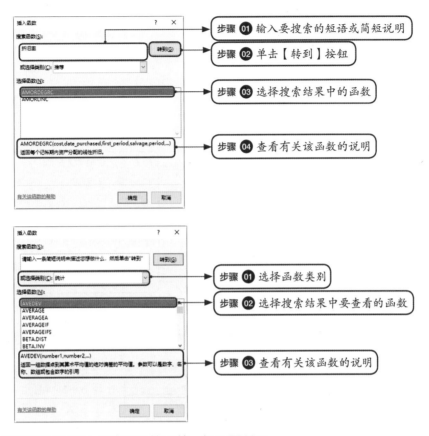

步骤 **01** 输入要搜索的短语或简短说明

步骤 **02** 单击【转到】按钮

步骤 **03** 选择搜索结果中的函数

步骤 **04** 查看有关该函数的说明

步骤 **01** 选择函数类别

步骤 **02** 选择搜索结果中要查看的函数

步骤 **03** 查看有关该函数的说明

④ 通过问题描述在网上搜索相关的函数，如下图所示。

2 选对了函数，技巧也很重要

选对了函数，如果缺乏技巧，同样不能提高办公效率。

看下面的例子，打开"素材 \ch08\ 公司办公开支统计表 .xlsx"文件，其中包含"集团汇总"表和 9 个子公司表格，需要在"集团汇总"表中计算出 9 个子公司的数据。怎么办呢？

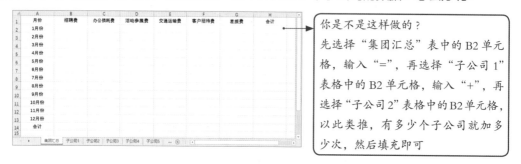

你是不是这样做的？
先选择"集团汇总"表中的 B2 单元格，输入"="，再选择"子公司 1"表格中的 B2 单元格，输入"+"，再选择"子公司 2"表格中的 B2 单元格，以此类推，有多少个子公司就加多少次，然后填充即可

这样能计算出结果，但比较麻烦，可以用更快速的方法计算出结果。

选择要计算数据的单元格区域，输入公式"=SUM('*'!B2)"，按【Ctrl+Enter】组合键即可，如下图所示。

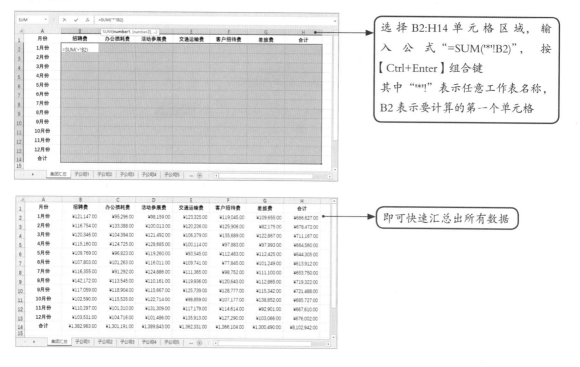

选择 B2:H14 单元格区域，输入公式"=SUM('*'!B2)"，按【Ctrl+Enter】组合键
其中"'*'!"表示任意工作表名称，B2 表示要计算的第一个单元格

即可快速汇总出所有数据

8.2 函数公式打基础

工欲善其事，必先利其器，在 Excel 中使用函数公式计算数据，需要先打好基础。

8.2.1 公式基础

公式必须以等号"="开头，后面紧接着运算数和运算符，运算数可以是常量数据、单元格引用、单元格名称和工作表函数等。

1 公式中的运算符

在 Excel 中，运算符分为 4 种类型：算术运算符、比较运算符、引用运算符和文本运算符。

（1）算术运算符

算术运算符主要用于数学计算，是所有运算符中使用频率较高的，其组成和含义如下表所示。

算数运算符名称	含义	示例	结果
+（加号）	加	6+8	14
−（减号）	减及负数	6−2	4
/（斜杠）	除	8/2	4
*（星号）	乘	2*3	6
%（百分号）	百分比	45%	0.45
^（脱字符）	乘幂	2^3	8

（2）比较运算符

比较运算符主要用于数值比较，而比较的结果就是得到逻辑值"TRUE"或"FALSE"，分别表示逻辑值"真"或"假"。例如，A1=10，A2=9，对其进行逻辑运算的组成和含义如下表所示。

比较运算符名称	含义	示例	结果
=（等号）	等于	A1=B2	FALSE
>（大于号）	大于	A1>B2	TRUE
<（小于号）	小于	A1<B2	FALSE
>=（大于等于号）	大于等于	A1>=B2	TRUE
<=（小于等于号）	小于等于	A1<=B2	FALSE
<>（不等号）	不等于	A1<>B2	TRUE

（3）引用运算符

引用运算符主要用于合并单元格区域，其组成和含义如下表所示。

引用运算符名称	含义	示例	结果
:（比号）	区域运算符，对两个引用之间包括这两个引用在内的所有单元格进行引用	A1:E1	引用从 A1 到 E1 的所有单元格
,（逗号）	联合运算符，将多个引用合并为一个引用	SUM(A1:E1,B2:F2)	将 A1:E1 和 B2:F2 两个单元格区域合并为一个
（空格）	交叉运算符，产生同时属于两个引用的单元格区域的引用	SUM(A1:F1 B1:B3)	引用 B1 单元格数据，B1 同时属于 A1:F1 单元格区域和 B1:B3 单元格区域

（4）文本运算符

文本运算符 "&" 可以连接两个文本、数字、日期，得到一个新的文本数据。需要注意的是，在公式中使用文本内容时，需要为文本内容添加英文状态下的双引号，如下表所示。

文本运算符名称	含义	示例	结果
&（连字符）	将两个文本连接起来产生连续的文本	" 北京 "&2019	北京 2019

2 运算符优先级

运算符的优先级就是运算符的先后使用顺序，如果一个公式中包含多种类型的运算符号，Excel就按下表中的先后顺序进行运算。

运算符（优先级从高到低）	说明
:（比号）	区域运算符
,（逗号）	联合运算符
（空格）	交叉运算符
－（负号）	如 −10
%（百分号）	百分比
^（脱字符）	乘幂
* 和 /	乘和除
+ 和 −	加和减
&	文本运算符
=,>,<,>=,<=,<>	比较运算符

除了上面提到的运算符外，Excel 中还经常使用括号"( )"。如果要改变运算的顺序，可以使用括号"( )"把公式中优先级低的运算括起来。但不要用括号把数值的负号单独括起来，而应该把负号放在数值的前面。

例如，如果希望用 A2 减去 A3 的差，与 A4 相乘。那么下面的公式哪个正确？

公式 1= A2-A3*A4   公式 2=(A2-A3)*A4

答案是公式 2。公式 1 中没有括号，乘号拥有较高的优先顺序，所以 A3 会首先与 A4 相乘，然后 A2 才去减它们的积。这个结果不是所需要的。因此，只有先用括号将"A2-A3"括起来，才能更改运算顺序。

在公式中括号还可以嵌套使用，即在括号的内部还可以有括号。这样 Excel 就会首先计算最里面括号中的值。下面是一个使用嵌套括号的公式。

=((A2*C2)+(A3*C3)+(A4*C4))*A6

公式共有 4 组括号，其中前 3 个嵌套在第 4 个括号里面。Excel 会首先计算最里面括号中的值，再把它们的值相加，最后乘以 A6 得出最终结果。

尽管公式中使用了 4 组括号，但只有最外边的括号才是有必要的。如果理解了运算符的优先级，这个公式可以修改为：

=(A2*C2+A3*C3+A4*C4)*A6

每一个左括号都应该匹配一个相应的右括号。如果有多层嵌套括号，看起来就不够直观。如果括号不匹配，Excel 会显示一个错误信息说明问题，并且不允许用户输入公式。在某些情况下，如果公式中含有不对称的括号，Excel 会建议对公式进行更正。

8.2.2　单元格引用

单元格的引用就是单元格地址的引用，就是把单元格的数据和公式联系起来。

1　单元格引用与引用样式

单元格引用有不同的表示方法，既可以直接使用相应的地址表示，又可以用单元格的名称表示。用地址表示单元格引用有两种样式：一种是 A1 引用样式，另一种是 R1C1 样式，如下图所示。

（1）A1 引用样式

A1 引用样式是 Excel 的默认引用类型。这种类型的引用是用字母表示列（从 A 到 XFD，共 16 384 列），用数字表示行（从 1 到 1 048 576）。引用时先写列字母，再写行数字。若要引用单元格，输入列标和行号即可。例如，B2 引用了 B 列和第 2 行交叉处的单元格，如下图所示。

如果引用单元格区域，可以输入该区域左上角单元格的地址、比号（:）和该区域右下角单元格的地址。在单元格 H3 中输入公式"=SUM(B3:G3)"，就表示引用了 B3:G3 单元格区域。

（2）R1C1 引用样式

在 R1C1 引用样式中，用 R 加行数字和 C 加列数字来表示单元格的位置。如果表示相对引用，行数字和列数字就用中括号"[ ]"括起来；如果不加中括号，就表示绝对引用。例如，当前单元格是 A1，则单元格引用为 R1C1；加中括号 R[1]C[1] 则表示引用下面一行和右边一列交叉处的单元格，即 B2，R[2]C[1] 则表示引用下面两行和右边一列交叉处的单元格，即 B3。

提示： R（Row）代表行；C（Column）代表列。R1C1 引用样式与 A1 引用样式中的绝对引用等价。

2 相对引用

相对引用是指单元格的引用会随公式所在单元格的位置变更而改变。复制公式时，系统不是把原来的单元格地址原样照搬，而是根据公式原来的位置和复制的目标位置来推算出公式中单元格地址相对原来位置的变化，如下图所示。默认情况下，公式使用的是相对引用。

3 绝对引用

绝对引用是指在复制公式时，无论如何改变公式的位置，其引用单元格的地址都不会改变。绝对引用的表示形式是在普通地址的前面加"$"，如 B1 单元格的绝对引用形式是 $B$1，如下图所示。

4 混合引用

除了相对引用和绝对引用外，还有混合引用，也就是相对引用和绝对引用的共同引用。当需要固定行引用而改变列引用，或者固定列引用而改变行引用时，就要用到混合引用，即相对引用部分发生改变，绝对引用部分不变。例如，$B5、B$5 都是混合引用。

"$A1"类型：向右复制公式时不改变引用关系。

"A$1"类型：向下复制公式时不改变引用关系。

提示： 在编辑栏中输入单元格地址后，可以按【F4】键切换"绝对引用""混合引用"和"相对引用"3个状态。例如，选择要更改的单元格引用"A1"，连续按【F4】键，就会在"$A$1""A$1""$A1""A1"之间切换。

5 三维引用

三维引用是对跨工作表或工作簿中的两个工作表或多个工作表中的单元格或单元格区域的引用，其形式为"公司工作表名!单元格地址"，如"Sheet1!F3"和"Sheet2!C3"，这两个单元格地址都使用了三维引用，分别引用了 Sheet1 中的 F3 单元格和 Sheet2 中的 C3 单元格。

跨工作簿引用单元格或单元格区域时，引用对象的前面必须用"!"作为工作表分隔符，用中括号作为工作簿分隔符，其一般形式为"[工作簿名]工作表名!单元格地址"。

8.2.3 函数基础

Excel 中所提到的函数其实是一些预定义的公式，它们使用一些被称为参数的特定数值按特定的顺序或结构进行计算。每个函数描述都包括一个语法行，它既是一种特殊的公式，所有的函数必须以等号"="开始，又是预定义的内置公式，必须按语法的特定顺序进行计算。

1 函数的优势

使用函数可以让用户运算更方便，其优势主要表现在以下几个方面。

① 简化公式：将复杂又长的公式缩短，如求平均值时，需要使用公式"=(A1+B1+C1+A2+B2+C2+A3+B3+C3)/9"，但使用函数，只需输入"=AVERAGE(A1:C3)"即可。

② 实现特殊运算：如统计单元格中的字符数，求单元格区域中的最大值，字母大小写转换，不同进制间转换等普通公式无法完成的运算。

③ 允许有条件地运行公式，实现智能判断：一些函数可以进行自动判断，如当销售额大于等于 50 000 时，奖金比例为 5%，否则为 3%。

④ 可以作为参数再次参与运算：一个函数可以作为另一个函数的参数进行运算。

⑤ 减少工作量，提高工作效率：通过简化公式，可以减少手工编辑量，将烦琐的工作简单化，提高工作效率。

⑥ 创建自定义函数：通过 VBA 可以创建并使用自定义函数。

2 函数的组成

在 Excel 中，一个完整的函数式通常由 4 个部分构成，分别是标识符、函数名称、括号、函数参数，其格式如下图所示。

知识点拨

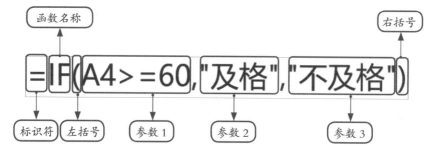

① 标识符：在单元格中输入计算函数时，必须先输入"="，这个"="称为函数的标识符。如果不输入"="，Excel 通常会将输入的函数式作为文本处理，不返回运算结果。

② 函数名称：函数标识符后面的英文是函数名称。大多数函数名称是对应英文单词的缩写。有些函数名称是由多个英文单词（或缩写）组合而成的。例如，条件求和函数 SUMIF 是由求和函数 SUM 和条件函数 IF 组成的。

③ 括号：所有的函数都需要使用英文半角括号"()"，括号中的内容就是参数。

④ 函数参数主要有以下几种类型。

常量参数：主要包括数值（如 123.45）、文本（如计算机）和日期（如 2019-5-25）等。

逻辑值参数：主要包括逻辑真（TRUE）、逻辑假（FALSE）及逻辑判断表达式（如单元格 A3 不等于空表示为"A3<>( )"）的结果等。

单元格引用参数：主要包括单个单元格的引用和单元格区域的引用等。

名称参数：在工作簿文档的各个工作表中自定义的名称，可以作为本工作簿内的函数参数直接引用。

其他函数式：用户可以把一个函数式的返回结果作为另一个函数式的参数。对于这种形式的函数式，通常称为"函数嵌套"。

数组参数：可以是一组常量（如 2、4、6），也可以是单元格区域的引用。

3 函数的分类

Excel 2019 提供了丰富的内置函数，按照函数的应用领域分为 13 类，用户可以根据需要直接调用，函数类型及其作用如下表所示。

函数类型	作用
财务函数	进行一般的财务计算
日期和时间函数	分析和处理日期及时间
数学与三角函数	在工作表中进行简单的计算
统计函数	对数据区域进行统计分析
查找与引用函数	在数据清单中查找特定数据或查找一个单元格引用
数据库函数	分析数据清单中的数值是否符合特定条件
文本函数	在公式中处理字符串
逻辑函数	进行逻辑判断或复合检验
信息函数	确定存储在单元格中的数据的类型
工程函数	工程分析
多维数据集函数	从多维数据库中提取数据集和数值
兼容函数	这些函数已由新函数替换，新函数可以提供更好的精确度，且名称能更好地反映其用法
Web 函数	通过网页链接直接用公式获取数据

8.2.4 公式中错误值及其解决方法

在公式使用过程中经常因为各种原因不能返回正确数据，系统会自动显示一个错误提示信息，下面简单介绍几个常见的错误提示。

1 出现"#####！"错误

原因：如果单元格所含的数字、日期或时间比单元格宽，就会产生错误值"#####！"。

解决方法：通过拖动列标头修改列宽。

2 出现"#VALUE!"错误

当使用错误的参数或运算对象类型时，或者当公式自动更正功能不能更正公式时，将产生错误值"#VALUE!"。主要包括以下 3 种情况。

原因 1：在需要数字或逻辑值时输入了文本，Excel 不能将文本转换为正确的数据类型。

解决方法：确认公式或函数所需的运算符或参数正确，并且公式引用的单元格中包含有效的数值。例如，如果 A1 单元格包含一个数字，A2 单元格包含文本，那么公式"=A1+A2"将返回错误值"#VALUE!"。而 SUM 函数在这两个值相加时将忽略文本。

原因 2：将单元格引用、公式或函数作为数组常量输入。

解决方法：确认数组常量不是单元格引用、公式或函数。

原因 3：赋予需要单一数值的运算符或函数一个数值区域。

解决方法：将数值区域改为单一数值，修改数值区域使其包含公式所在的数据行或列。

3 出现"#DIV/O!"错误

原因：当公式被零除时会产生错误值"#DIV/O!"。

解决方法：将除数更改为非零值。

4 出现"#N/A"错误

原因：当在函数或公式中没有可用数值时，将产生错误值"#N/A"。

解决方法：检查目标数据、源数据、参数是否完整。如果工作表中某些单元格暂时没有数值，可以在这些单元格中输入"#N/A"，公式在引用这些单元格时，将不进行数值计算，而是返回"#N/A"。

5 出现"#REF!"错误

原因：删除由其他公式引用的单元格，或者将移动单元格粘贴到由其他公式引用的单元格中。当单元格引用无效时将产生错误值"#REF！"。

解决方法：更改公式，检查被引用单元格或单元格区域中返回参数的值是否有效，或者在删除或粘贴单元格之后，立即单击【撤销】按钮，以恢复工作表中的单元格。

6 出现"#NUM！"错误

原因：当公式或函数中某个数字有问题时将产生错误值"#NUM！"。

解决方法：确保函数中的参数为正确的数值类型和数值范围。

7 出现"#NULL！"错误

原因：使用了不正确的区域运算符或不正确的单元格引用。当试图为两个并不相交的区域指定交叉点时将产生错误值"#NULL！"。

解决方法：如果要引用两个不相交的区域，要使用联合运算符逗号 (,)。公式要对两个区域求和，要确认在引用这两个区域时使用逗号。

8 出现"#NAME?"错误

原因：使用 Excel 不能识别的文本时将产生错误值"#NAME?"。

解决方法：首先确保函数名称拼写正确，然后检查在公式中输入文本时是否使用英文双引号（""）、单元格地址引用是否有误，以及软件版本是否支持函数等。

教学视频

8.3 快到极致的一键求和

提到求和，都知道使用 SUM 函数，或者使用公式，结合鼠标选定、拖曳填充就能轻松搞定。这种方法虽然可以达到计算目的，但如果要计算的行和列有数十行乃至上百行，这种方法效率就会低很多。看看下面的例子。

　　打开"素材\ch08\手机销售额统计表.xlsx"文件，选择"手机销售额统计表（万元）1"工作表，如左下图所示，对于这类只有一行或一列需要求和的，可以直接选择所有数据区域，按【Alt+=】组合键，即可快速实现一键求和，如右下图所示。

	手机型号	季度	东北	西北	华北	西南	合计
2	P10	一季度	¥1,458	¥1,450	¥1,580	¥1,652	
3	P10	二季度	¥1,851	¥2,201	¥1,585	¥2,014	
4	P10	三季度	¥2,045	¥1,852	¥1,002	¥1,882	
5	P10	四季度	¥1,478	¥685	¥1,855	¥1,906	
6	Mate 10 Pro	一季度	¥2,014	¥2,580	¥3,062	¥1,788	
7	Mate 10 Pro	二季度	¥1,259	¥1,523	¥2,580	¥1,485	
8	Mate 10 Pro	三季度	¥4,025	¥1,525	¥3,025	¥2,300	
9	Mate 10 Pro	四季度	¥2,588	¥2,654	¥2,580	¥3,502	
10	Mate 11 Pro	一季度	¥1,496	¥3,177	¥2,542	¥1,578	
11	Mate 11 Pro	二季度	¥4,212	¥1,521	¥3,652	¥2,658	
12	Mate 11 Pro	三季度	¥1,986	¥2,504	¥2,560	¥1,852	
13	Mate 11 Pro	四季度	¥2,000	¥1,880	¥1,890	¥3,421	
14	nova 3i	一季度	¥1,820	¥1,998	¥2,017	¥2,405	
15	nova 3i	二季度	¥1,890	¥3,540	¥2,480	¥3,520	
16	nova 3i	三季度	¥1,582	¥1,850	¥1,852	¥1,856	
17	nova 3i	四季度	¥1,990	¥1,860	¥2,458	¥2,637	
18	合计						

	手机型号	季度	东北	西北	华北	西南	合计
2	P10	一季度	¥1,458	¥1,450	¥1,580	¥1,652	¥6,140
3	P10	二季度	¥1,851	¥2,201	¥1,585	¥2,014	¥7,651
4	P10	三季度	¥2,045	¥1,852	¥1,002	¥1,882	¥6,781
5	P10	四季度	¥1,478	¥685	¥1,855	¥1,906	¥5,924
6	Mate 10 Pro	一季度	¥2,014	¥2,580	¥3,062	¥1,788	¥9,444
7	Mate 10 Pro	二季度	¥1,259	¥1,523	¥2,580	¥1,485	¥6,847
8	Mate 10 Pro	三季度	¥4,025	¥1,525	¥3,025	¥2,300	¥10,875
9	Mate 10 Pro	四季度	¥2,588	¥2,654	¥2,580	¥3,502	¥11,324
10	Mate 11 Pro	一季度	¥1,496	¥3,177	¥2,542	¥1,578	¥8,793
11	Mate 11 Pro	二季度	¥4,212	¥1,521	¥3,652	¥2,658	¥12,043
12	Mate 11 Pro	三季度	¥1,986	¥2,504	¥2,560	¥1,852	¥8,902
13	Mate 11 Pro	四季度	¥2,000	¥1,880	¥1,890	¥3,421	¥9,191
14	nova 3i	一季度	¥1,820	¥1,998	¥2,017	¥2,405	¥8,240
15	nova 3i	二季度	¥1,890	¥3,540	¥2,480	¥3,520	¥11,430
16	nova 3i	三季度	¥1,582	¥1,850	¥1,852	¥1,856	¥7,140
17	nova 3i	四季度	¥1,990	¥1,860	¥2,458	¥2,637	¥8,945
18	合计		¥33,694	¥32,800	¥36,720	¥36,456	¥139,670

　　选择"手机销售额统计表（万元）"工作表，如左下图所示。在表中可以看到，需要计算出所有的合计和小计，有5行需要计算，直接按【Alt+=】组合键，中间的小计行不会自动显示结果，如右下图所示。这时只需在原操作的基础上，多一步定位空值单元格的操作即可。

	手机型号	季度	东北	西北	华北	西南	合计
2	P10	一季度	¥1,458	¥1,450	¥1,580	¥1,652	
3	P10	二季度	¥1,851	¥2,201	¥1,585	¥2,014	
4	P10	三季度	¥2,045	¥1,852	¥1,002	¥1,882	
5	P10	四季度	¥1,478	¥685	¥1,855	¥1,906	
6	P10	小计					
7	Mate 10 Pro	一季度	¥2,014	¥2,580	¥3,062	¥1,788	
8	Mate 10 Pro	二季度	¥1,259	¥1,523	¥2,580	¥1,485	
9	Mate 10 Pro	三季度	¥4,025	¥1,525	¥3,025	¥2,300	
10	Mate 10 Pro	四季度	¥2,588	¥2,654	¥2,580	¥3,502	
11	Mate 11 Pro	小计					
12	Mate 11 Pro	一季度	¥1,496	¥3,177	¥2,542	¥1,578	
13	Mate 11 Pro	二季度	¥4,212	¥1,521	¥3,652	¥2,658	
14	Mate 11 Pro	三季度	¥1,986	¥2,504	¥2,560	¥1,852	
15	Mate 11 Pro	四季度	¥2,000	¥1,880	¥1,890	¥3,421	
16	Mate 11 Pro	小计					
17	nova 3i	一季度	¥1,820	¥1,998	¥2,017	¥2,405	
18	nova 3i	二季度	¥1,890	¥3,540	¥2,480	¥3,520	
19	nova 3i	三季度	¥1,582	¥1,850	¥1,852	¥1,856	
20	nova 3i	四季度	¥1,990	¥1,860	¥2,458	¥2,637	
21	nova 3i	小计					
22	合计						

东北	西北	华北	西南	合计
¥1,458	¥1,450	¥1,580	¥1,652	¥6,140
¥1,851	¥2,201	¥1,585	¥2,014	¥7,651
¥2,045	¥1,852	¥1,002	¥1,882	¥6,781
¥1,478	¥685	¥1,855	¥1,906	¥5,924
¥2,014	¥2,580	¥3,062	¥1,788	¥9,444
¥1,259	¥1,523	¥2,580	¥1,485	¥6,847
¥4,025	¥1,525	¥3,025	¥2,300	¥10,875
¥2,588	¥2,654	¥2,580	¥3,502	¥11,324
¥1,496	¥3,177	¥2,542	¥1,578	¥8,793
¥4,212	¥1,521	¥3,652	¥2,658	¥12,043
¥1,986	¥2,504	¥2,560	¥1,852	¥8,902
¥2,000	¥1,880	¥1,890	¥3,421	¥9,191
¥1,820	¥1,998	¥2,017	¥2,405	¥8,240
¥1,890	¥3,540	¥2,480	¥3,520	¥11,430
¥1,582	¥1,850	¥1,852	¥1,856	¥7,140
¥1,990	¥1,860	¥2,458	¥2,637	¥8,945
¥33,694	¥32,800	¥36,720	¥36,456	¥139,670

　　这里首先定位所有要求和的单元格，如下图所示。

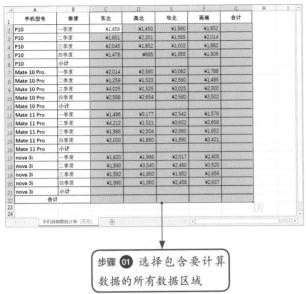

步骤 **01** 选择包含要计算数据的所有数据区域

步骤 **02** 选择【开始】→【编辑】→【查找和选择】→【定位条件】选项

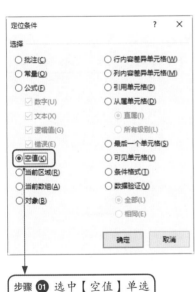

步骤 **01** 选中【空值】单选按钮，单击【确定】按钮

步骤 **04** 即可定位所有为空值的单元格

然后执行快速求和命令，完成求和计算，如下图所示。

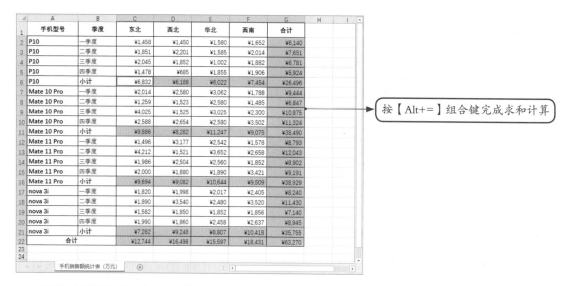

按【Alt+=】组合键完成求和计算

最后，选择最后一行，可以看到 C22 单元格中计算出了 C18:C21 单元格区域中的值，如下图所示。

C22 单元格中计算出了 C18:C21 单元格区域的值，结果有误

这里只需将最后一行中的计算结果删除，选择 C22 单元格，使用求和函数计算 C6、C11、C16、C21 这 4 个单元格内的值，并填充至 G22 单元格即可，具体操作如下图所示。

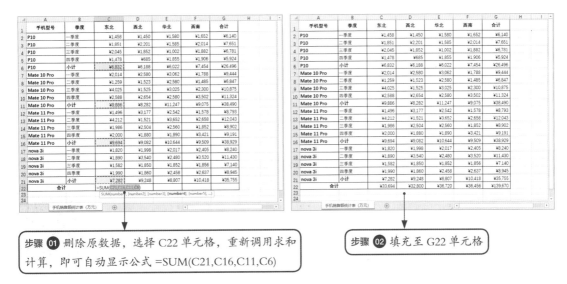

步骤 01 删除原数据，选择 C22 单元格，重新调用求和计算，即可自动显示公式 =SUM(C21,C16,C11,C6)

步骤 02 填充至 G22 单元格

如果需要更改小计和合计中数据的样式，可以先定位包含公式的单元格，然后修改单元格中数据的样式即可，如下图所示。

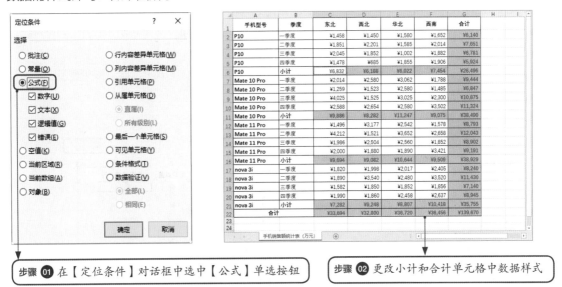

步骤 01 在【定位条件】对话框中选中【公式】单选按钮

步骤 02 更改小计和合计单元格中数据样式

8.4 盘点常用函数实例

Excel 中的函数种类繁多，本节介绍一些常用的函数。

8.4.1 IF 函数：根据逻辑测试值返回结果

IF 函数允许对值和预期值进行逻辑比较，当内容为 TRUE 时，执行某些操作，否则执行其他操作。

IF 函数根据指定的条件来判断其"真"（TRUE）、"假"（FALSE），从而返回相对应的内容，其格式如下。

教学视频

> IF(logical_test,value_if_true,[value_if_false])

logical_test：必需参数。表示逻辑判断要测试的条件。

value_if_true：必需参数。表示当判断条件为逻辑"真"（TRUE）时，显示该处给定的内容，如果忽略，返回"TRUE"。

value_if_false：可选参数。表示当判断条件为逻辑"假"（FALSE）时，显示该处给定的内容，如果忽略，返回"FALSE"。

打开"素材 \ch08\IF 函数 .xlsx"文件，如下图所示。

	A	B	C	D
1	工号	姓名	完成数量	是否完成任务
2	GH1001	关利	48	
3	GH1002	赵锐	56	
4	GH1003	张磊	86	
5	GH1004	江涛	65	
6	GH1005	陈晓华	68	
7	GH1006	李小林	70	
8	GH1007	成军	78	
9	GH1008	王亮	78	
10	GH1009	李明	85	
11	GH1010	王征	85	
12	GH1011	李阳	90	
13	GH1012	陆洋	69	
14	GH1013	赵琳	96	

D2　　　　fx　=IF(C2>=70,"完成","未完成")

	A	B	C	D
1	工号	姓名	完成数量	是否完成任务
2	GH1001	关利	48	未完成
3	GH1002	赵锐	56	
4	GH1003	张磊	86	
5	GH1004	江涛	65	
6	GH1005	陈晓华	68	
7	GH1006	李小林	70	
8	GH1007	成军	78	
9	GH1008	王亮	78	
10	GH1009	李明	85	
11	GH1010	王征	85	
12	GH1011	李阳	90	
13	GH1012	陆洋	69	
14	GH1013	赵琳	96	

该表中记录了每位员工完成任务的数量，如果完成数量大于等于 70，就表示完成，否则表示未完成，属于判断比较，可使用 IF 函数

选择 D2 单元格，输入公式"=IF(C2>=70," 完成 "," 未完成 ")"，按【Enter】键

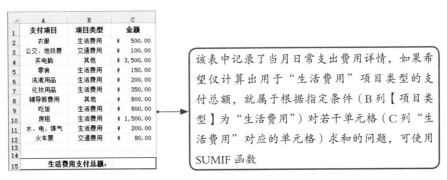

公式"=IF(C2>=70," 完成 "," 未完成 ")"中，C2>=70 是判断条件，表示判断 C2 单元格的值是否大于或等于 70；" 完成 " 表示当 C2>=70 为真时，显示完成文本，文本内容需要用双引号（""）引起来；" 未完成 " 表示当 C2>=70 为假时，显示未完成文本。

8.4.2 SUMIF 函数：根据指定条件对若干单元格求和

SUMIF 函数用于对范围符合指定条件的值求和。

SUMIF 函数：对区域中满足条件的单元格求和，其格式如下。

SUMIF(range, criteria, [sum_range])

range：必需参数。用于条件计算的单元格区域，每个区域中的单元格都必须是数字或名称、数组或包含数字的引用，空值和文本值将被忽略。

criteria：必需参数。用于确定对哪些单元格求和的条件，其形式可以为数字、表达式、单元格引用、文本或函数。例如，条件可以表示为 ">5""A5""5""苹果" 或 TODAY() 等。

sum_range：可选参数。表示要求和的实际单元格。如果省略该参数，Excel 会对参数 range 中指定的单元格（即应用条件的单元格）求和。

打开"素材 \ch08\SUMIF 函数 .xlsx"文件，如下图所示。

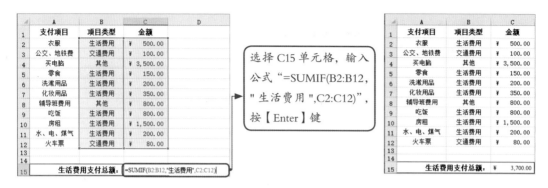

公式"=SUMIF(B2:B12,"生活费用",C2:C12)"中，B2:B12表示用于条件计算的单元格区域是"B2:B12"；"生活费用"表示对单元格求和的条件是B2:B12单元格区域中【项目类型】为"生活费用"；C2:C12表示对"生活费用"所匹配的C2:C12单元格区域中的单元格求和。

8.4.3 ▶ VLOOKUP函数：返回当前行中指定列处的数值

VLOOKUP函数是一个常用的查找函数，给定一个查找目标，可以从查找区域中查找返回想要找到的值。

VLOOKUP函数用于在数据表的第1列中查找指定的值，然后返回当前行中其他列的值，其格式如下。

> VLOOKUP(lookup_value,table_array,col_index_num,range_lookup)

lookup_value：必需参数。表示要在表格或单元格区域的第1列中查找的值，可以是值或引用。

table_array：必需参数。表示包含数据的单元格区域，可以是文本、数字或逻辑值。其中，文本不区分大小写。

col_index_num：必需参数。表示参数table_array要返回匹配值的列号。如果参数col_index_num为1，返回参数table_array中第1列的值；如果参数cd_index_num为2，返回参数table_array中第2列的值，以此类推。

range_lookup：可选参数。表示一个逻辑值，用于指定VLOOKUP函数在查找时使用精确匹配值还是近似匹配值。

打开"素材\ch08\VLOOKUP函数.xlsx"文件，如下图所示。

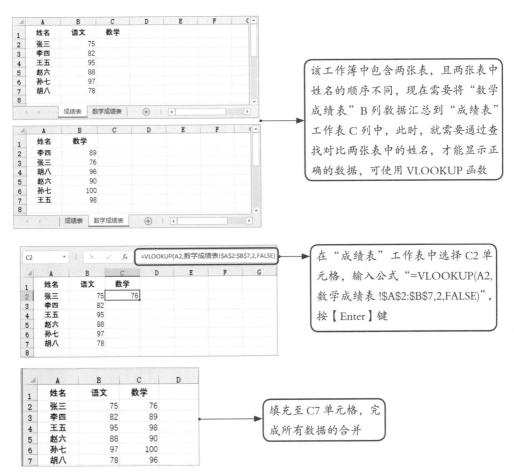

在公式"=VLOOKUP(A2,数学成绩表!$A$2:$B$7,2,FALSE)"中,A2表示要匹配的姓名是"张三";数学成绩表!$A$2:$B$7表示要查找的区域是"数学成绩表"中的A2:B7单元格区域,为了确保查找区域不变,可以使用绝对引用"$A$2:$B$7";2表示返回查找区域第2列的值,即B列;FALSE表示精确匹配。

8.4.4 SUMPRODUCT 函数:计算相应数组或单元格区域乘积之和

SUMPRODUCT函数用于在给定的几组数组中,将数组间对应的元素相乘,并返回乘积之和。SUMPRODUCT函数返回相应数组或区域乘积的和,其格式如下。

SUMPRODUCT(array1,array2,array3,…)

array1：必需参数。表示其相应元素需要进行相乘并求和的第一个数组参数。

array2,array3,…：可选参数。表示 2~255 个数组参数，其相应元素需要进行相乘并求和。

打开"素材 \ch08\SUMPRODUCT 函数 .xlsx"文件，如下图所示。

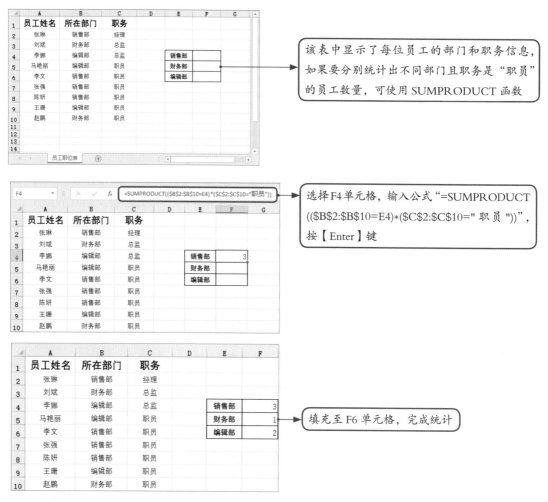

在公式"=SUMPRODUCT(($B$2:$B$10=E4)*($C$2:$C$10=" 职员 "))"中，"$B$2:$B$10=E4"为条件 1，是一个数组，表示判断 B2:B10 单元格区域数据是否为"销售部"，如果是，就返回 TRUE，否则返回 FALSE，判断结果构成一个新的由 TRUE 和 FALSE 组成的数组 1；"$C$2:$C$10=" 职员 ""为条件 2，也是一个数组，表示判断 C2:C10 单元格区域数据是否为"职员"，如果是，就返回 TRUE，否则返回 FALSH，判断结果构成另一个新的由 TRUE 和 FALSE 组成的数组 2；"($B$2:$B$11=$E2)*($C$2:$C$11=F$1)"表示将新构成的数组 1 和数组 2 相乘，结果

构成了一个新的数组 3，"=SUMPRODUCT(($B$2:$B$11=$E2)*($C$2:$C$11=F$1))"表示函数 SUMPRODUCT 对数组 3 中的所有数据求和，计算同时符合条件 1 和条件 2 的单元格数据之和，即可求出销售部职员的人数。

8.4.5 COUNTIF 函数：求满足给定条件的数据个数

COUNTIF 函数是一个统计函数，用于统计满足某个条件的单元格的数量。
COUNTIF 函数对区域中满足单个指定条件的单元格进行计数，其格式如下。

知识点拨

COTNTIF(range,criteria)

range：必需参数。要对其进行计数的一个或多个单元格，其中包括数字或名称、数组或包含数字的引用，空值或文本值将被忽略。

criteria：必需参数。用来确定将对哪些单元格进行计数，可以是数字、表达式、单元格引用或文本字符串。

打开"素材 \ch08\COUNTIF 函数 .xlsx"文件，如下图所示。

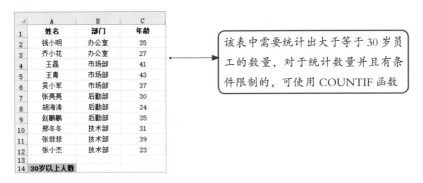

该表中需要统计出大于等于 30 岁员工的数量，对于统计数量并且有条件限制的，可使用 COUNTIF 函数

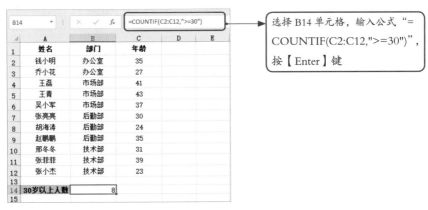

选择 B14 单元格，输入公式"=COUNTIF(C2:C12,">=30")"，按【Enter】键

公式"=COUNTIF(C2:C12,">=30")"中，C2:C12 表示需要计数的单元格区域，">=30"表示检索条件。

8.5 威力无穷的嵌套函数

嵌套函数就是将一个函数作为另一个函数的参数，通过嵌套函数可以将一些简单的函数一层层相扣，从而解决复杂的计算。

提示： 在公式中，最多可以嵌套 64 层函数。

8.5.1 嵌套函数的阅读和书写

对于较长的嵌套函数，看起来会比较"吓人"，不过不要被其外表蒙蔽，嵌套函数也仅是常用函数的使用，是个"纸老虎"，并没有那么难学。

1 嵌套函数的要求和原则

嵌套函数看起来复杂，通常有大批量或重复性的数据处理需求。因此，写嵌套函数时要保持公式、数据的简洁，便于理解。

函数之间互相嵌套的原则：内层函数须符合外层函数参数的规则。

2 怎样阅读嵌套函数

阅读嵌套函数最常用的方法就是拆分，像剥洋葱一样，一层层剥开。

括号是函数的一个重要组成部分，一对括号就是一层函数，顺着括号，由外向内一层层剥开，就能看出各函数的结构了。

如下图所示，打开"素材 \ch08\IF 嵌套函数 .xlsx"文件，先试着分析一个简单的 IF 嵌套函数。

SUM			×	✓	fx	=IF(E2>=80,"☆☆☆☆",IF(E2>=70,"☆☆☆",IF(E2>=60,"☆☆")))	
◢	A	B	C	D	E	F	G
1	员工姓名	答卷考核	操作考核	面试考核	平均成绩	考核星级	
2	季磊	87	64	80	77	"☆☆")))	
3	王思思	79	80	67	75	☆ ☆ ☆	
4	赵岩	72	71	63	69	☆ ☆	
5	王磊	81	80	81	81	☆ ☆ ☆ ☆	
6	刘阳	90	75	59	75	☆ ☆ ☆	
7	张瑞	56	68	67	64	☆ ☆	

这里使用的公式是"=IF(E2>=80," ☆☆☆☆ ",IF(E2>=70," ☆☆☆ ",IF(E2>=60," ☆☆ ")))"。

将光标置于公式编辑栏时，Excel 会自动根据函数的不同层次，将括号标上不同的颜色。一对括号前后的颜色是一致的，这里由外至内依次是黑色、红色和紫色。

通过分析可以发现，公式中只有一个 IF 函数，但是包含了 3 层，嵌套了 2 层，黑色的是最外层，红色是第 1 层嵌套，紫色是第 2 层嵌套。

① 由最外层可以知道，如果 E2>=80，就会输出" ☆☆☆☆ "，公式运算结束。如果 E2<80，继续往下执行。

② 此时 E2 单元格中的值小于 80，分析第一层嵌套可知，如果 E2>=70，即 80>E2>=70，就会输出" ☆☆☆"，公式运算结束。如果 E2<70，继续往下执行。

③ 此时 E2 单元格中的值小于 70，分析第二层嵌套可知，如果 E2>=60，即 70>E2>=60，就会输出" ☆☆"，公式运算结束。

至此，公式 "=IF(E2>=80," ☆☆☆☆ ",IF(E2>=70," ☆☆☆ ",IF(E2>=60," ☆☆ ")))" 分析完成。或许会产生疑问，如果平均成绩小于 60，会显示什么（见下图）。

◢	A	B	C	D	E	F
1	员工姓名	答卷考核	操作考核	面试考核	平均成绩	考核星级
2	季磊	87	64	80	77	☆ ☆ ☆
3	王思思	79	80	67	75	☆ ☆ ☆
4	赵岩	72	71	63	69	☆ ☆
5	王磊	81	80	81	81	☆ ☆ ☆ ☆
6	刘阳	90	75	59	75	☆ ☆ ☆
7	张瑞	56	68	67	64	☆ ☆
8	张明	56	68	24	49	FALSE

当平均成绩小于 60 时，则会默认返回逻辑值"FLASE"

③ 怎样写出嵌套函数

那么，该怎样写这样的嵌套公式呢？这样长的公式，看似需要很强的逻辑才能办得到。其实不然。如果公式较短，思路很容易理清楚，可以直接写；如果公式较长，可以采用"先分步，后整合"的方法来写。

打开"素材 \ch08\ 判断闰年 .xlsx"文件，如下图所示。

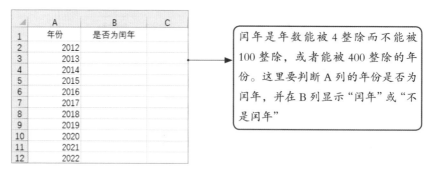

闰年是年数能被 4 整除而不能被 100 整除，或者能被 400 整除的年份。这里要判断 A 列的年份是否为闰年，并在 B 列显示"闰年"或"不是闰年"

（1）选函数

① 通过对本案例的分析，如果要实现通过判断输出"闰年"或"不是闰年"，可使用 IF 函数。

② 判断能被 4 整除而不能被 100 整除，或者能被 400 整除的年份，则需要使用 OR 函数。

OR 函数用于在其参数组中，任何一个参数逻辑值为 TRUE，即返回 TRUE；任何一个参数的逻辑值为 FALSE，即返回 FALSE。OR 函数格式如下。

> OR(logical1, [logical2], …)

logical1, logical2,…）：logical1 是必需的，后续逻辑值是可选的。这些是 1~255 个需要进行测试的条件，测试结果可以为 TRUE 或 FALSE。

③ 判断能被 4 整除而不能被 100 整除，则需要使用 AND 函数。

AND 函数用于返回逻辑值。如果所有参数值为逻辑"真（TRUE）"，那么返回逻辑值"真（TRUE）"，否则返回逻辑值"假（FALSE）"。AND 函数格式如下。

> AND(logical1,logical2,…)

logical1：必需参数。要测试的第一个条件，其计算结果可以为 TRUE 或 FALSE。

logical2, …：可选参数。 要测试的其他条件，其计算结果可以为 TRUE 或 FALSE，最多可包含 255 个条件。

④判断整除，则需要使用 MOD 函数。

MOD 函数用于返回数字除以除数后得到的余数，结果的符号与除数相同，其格式如下。

> MOD(number,divisor)

number：必需参数。表示要在执行除法后找到其余数的数字。

divisor：必需参数。表示除数。

（2）分步写出公式

年数能被 4 整除：MOD(A2,4) =0。

不能被 100 整除：MOD(A2,100)>0。

能被 400 整除的年份：MOD(A2,400)=0。

（3）逐步整合

能被 4 整除而不能被 100 整除的年份：AND(MOD(A2,4)=0,MOD(A2,100)>0)。

能被 4 整除而不能被 100 整除，或者能被 400 整除的年份：OR(AND(MOD(A2,4)=0,MOD(A2,100)>0), MOD(A2,400)=0)。

根据判断输出"闰年"或"不是闰年"：=IF(OR(AND(MOD(A2,4)=0,MOD(A2,100)>0), MOD(A2,400)=0)," 闰年 "," 不是闰年 ")。

最终结果如下图所示。

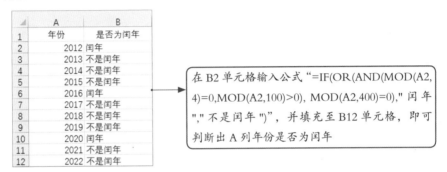

在 B2 单元格输入公式"=IF(OR(AND(MOD(A2, 4)=0,MOD(A2,100)>0), MOD(A2,400)=0)," 闰年 "," 不是闰年 ")"，并填充至 B12 单元格，即可判断出 A 列年份是否为闰年

8.5.2 MATCH 函数和 INDEX 函数嵌套

MATCH 函数和 INDEX 函数是两个功能强大的常用函数，MATCH 函数主要用来查找特定值在数组中的相对位置，INDEX 函数主要用来在给定范围内查找行列交叉处的数值。如果各取其优点，将两个函数联合使用就可以发挥更强大的功能，如直接查找符合特定条件的行列交叉处的数值。

1 MATCH 函数

MATCH 函数可在单元格范围中搜索指定项，然后返回该项在单元格区域中的相对位置。

MATCH 函数用于返回指定数值在指定数组区域中的位置，其格式如下。

MATCH(lookup_value, lookup_array, match_type)

lookup_value：必需参数。需要在 lookup_array 中查找的值。

lookup_array：必需参数。要搜索的单元格区域。

match_type：可选参数。数字 –1、0 或 1。为 1 时，查找小于或等于 lookup_value 的最大数值在 lookup_array 中的位置，lookup_array 必须按升序排列；为 0 时，查找等于 lookup_value 的第一个数值，lookup_array 按任意顺序排列；为 -1 时，查找大于或等于 lookup_value 的最小数值在 lookup_array 中的位置，lookup_array 必须按降序排列。

② INDEX 函数

INDEX 函数是指返回表格或区域中的值或值的引用。INDEX 函数有两种形式：数组形式和引用形式。如果需要返回指定单元格或单元格数组的值，就用数组形式；如果返回指定单元格的引用，就用引用形式。

（1）数组形式

返回表格或数组中的元素值，此元素值由行号和列号的索引给定。当 INDEX 函数的第一个参数为数组常量时，使用数组形式。

INDEX 函数的数组形式通常返回数值或数值数组，其格式如下。

INDEX(array, row_num, [column_num])

array：必需参数。单元格区域或数组常量。

row_num：必需参数。选择数组中的某行，函数从该行返回数值。如果省略 row_num，就必须有 column_num。

column_num：可选参数。选择数组中的某列，函数从该列返回数值。如果省略 column_num，就必须有 row_num。

（2）引用形式

返回指定的行与列交叉处的单元格引用。如果引用由不连续的选定区域组成，可以选择某一选定区域。

INDEX 函数返回表格或区域中的值或值的引用，其格式如下。

INDEX(reference,row_num,[column_num],[area_num])

reference：必需参数。对一个或多个单元格区域的引用。

row_num：必需参数。引用中某行的行号，函数从该列返回一个引用。

column_num：可选参数。引用中某列的列标，函数从该列返回一个引用。

area_num：可选参数。选择引用中的一个区域，从中返回 row_num 和 column_num 的交叉区域。

打开"素材 \ch08\MATCH 和 INDEX 嵌套 .xlsx"文件，如下图所示。

员工工号	职工姓名	基本工资	工龄工资	奖金	应发工资	个人所得税	实发工资
103001	张三	¥4,000.0	¥1,000.0	¥10,500.0	¥15,500.0	¥1,885.0	¥13,615.0
103002	王小花	¥4,000.0	¥1,000.0	¥7,200.0	¥12,200.0	¥1,097.0	¥11,103.0
103003	张帅帅	¥3,900.0	¥1,000.0	¥11,700.0	¥16,600.0	¥2,162.8	¥14,437.2
103004	冯小华	¥3,000.0	¥600.0	¥1,200.0	¥4,800.0	¥29.1	¥4,770.9
103005	赵小明	¥3,000.0	¥600.0	¥900.0	¥4,500.0	¥20.1	¥4,479.9
103006	李小四	¥3,000.0	¥500.0	¥600.0	¥4,100.0	¥8.1	¥4,091.9
103007	李明明	¥3,000.0	¥400.0	¥0.0	¥3,400.0	¥0.0	¥3,400.0
103008	胡双	¥2,800.0	¥400.0	¥750.0	¥3,950.0	¥4.3	¥3,945.7
103009	马东东	¥2,600.0	¥300.0	¥500.0	¥3,400.0	¥0.0	¥3,400.0
103010	刘兰兰	¥2,600.0	¥200.0	¥950.0	¥3,750.0	¥0.0	¥3,750.0

职工姓名	实发工资
李明明	

在 A15 单元格中可以通过下拉列表选择职工姓名，在 B14 单元格中可以选择员工工号、基本工资、实发工资等，在 B15 单元格中显示行和列交叉处的数据，此时，就可以借助 MATCH 函数和 INDEX 函数嵌套实现

选择 B15 单元格，输入公式"=INDEX(A2:H11,MATCH(A15,B2:B11,0),MATCH(B14,1:1,0))"，按【Enter】键，如下图所示。

| B15 | | | fx | =INDEX(A2:H11,MATCH(A15,B2:B11,0),MATCH(B14,1:1,0)) | | | |

员工工号	职工姓名	基本工资	工龄工资	奖金	应发工资	个人所得税	实发工资
103001	张三	¥4,000.0	¥1,000.0	¥10,500.0	¥15,500.0	¥1,885.0	¥13,615.0
103002	王小花	¥4,000.0	¥1,000.0	¥7,200.0	¥12,200.0	¥1,097.0	¥11,103.0
103003	张帅帅	¥3,900.0	¥1,000.0	¥11,700.0	¥16,600.0	¥2,162.8	¥14,437.2
103004	冯小华	¥3,000.0	¥600.0	¥1,200.0	¥4,800.0	¥29.1	¥4,770.9
103005	赵小明	¥3,000.0	¥600.0	¥900.0	¥4,500.0	¥20.1	¥4,479.9
103006	李小四	¥3,000.0	¥500.0	¥600.0	¥4,100.0	¥8.1	¥4,091.9
103007	李明明	¥3,000.0	¥400.0	¥0.0	¥3,400.0	¥0.0	¥3,400.0
103008	胡双	¥2,800.0	¥400.0	¥750.0	¥3,950.0	¥4.3	¥3,945.7
103009	马东东	¥2,600.0	¥300.0	¥500.0	¥3,400.0	¥0.0	¥3,400.0
103010	刘兰兰	¥2,600.0	¥200.0	¥950.0	¥3,750.0	¥0.0	¥3,750.0

职工姓名	实发工资
李明明	3400

公式"=INDEX(A2:H11,MATCH(A15,B2:B11,0),MATCH(B14,1:1,0))"中，MATCH(A15,B2:B11,0) 根据 A15 单元格的值在 B2:B11 单元格区域确定行的位置，MATCH(B14,1:1,0) 根据 B14 单元格的值在第一行确定列的位置，最后使用 INDEX 函数输出 A2:H11 单元格区域行列交汇处单元格内的值

此时，更改 A15 单元格或 B14 单元格中的值，B15 单元格中的数值会随着改变，如下图所示。

员工工号	职工姓名	基本工资	工龄工资	奖金	应发工资	个人所得税	实发工资
103001	张三	¥4,000.0	¥1,000.0	¥10,500.0	¥15,500.0	¥1,885.0	¥13,615.0
103002	王小花	¥4,000.0	¥1,000.0	¥7,200.0	¥12,200.0	¥1,097.0	¥11,103.0
103003	张帅帅	¥3,900.0	¥1,000.0	¥11,700.0	¥16,600.0	¥2,162.8	¥14,437.2
103004	冯小华	¥3,000.0	¥600.0	¥1,200.0	¥4,800.0	¥29.1	¥4,770.9
103005	赵小明	¥3,000.0	¥600.0	¥900.0	¥4,500.0	¥20.1	¥4,479.9
103006	李小四	¥3,000.0	¥500.0	¥600.0	¥4,100.0	¥8.1	¥4,091.9
103007	李明明	¥3,000.0	¥400.0	¥0.0	¥3,400.0	¥0.0	¥3,400.0
103008	胡双	¥2,800.0	¥400.0	¥750.0	¥3,950.0	¥4.3	¥3,945.7
103009	马东东	¥2,600.0	¥300.0	¥500.0	¥3,400.0	¥0.0	¥3,400.0
103010	刘兰兰	¥2,600.0	¥200.0	¥950.0	¥3,750.0	¥0.0	¥3,750.0

职工姓名	奖金
赵小明	900

更改 A15 单元格为"赵小明"，更改 B14 单元格中的值为"奖金"，则 B15 单元格中的数值显示为"900"

8.5.3　INDEX 函数、SMALL 函数、IF 函数嵌套

INDEX 函数、SMALL 函数、IF 函数嵌套可以实现一对多查找，将符合条件的所有数据查找出来。SMALL 函数返回数据组中的第 k 个最小值，其格式如下。

> SMALL(array,k)

array：需要找到第 k 个最小值的数组或数字型数据区域。

k：返回的数据在数组或数据区域中的位置（从小到大）。

打开"素材 \ch08\ NDEX 函数、SMALL 函数、IF 函数嵌套"文件，如下图所示。

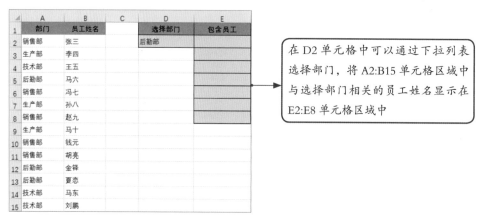

	A	B	C	D	E
1	部门	员工姓名		选择部门	包含员工
2	销售部	张三		后勤部	
3	生产部	李四			
4	技术部	王五			
5	后勤部	马六			
6	销售部	冯七			
7	生产部	孙八			
8	销售部	赵九			
9	生产部	马十			
10	销售部	钱元			
11	销售部	胡亮			
12	后勤部	金铎			
13	后勤部	夏志			
14	技术部	马东			
15	技术部	刘鹏			

在 D2 单元格中可以通过下拉列表选择部门，将 A2:B15 单元格区域中与选择部门相关的员工姓名显示在 E2:E8 单元格区域中

在 E2 单元格中输入公式"=INDEX(B:B,SMALL(IF(A$2:A$15=D$2,ROW($2:$15),2^20),ROW(A1)))&""""，这里是数组公式，所有应按【Ctrl+Shift+Enter】组合键显示结果。

在 E2 单元格输入公式 "=INDEX(B:B,SMALL(IF(A$2:A$15=D$2,ROW($2:$15),2^20),ROW(A1)))&""",按【Ctrl+Shift+Enter】组合键。然后向下填充至 E8 单元格

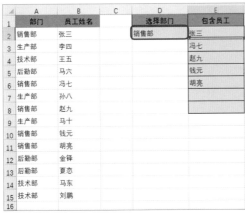

更改 D2 单元格中的值,E2:E8 单元格区域的值会随之变化

公式 "=INDEX(B:B,SMALL(IF(A$2:A$15=D$2,ROW($2:$15),2^20),ROW(A1)))&""" 中,IF(A$2:A$15=D$2,ROW($2:$15),2^20),ROW(A1)) 的含义:如果 A2:A15 单元格区域中的值与 D2 单元格相同,就返回当前行,否则返回 2^20(即 1048576,Excel 最大的行号),SMALL 函数返回 IF 函数中的行号,INDEX 函数显示行号与 B 列交汇处的值,&"" 是为了避免全部查询完毕后 0 值出现,这里使用空值代替错误值

 高手自测 本章主要介绍函数公式,通过本章的学习,可以快速掌握函数公式的用法。结束本章学习之前,首先检测一下学习效果!扫描右侧的二维码,即可查看注意事项及操作提示,最终结果可以参阅"结果\ch08\高手自测"中相应的文档。

教学视频

可以先打开"素材 \ch08\ 高手自测 .xlsx"文档,使用 VLOOKUP 函数和 MATCH 函数的嵌套实现按条件查找对应数据的功能,如下图所示。

	A	B	C	D	E	F	G	H
1	员工编号	职工姓名	基本工资	工龄工资	补助	应发工资	个税扣除	实发工资
2	YG1001	马一	¥8,000.0	¥1,000.0	¥5,800.0	¥14,800.0	¥1,820.0	¥12,980.0
3	YG1002	王二	¥4,000.0	¥1,000.0	¥4,200.0	¥9,200.0	¥585.0	¥8,615.0
4	YG1003	张三	¥3,900.0	¥1,000.0	¥7,000.0	¥11,900.0	¥1,125.0	¥10,775.0
5	YG1004	李四	¥3,000.0	¥600.0	¥1,200.0	¥4,800.0	¥39.0	¥4,761.0
6	YG1005	董五	¥4,800.0	¥600.0	¥900.0	¥6,300.0	¥175.0	¥6,125.0
7	YG1006	赵六	¥3,000.0	¥500.0	¥600.0	¥4,100.0	¥18.0	¥4,082.0
8	YG1007	孙七	¥3,000.0	¥400.0	¥0.0	¥3,400.0	¥0.0	¥3,400.0
9	YG1008	冯八	¥2,800.0	¥400.0	¥750.0	¥3,950.0	¥4.3	¥3,945.7
10	YG1009	周九	¥2,800.0	¥300.0	¥500.0	¥3,600.0	¥0.0	¥3,600.0
11	YG1010	刘十	¥2,600.0	¥200.0	¥950.0	¥3,750.0	¥0.0	¥3,750.0
12								
13								
14	职工编号	补助						
15	YG1001							

素材文件，使用 VLOOKUP 函数和 MATCH 函数，根据 A15、B14 单元格中的值，在 B15 单元格显示对应的数值

左下表：

	A	B	C	D	E	F	G	H
1	员工编号	职工姓名	基本工资	工龄工资	补助	应发工资	个税扣除	实发工资
2	YG1001	马一	¥8,000.0	¥1,000.0	¥5,800.0	¥14,800.0	¥1,820.0	¥12,980.0
3	YG1002	王二	¥4,000.0	¥1,000.0	¥4,200.0	¥9,200.0	¥585.0	¥8,615.0
4	YG1003	张三	¥3,900.0	¥1,000.0	¥7,000.0	¥11,900.0	¥1,125.0	¥10,775.0
5	YG1004	李四	¥3,000.0	¥600.0	¥1,200.0	¥4,800.0	¥39.0	¥4,761.0
6	YG1005	董五	¥4,800.0	¥600.0	¥900.0	¥6,300.0	¥175.0	¥6,125.0
7	YG1006	赵六	¥3,000.0	¥500.0	¥600.0	¥4,100.0	¥18.0	¥4,082.0
8	YG1007	孙七	¥3,000.0	¥400.0	¥0.0	¥3,400.0	¥0.0	¥3,400.0
9	YG1008	冯八	¥2,800.0	¥400.0	¥750.0	¥3,950.0	¥4.3	¥3,945.7
10	YG1009	周九	¥2,800.0	¥300.0	¥500.0	¥3,600.0	¥0.0	¥3,600.0
11	YG1010	刘十	¥2,600.0	¥200.0	¥950.0	¥3,750.0	¥0.0	¥3,750.0
12								
13								
14	职工姓名	个税扣除						
15	马一							

右下表：

	A	B	C	D	E	F	G	H
1	员工编号	职工姓名	基本工资	工龄工资	补助	应发工资	个税扣除	实发工资
2	YG1001	马一	¥8,000.0	¥1,000.0	¥5,800.0	¥14,800.0	¥1,820.0	¥12,980.0
3	YG1002	王二	¥4,000.0	¥1,000.0	¥4,200.0	¥9,200.0	¥585.0	¥8,615.0
4	YG1003	张三	¥3,900.0	¥1,000.0	¥7,000.0	¥11,900.0	¥1,125.0	¥10,775.0
5	YG1004	李四	¥3,000.0	¥600.0	¥1,200.0	¥4,800.0	¥39.0	¥4,761.0
6	YG1005	董五	¥4,800.0	¥600.0	¥900.0	¥6,300.0	¥175.0	¥6,125.0
7	YG1006	赵六	¥3,000.0	¥500.0	¥600.0	¥4,100.0	¥18.0	¥4,082.0
8	YG1007	孙七	¥3,000.0	¥400.0	¥0.0	¥3,400.0	¥0.0	¥3,400.0
9	YG1008	冯八	¥2,800.0	¥400.0	¥750.0	¥3,950.0	¥4.3	¥3,945.7
10	YG1009	周九	¥2,800.0	¥300.0	¥500.0	¥3,600.0	¥0.0	¥3,600.0
11	YG1010	刘十	¥2,600.0	¥200.0	¥950.0	¥3,750.0	¥0.0	¥3,750.0
12								
13								
14	职工编号	实发工资						
15	YG1005	6125						

最终效果

第 9 章

突破思维：谋篇布局之道

PPT 的制作可分为谋篇布局、视觉设计、演示管理三部分。谋篇布局是制作 PPT 的基础与关键。

制作 PPT 前信心满满，制作过程中思维受限、处处碰壁，最终效果不尽如人意。原因在于制作者缺乏谋篇布局，导致 PPT 缺少内涵与创新。本章就站在"大咖"的肩膀上，结合"大咖"的谋篇布局思路，助你把撑中心、突破思维。

9.1 要做一个什么样的 PPT

制作一份 PPT 之前，首先应该了解这份 PPT 的用途是什么，面对的观众是谁，要达到什么效果。目的不同，面对的观众不同，制作方法也不同。

9.1.1 选择宽屏还是窄屏

理论上来讲，眼睛能看到的区域是呈长方形的，宽屏能带给观众更好的视觉感受。从 PowerPoint 2013 开始，默认的 PPT 页面已更改为宽屏，也就是 16：9 的比例，如左下图所示。但有些放映设备或投影设备仍停留在标准的 4：3 阶段，如右下图所示。此时，选择宽屏界面，会造成投影空间的浪费，因此应该以设备能支持为前提，尽量选择长宽比较大的宽屏制作。

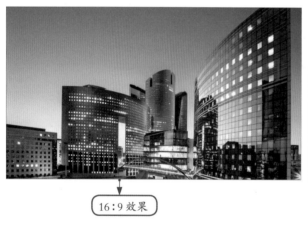
16：9效果

4：3效果

9.1.2 确定演讲内容、分析观众

在制作 PPT 之前，要先大致了解制作 PPT 的目的，有初步的定位，并且对受众进行分析。

教学视频

1 定位分析

根据不同的类型定位，如工作报告、企业宣传、项目宣讲、培训课件、咨询方案等，确定

PPT 的特点。

（1）工作报告类 PPT

① 用色要传统，给观众严谨、规范、值得信赖的感觉；② 背景要简洁、大气，可以使用色块、线条点缀；③ 框架要清晰；④ 页面中要保留一些提示性文字；⑤ 画面要丰富，内容与背景颜色对比要明显，可以大量使用图片；⑥ 报告类 PPT 的动画要适当，以展现逻辑的动画为主，不宜华丽，如下图所示。（注：部分图片展示效果参考觅知网）

（2）企业宣传类 PPT

① 企业宣传 PPT 代表一个公司的实力、文化，要与企业主题色、主题字、网站保持一致，如左下图所示；②综合运用图表、图画、动画等实现可视化、直观的表达效果，如右下图所示。

（3）项目宣讲类 PPT

① 站在客户的立场；② 充分考虑客户需求，为客户量身定做；③ 尽可能具体，如下图所示。

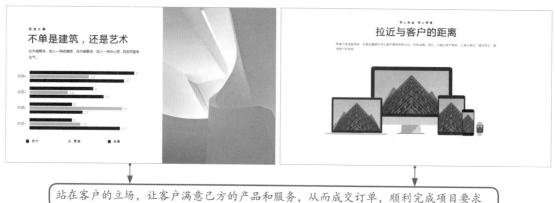

站在客户的立场，让客户满意己方的产品和服务，从而成交订单，顺利完成项目要求

（4）培训课件类 PPT

① 善用比喻，让陌生的内容易于理解，如左下图所示；② 善于举例；③ 生动多变，时刻抓住观众的眼球，如右下图所示；

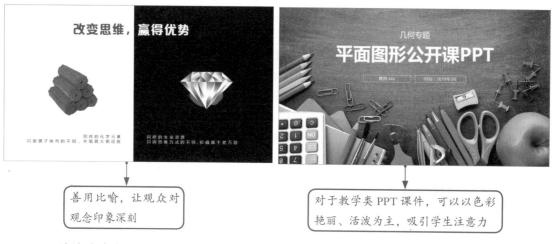

善用比喻，让观众对观念印象深刻

对于教学类 PPT 课件，可以以色彩艳丽、活泼为主，吸引学生注意力

（5）咨询方案类 PPT

① 推理严谨、专业；② 画面简洁，避免华而不实；③ 有理有据，增加说服力。

② 观众分析

要分析面对的观众类型，如下图所示。不同的背景，心态、价值观、接收信息的风格不同，对观众的信息了解越多，在传递信息时就会越精准，效果就越好。

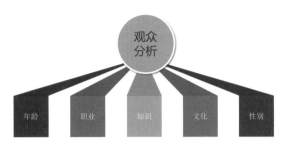

大众都会有一些共性的心理，首先，制作 PPT 是一件不太容易的事；其次，PPT 演示已经被大多数人熟知，希望靠简单、粗糙的 PPT 蒙混过关，就大错特错了，PPT 制作完成后，还需要修改、完善，才能满足观众的需求；最后，观众的生活、工作节奏很快，要尽量压缩演示时间，宁可让观众意犹未尽，也不要让他们感到烦闷。

9.1.3　PPT 要做成什么样

在制作 PPT 之前，首先要知道准备将 PPT 做成什么样。

（1）文字，PPT 的天敌

常听到这样的声音："PPT 多简单，就是复制、粘贴 Word 中的文字。"这实则是对 PPT 的误解。PPT 的本质在于可视化，将原本枯燥的大段文字转化为图片、图表、动画等构成的生动场景，以求栩栩如生、通俗易懂，如下图所示。

文字少可以带给观众三方面的感受：一是便于理解，二是放松身心，三是容易记忆。

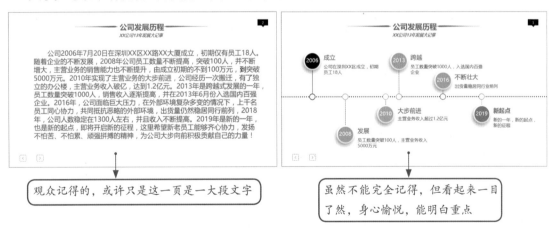

这样是不是就说明 PPT 中文字不重要了呢？答案是否定的。大家不妨先考虑下面的 3 个问题。

① 你认为 PPT 中文字的最大作用是什么？

PPT 最原始的作用就是演讲中的提词稿，而文字则是提词的核心，更是表达观点的载体。例如，绘画作品、摄影图片这类作品都有名称，而名称的作用就是表达作者的思想，便于欣赏者根据名称充分发挥自己的想象力。

PPT 则不需要观众发挥太大的想象，更注重观众正确理解演讲者的思想。看看下面的这两张幻灯片页面，哪一个更好理解？

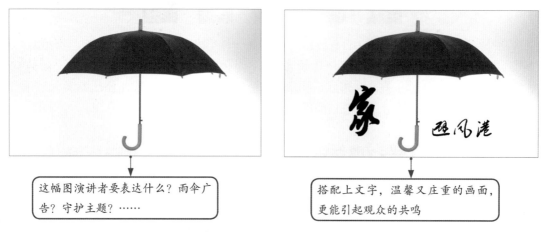

这幅图演讲者要表达什么？雨伞广告？守护主题？……

搭配上文字，温馨又庄重的画面，更能引起观众的共鸣

② 一个页面中文字超过 7 行是大问题吗？

相信大多数 PPT 制作者一定听过"一页 PPT 文字最好不超过 7 行"这个观点，特别是看到 PPT 页面中全是文字时，肯定对这个观点更深信不疑，如下图所示。

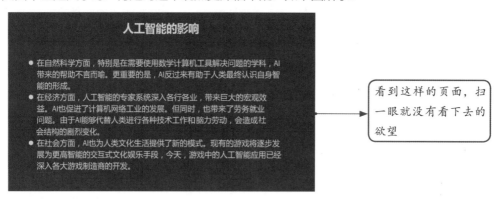

看到这样的页面，扫一眼就没有看下去的欲望

这幅图中的内容是需要重点介绍的，死记硬背？很难记住，并且硬背的还容易忘词，讲演会出现瑕疵，那么该怎么办呢？如下图所示。

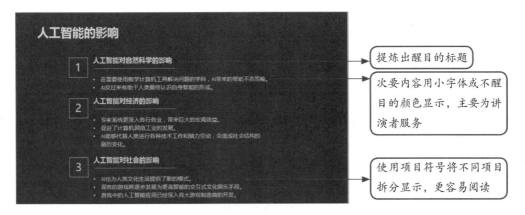

文字超过 7 行不是大问题，真正的问题是讲演者记不住重点，观众看不到重点。

③ 装饰和文字，哪个是重点？

有些 PPT 页面色彩绚丽，但过于强调装饰，最终效果仅仅是分散观众的注意力，如下图所示。

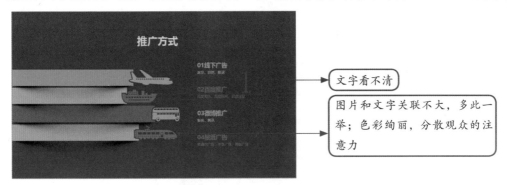

装饰是为了美化幻灯片，突出重点，而不是成为重点。文字才是重点，如下图所示。

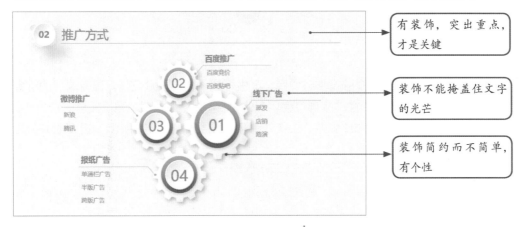

（2）简短，成就精品

内容越多，时间越长，就越能体现出演讲者的重视，这种想法是不可取的。时间就是金钱，没人愿意听长篇大论。

演示的核心内容是什么？是观点，浓缩的才是精华。

简短还有一个优势，就是意犹未尽。如果 PPT 足够精彩，会给观众留下更多的思考和回味。这也就提高了制作 PPT 的要求，需要了解哪些是观众关心的，哪些是非讲不可的，哪些是能带来震撼的，据此，合并或删除多余部分。

这是一个复杂的过程，但标准只有一个：不要给观众打哈欠的时间。

（3）导航，PPT 的指针

PPT 是一页一页翻下去的，导致观众容易迷失思路。有两个方法可以解决：一是给观众发一份演说纲要，二是给 PPT 建立清晰的导航系统，如下图所示。

导航系统主要包括以下 3 种。

① 片头动画、封面、前言、目录页、过渡页、正文页、结束页等完整的 PPT 框架。

② 每页页面的标题。

③ 页码。

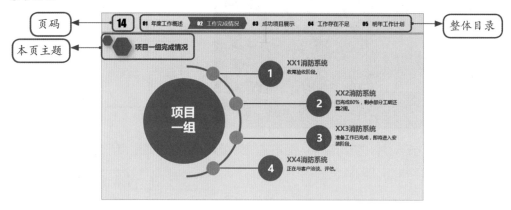

（4）设计，PPT 卓越之本

设计精美的 PPT，能让观众感觉赏心悦目、产生好感，赢得观众信任，赢得成功的机会。设计并非一日之功，但可以使用捷径：① 通过使用专业的 PPT 模板、图片、图表模板提升 PPT 品质；② 掌握一个中心、画面统一、对比强烈、层次分明等排版原则，如下图所示；③ 多看并整理优秀案例。

（5）动画，PPT 的特技

动画不仅能让 PPT 变得生动，更能让 PPT 表现效果迅速提升，如下图所示。

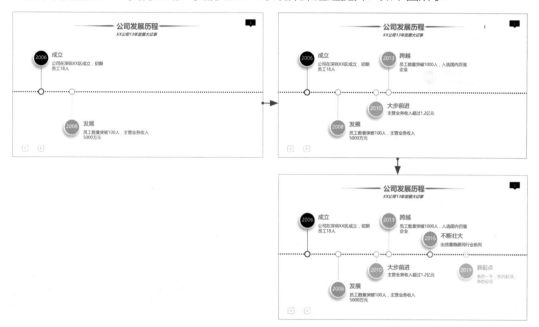

　　一些酷炫的动画效果可以让观众看完大呼过瘾。但需要花费很大的工夫，做法是将一些简单的动画效果结合图形、图片、文字逐渐引导。但动画也要分场合，一些严肃、正式的场合，最好以"适合、适度"的动画为佳。

　　（6）图表，PPT 的利器

　　包含数据的 PPT 演示，图表是必不可少的，将数据图表转移到逻辑关系的表达上，文字会变得和图片一样精美、形象、栩栩如生，如下图所示。

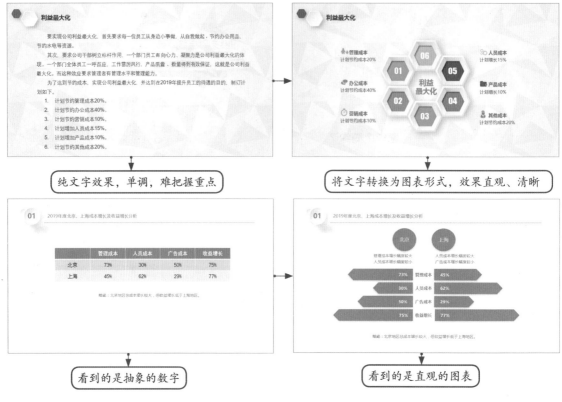

纯文字效果，单调，难把握重点

将文字转换为图表形式，效果直观、清晰

看到的是抽象的数字

看到的是直观的图表

（7）策划，让 PPT 一鸣惊人

好的 PPT 是策划出来的，不同的演示目的、不同的演示风格、不同的受众、不同的使用环境，决定了 PPT 的结构、色彩、节奏、动画效果等。美不是 PPT 的唯一标准，用心、设身处地地为观众着想，才能赢得观众的认同。下面两张图是制作的星级酒店项目商业计划书 PPT，哪一个更能吸引观众？

与正式的商业场合的意境不符

配图与标题相符，美观、大气、沉稳，看起来更专业

（8）效果，PPT 的目的

演讲者演讲的目的是让观众了解演讲者的想法或产品，给观众传递信息，或者是纯粹的休闲娱乐……不论目的为何，都要达到预期效果。

对一位表现欲极强的演示者来说，演讲是展现自我的舞台，PPT 是配角；对一位内敛的演示者来说，演讲是为了工作，甘愿把自己放在配角的位置，不管哪种类型，效果最重要。

（9）声音，PPT 的绝佳武器

声音曾被大多数人当成 PPT 的"鸡肋"功能，原因有两个。

① 在一些正式的场合，如商务会议、政府报告，都需要观众集中精力思考，声音难免会给观众带来干扰。

② PowerPoint 提供的声音大部分缺乏美感，不仅起不到应有的效果，反而会令观众觉得刺耳、烦躁。

但形势正在发生变化，一些 PPT 设计公司将声音经过专业化处理，特别是 Flash、视频等将声音和画面结合，不断冲击着观众的听觉、视觉，如下图所示。在企业宣传、婚庆礼仪、休闲娱乐等场合，声音已成为不可或缺的元素，成了 PPT 的绝佳武器。

9.2 构建 PPT 逻辑

"逻辑"这个词易懂，但 PPT 逻辑具体是什么呢？仔细分析那些优秀的 PPT，会发现都包含有主线逻辑，并且单页幻灯片也是有逻辑的。通俗来讲，PPT 的逻辑就是引导观众跟着演讲者的思路去思考。

9.2.1 提炼文档中的观点

根据一大篇文档制作 PPT，将文字资料全部放入 PPT，会使 PPT 显得逻辑混乱、缺乏重点，所以需要将资料进行总结提炼，去粗取精、去伪存真。

1 提炼核心观点

抓住了核心观点，也就抓住了文档的本质，对整篇资料取舍，舍弃与 PPT 制作无关的内容。可以按照下图所示的顺序寻找文章的核心观点。

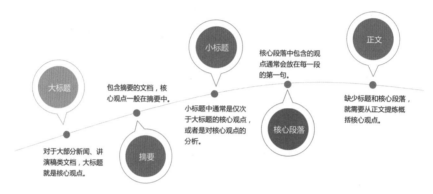

2 寻找思维线索

接下来需要对整篇文档各部分有系统的把握，寻找出思维线索。

① 工作汇报 PPT 的思路如下图所示。

② 企业宣传 PPT 的思路如下图所示。

③ 项目宣讲 PPT 的思路如下图所示。

④竞聘演说 PPT 的思路如下图所示。

各类 PPT 的思路各种各样，可根据实际情况灵活制作。

3 分解逻辑关系

对重点内容深入解析，确定 PPT 细节方面的取舍，分析各细节内容的真实性、重要性及各线索之间的逻辑合理性。

4 剥离次要信息

最后把不需要的信息全部删除，剩下的就是精华。

9.2.2 构建思维导图

思维导图又称为心智导图，是表达发散性思维有效的图形思维工具。下面推荐一款制作思维导图的软件——MindManager，MindManager 适用于思维导图和头脑风暴，可以随时将灵感、思路呈现在眼前，如下图所示。

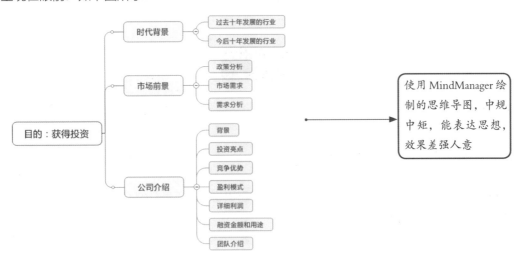

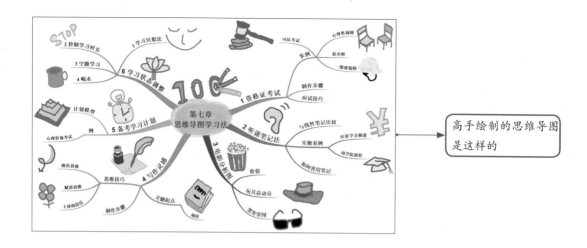

高手绘制的思维导图
是这样的

　　有了好的逻辑思维，就能够高效率地完成 PPT 的制作。但目前大部分人依然用下面这种演示逻辑来表达观点，最终结果就是不知道讲的核心观点是什么。

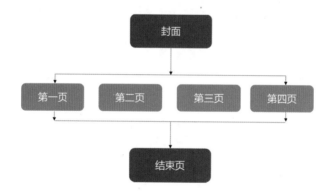

　　本小节介绍几种常见的 PPT 逻辑构建原则，如演绎推理 PPT、问题分析 PPT、说服类型 PPT 等。

① 演绎推理 PPT——金字塔原则

　　金字塔原则注重归纳推理和演绎推理，适用于结构化的 PPT 制作。在正式介绍之前，首先来了解什么是金字塔原则。先看下面的例子。

　　将葡萄、橘子、土豆、苹果、牛奶、香蕉、鸡蛋、胡萝卜、黄油等食品按逻辑分类。通常情况下的分类如下图所示。

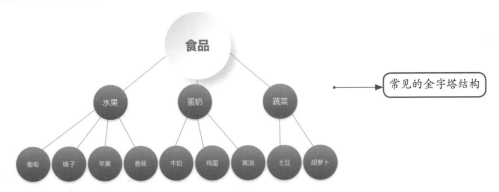

这里就不得不提一下在 PPT 中的逻辑思维，面对的观众不同，同样是金字塔结构，思维也不相同，如下图所示。

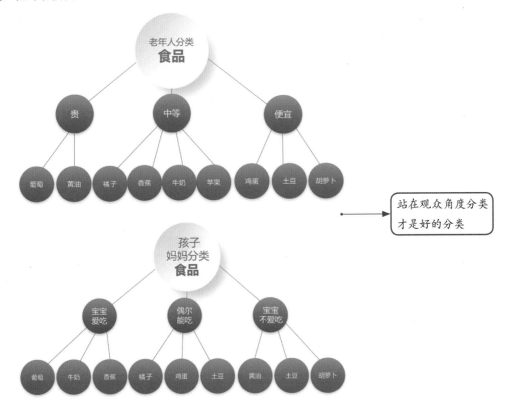

金字塔原则到底是干什么用的呢？

利用金字塔原则可以解决 PPT 逻辑中结构不清晰的问题。其主要包括 SCQA 原则和 MECE

原则。

（1）SCQA 原则

SCQA 是一种常用的叙述结构。

S：Situation（情境），由大家都熟悉的情景、事实引入。

C：Complication（冲突），实际情况往往和人们的要求有冲突。

Q：Question（问题），原因是什么？

A：Answer（答案），解决问题的方法。

下面来看一个具体的例子。

S：要提高公司的业务收入。

C：公司发展方向不明确、和竞争对手有差距、转型困难。

Q：如何确定发展方向？如何找准和竞争对手的差距并改善？转型方法有哪些？

A：答案 1、答案 2、答案 3。

由此就可以通过 MindManager 制作出当前的金字塔模型思维导图，如下图所示。

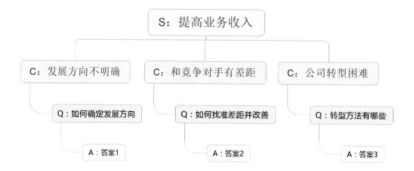

SCQA 可以构成金字塔的 4 个不同层级，在某些情况下也可以简化 SCQA 原则，略去某一级别。

（2）MECE 原则

MECE 原则是金字塔模型的另一个重要原则，其英文是 Mutually Exclusive Collectively Exhaustive，意思是相互独立，完全穷尽，对于任何复杂项目，做到不重叠、不遗漏的分类，把握核心问题，探寻解决问题的方法。

MECE 原则可以单独用于解决问题，也可以结合 SCQA 原则，解决 SCQA 原则中的 Q 部分。对提高业务收入的 Q 层进行分类，并寻根问底，之后修改思维导图如下。

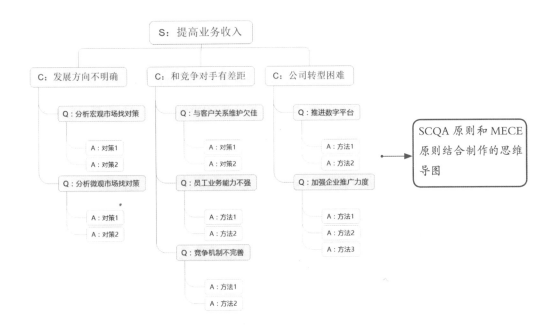

SCQA 原则和 MECE 原则结合制作的思维导图

2 问题分析 PPT——5W2H 模型、SWOT 模型、PEST 模型

问题分析主要是为了解决问题，常见的有 5W2H 模型、SWOT模型、PEST 模型等。

（1）5W2H 模型

5W2H 模型简单易懂，广泛应用于企业管理和技术活动，利用 5W2H 模型，能提高思考的全面性和条理性，从各个角度把握问题的本质，如下图所示。

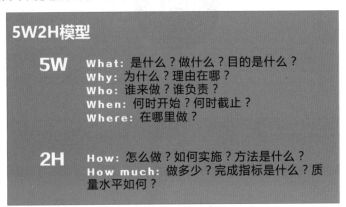

有人可能会问，现在想的问题不需要考虑那么多东西，有没有更简单的方法？

当然，可以使用简化版本的 2W1H 模型，2W1H（What、Why、How）即"是什么""为什么"和"如何做"。作为 5W2H 的简化版本，这个模型非常适合于快速抓住核心问题，能够帮助制作者搭建好自己的逻辑结构。

（2）SWOT 模型

SWOT 是把组织内外环境所形成的优势（Strengths）、劣势（Weaknesses）、机会（Opportunities）、风险（Threats）4 个方面的情况结合起来进行分析，以制订符合实际情况的经营战略。下图所示为对企业数控设备平台的 SWOT 分析模型。

（3）PEST 模型

PEST 是一种企业所处宏观环境分析模型，P 是政治（Politics），E 是经济（Economy），S 是社会（Society），T 是技术（Technology），如下图所示。

3 说服类型 PPT——PREP 模型、FAB 模型

说服类型 PPT 就像讲故事，要将故事讲好，就必须有逻辑，引导观众思维，让观众对产品、观念认同，产生消费欲望。

（1）PREP 模型

P：Position（立场），表明演讲者的立场。

R：Reason（理由），持有该立场的理由是什么？

E：Example（示例），通过具体的示例说明持有该立场的理由。

P：Position（强调），强调重点，赢得胜利。

下图所示为 PREP 模型。

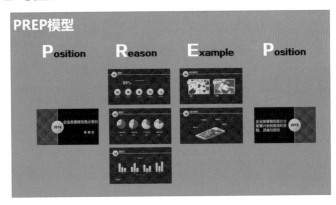

（2）FAB 模型

F：Feature（卖点），列举产品的卖点。

A：Advantage（优势），指明产品优势或使用产品后的优质体验。

B：Benefit（利益），用户能够得到的好处或享受到的乐趣。

下图所示为 FAB 模型。

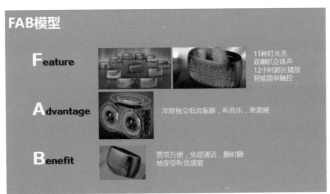

9.2.4　寻找有用的素材

好的 PPT 既能够体现出设计者的逻辑思维，又能够体现出美感。PPT 需要大量好的素材才能够得到美化。那么，这些模板、图片、图标要从哪里找？

1 找字体

将他人的计算机中好看的文字复制到自己的计算机中，效果却不相同，这是因为操作系统中自带的字体是有限的，当遇到不识别字体时就会用默认字体替换，因此，要丰富PPT的表达能力，就需要安装字体。

找字网是一个字体分享网站，包含较多有名的中文字体，如下图所示。

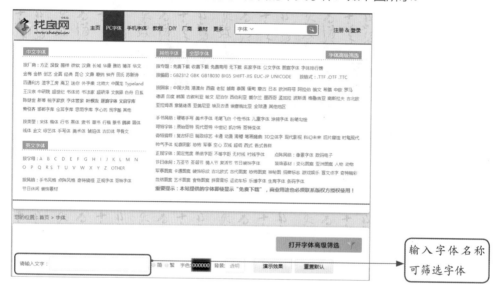

此外，常用的下载字体的网站还有字体天下、站长素材、造字工坊等。

下图所示为字体天下网页页面。

想要使用一些毛笔字体，又不想大量安装书法字体，可以使用在线书法字体生成器，输入汉字后，选择字体，即可得到不同书法字体显示效果，之后将书法字体以图片形式保存，即可在PPT中使用这些图片。下图所示为"毛笔字体在线生成器"网站页面。

2 找图片

要想找到好的图片，就得收藏一些图片网站。但是好的图片往往都有版权，即使是网络上免费下载的图片，如果用于商业场合，都会涉及版权问题。所以在使用一些图片时一定要注意这个问题。下表中是推荐的一些常用的搜图网站。

名称	网址	说明
全景网	http://www.quanjing.com	图片可以直接复制，分辨率较低，能够满足 PPT 投影要求
素材天下	http://www.sucaitianxia.com	图片丰富，分辨率高
景象图片	http://www.viewstock.com	图片多，质量参差不齐，可直接复制无水印的图片
花瓣	http://www.huaban.com	图片合集，由网友整合分享

除了上面介绍的常用的图片网站外，还可以使用搜索引擎，如百度、搜狗等搜索图片。但问题是很多人不知道如何搜图，例如，当要表达"时间"时，会搜索什么关键词呢？大多数人会选择"钟表"，这就缺乏创意。不妨搜索一下"沙漏"，如下图所示，这样更有新意。

想要找有关成长的图片，在百度中搜索"成长"关键词，如下图所示。

图片质量相差较大，并且一些类似海报的图片无法直接使用

可以换个角度，搜索"成长 树苗"关键词，如下图所示。

3 找图标

如何找到炫酷的图标？这里介绍两个找图标的网站。一个是 www.easyicon.net。easyicon 最好的一点是当输入中文时，它会自动翻译成英文帮助搜索，如下图所示。

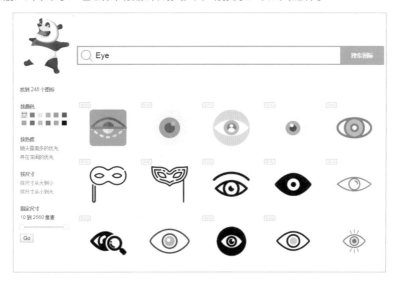

另一个是 www.iconfont.cn，如下图所示。

这些网站中的图标非常全面。当然，在搜索图标之前要先确定要搜索图标的关键词，这样才能搜索到更合适的图标。

4 找图示、模板

模板从哪里找？可以在微软的官方模板网站——OfficePLUS 中找，该网站上所有的模板都是免费的，如下图所示。

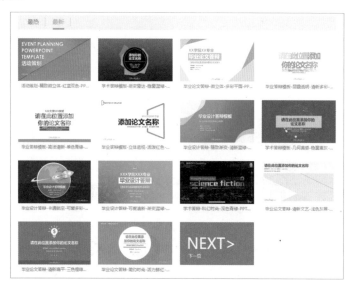

此外，还有觅知网、演说界、PPTSTORE、稻壳儿、锐普论坛等网站。

如果要找图标、图示，可以安装 PPT 美化大师插件，在美化大师界面中选择幻灯片，能找到各种各样的免费图标和逻辑关系图，如下图所示。

9.3 呈现 PPT 逻辑

条条大路通罗马，但最近的路只有一条。如果 PPT 制作者都不能将逻辑清晰地呈现出来，观众一定会迷茫。

9.3.1 搭建章节和标题框架

做 PPT 之前先搭建好大的框架，清晰地呈现 PPT 的结构，再做小框架。

1 说明式结构

说明式结构多用于方案说明、课题研究、产品介绍、情况发布等。主要是对一个物品、现象、原理等逐步分析，从不同的角度进行解释。可采用树状结构，如下图所示。

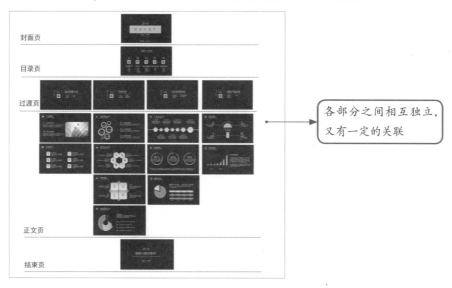

各部分之间相互独立，又有一定的关联

2 罗列式结构

罗列式结构主要用于工作汇报、成果展示等，一般来说，内容比较简单，不需要目录，在封面后直接把内容按一定的顺序（如时间、地点、重要性等）罗列出来即可，如下图所示。

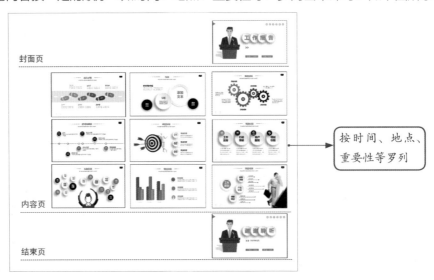

3 剖析式结构

剖析式结构是指对待定问题层层剖析、层层递进，以展开整个 PPT 的一种结构模式，如下图所示，主要用于咨询报告、项目建议书等。

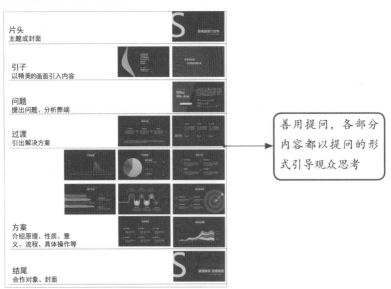

4 抒情式结构

抒情式结构比较随心所欲，可以有感而发。针对一件具体事例进行，一般先描述事件，再发表自己的看法；或者开门见山，直接抒发自己的感情，如下图所示。

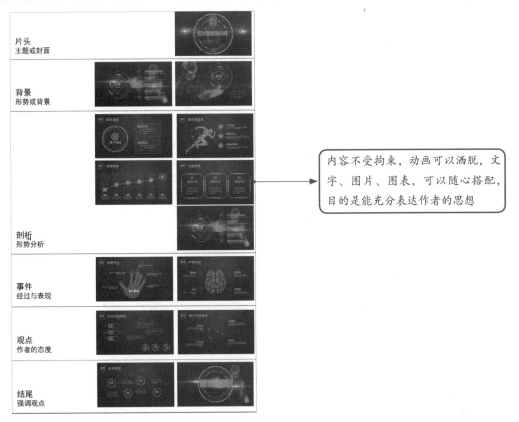

内容不受拘束，动画可以洒脱，文字、图片、图表，可以随心搭配，目的是能充分表达作者的思想

5 渲染式结构

内容不断重复、不断变化，甚至采用夸张的手段展示给观众的一种表达结构，如下图所示。其关键在于找准需要渲染的核心内容，也就是宣传点，明确其独特且最能调动观众兴趣的地方，围绕这个点组织整个结构。

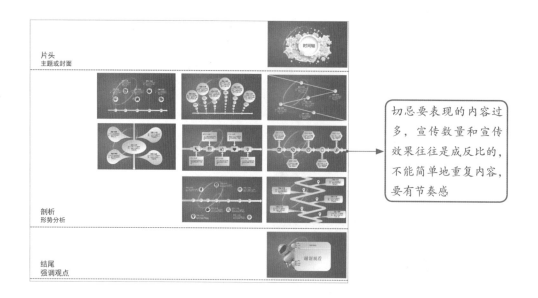

呈现 PPT 篇章逻辑

篇章逻辑也就是 PPT 的导航系统，即目录和过渡页部分，那么篇章结构要怎样呈现出来呢？不妨看看下面几种方法。

1 标准型

标准型是常用的 PPT 篇章逻辑结构，是文字及页码或者序号及标题的组合，包含一个总目录，以及每章前的过渡页面，如下图所示。

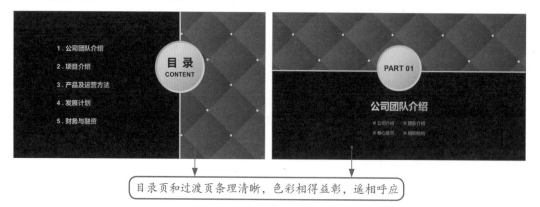

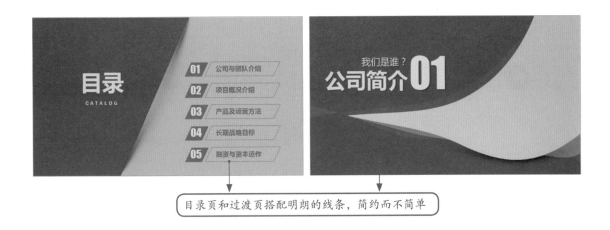

目录页和过渡页搭配明朗的线条，简约而不简单

2 图片型

将图片与目录组合，这种形式的目录简单易懂，看起来更美观，但需要注意，图片要与章节标题呼应，如下图所示。

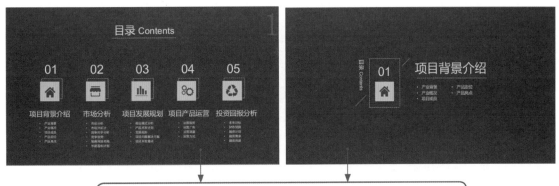

使用小图标代替图片，在一些 PPT 篇章逻辑中也能起到画龙点睛的效果

3 形状图标型

借助 PPT 形状图标来美化和表现目录结构，呈现出千变万化的效果，更加生动、形象、美观，并且容易与内容页中的形状图标保持一致，如下图所示。

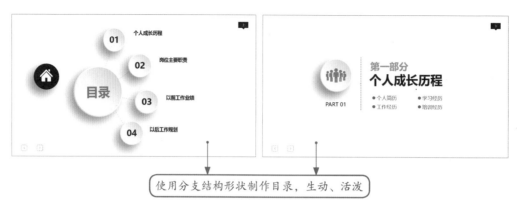

使用分支结构形状制作目录，生动、活泼

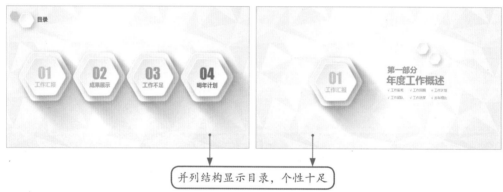

并列结构显示目录，个性十足

4 创意型

创意型千变万化，主要靠 PPT 制作者的想象力和经验，这类逻辑结构样式容易给观众带来强烈的视觉刺激，如下图所示。

知识点拨

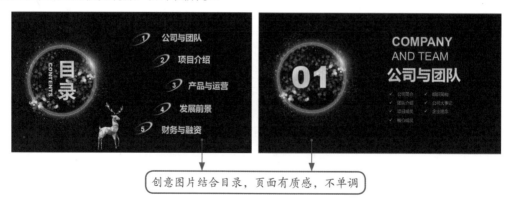

创意图片结合目录，页面有质感，不单调

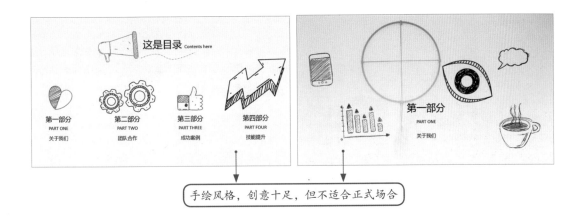

手绘风格，创意十足，但不适合正式场合

呈现 PPT 页面逻辑

页面逻辑就是所制作的 PPT 每一页的整体逻辑，常见的有并列逻辑、总分逻辑、对比逻辑、递进逻辑、循环逻辑等。

教学视频

1 并列逻辑

并列逻辑只有前后之分而无主次之分，对比的多个条件同属一个级别，如下图所示。

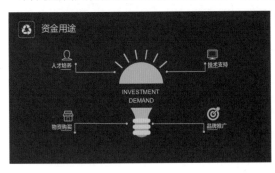

2 总分逻辑

总分关系由总述和分述构成，包括"总分式""分总式""总分总式"。先用一个概括性的句子写出全段的主要内容，然后围绕这个句子从几个不同方面加以叙述或说明。划分层次时，将"总"与"分"分开，各为一层，如下图所示。

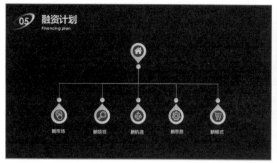

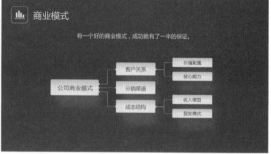

3 对比逻辑

对比逻辑可以将事物分为两方面对比介绍，两方面属于同一级别，但其观点相反，如下图所示。

4 递进逻辑

递进逻辑能够表示在意义上进一层的关系，在 PPT 中如时间的延续、事件的重要程度都可以作为递进逻辑显示在页面中，如下图所示。

5　循环逻辑

循环逻辑用于表示阶段、任务或事件的连续序列，可以是头尾相连的循环，也可以是在任何阶段间的相互变换，如下图所示。

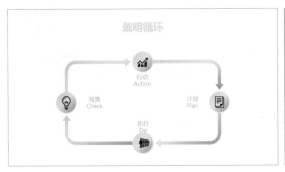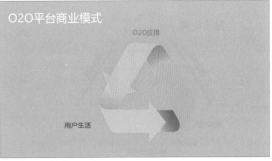

9.3.4　呈现 PPT 段落逻辑

段落逻辑是同一 PPT 页面中不同段落间的逻辑，有助于观众快速理解 PPT 页面中各部分的关系，尽量避免那些"模棱两可"的语句。

段落逻辑包括页面内容中文字的逻辑，文字表现形式的逻辑，虽说能用图不用表，能用表不用文字，但在仅能使用文字的情况下，就需要掌握呈现段落文字逻辑的技巧。

① 通常每张幻灯片页面只讲一件事情，但所传达的概念最多不超过 5 个。

② 汉语字体可根据不同的场合选择不同的风格，如常见的微软雅黑、方正系列、汉仪系列等普通字体，以及钢笔字体和书法字体。英文字体可选择 Arial 系列、Tahoma 系列、Roboto 系列等。

③ 文字变大，粗体，添加下画线，添加色彩，以及文字字号的放大和缩小都可以突出重点，如下图所示。

④ 深入浅出的文字、有说服力的标题可增加可读性。

⑤ 尽可能用图片、符号及表格来表现段落主题。

如果某种色彩重复地出现在同一页面上，就会从视觉上暗示别人，同一种色彩的两个元素存在一定的关联性，制作者可以借助它来搭建元素之间的关系。如果二者之间不存在任何关联，最好不要采用相同的色彩。

 高手自测 ⚫—— 本章主要帮助读者突破思维。结束本章学习之前，可以先检测一下学习效果。扫描右侧的二维码，即可查看注意事项及操作提示。

教学视频

打开"素材\ch09\礼仪培训资料.docx"文档，根据文档中的内容提炼观点，并制作出思维导图，如下图所示。

大巧不工：视觉设计之美

　　视觉设计是 PPT 制作的第 2 步，精美的 PPT 能快速、长久地
吸引他人的注意。

　　PPT 所展现的视觉效果一定要是有力量的、鲜明的、一针见血
的，要给观众带来耳目一新的感觉，所以 PPT 制作者就要想方设法
地提升 PPT 的吸引力。而视觉的设计则是为 PPT 设计美丽的外表，
让观众感觉赏心悦目。

你所不知道的 PPT 设计 "套路"

在做幻灯片的同时,使用一些比较有"套路"的方法,能大大减轻设计上的负担,达到事半功倍的效果。下面就给大家介绍一下 PPT 的设计"套路"。

1 特殊情况可尝试图文不搭配

图片与文字搭配是常用的图文形式,能准确表达主题。但特殊情况下使用一张与内容无关的图片,也未尝不是一种好的选择。因为好的图片本身就具有吸引观众注意力的能力。但是,这种类型的图片一定要符合两个要求。

（1）留白区域非常多

选择的图片需要除了视觉主题外是全黑或者全白等纯色的区域,便于排版,同时大量的留白,也会显得这张图片非常有质感,如下图所示。

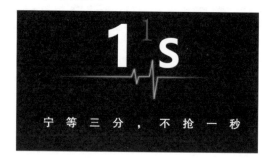

（2）内容抽象

如果内容本身就难以理解,图片最起码要做到不能误导观众,所以可以尝试选择一些抽象性设计的图片,如下图所示。

2 使用图片墙，设计逻辑图表页面

PPT 中提供了非常多的逻辑关系图表，都是以图标、形状等加文字的形式展现，用多了，难免会乏味，使用图片墙，可以做出并列、包含等非常多不同类型的图片墙逻辑图表，如下图所示。

3 太复杂的流程图设计，不需要过多的美化

设计 PPT 时，最大的苦恼就是面对过于复杂的页面而无从下手。其实面对这种类型的页面，很多时候不需要专门进行精心的美化设计，因为太过于复杂。只要做到下面 4 点即可。

① 将以前过于粗放的线条改成比较纤细的线段。

② 将页面中不符合主题的图片用统一风格的图标或文字代替。

③ 排列规整。

④ 风格统一。

如果希望更加漂亮一些，可在规整和颜色上多花一点心思，如下图所示。

4　漂亮的页面设计，不要超过 30%

做设计不是一定要做到最好吗？为什么 PPT 中漂亮的页面设计最好不要超过所有内容的 30%？

当然，这句话是对非专门的 PPT 设计师来说的，原因有以下两点。

（1）避免审美疲劳

大多数页面比较普通，而突然间出现一两张漂亮的全图或精心设计的页面，会给观众一种意外的惊喜。如果所有的 PPT 使用的都是全图设计，就会显得有些乏味。

（2）造成太大的工作负担

幻灯片设计虽然属于平面设计的范畴，但平面设计师是在有限的时间中全力做好一张图，而幻灯片设计师则是在有限的时间中做好许多图。

平面设计图一般不会有许多临时改动，而 PPT 设计直到讲演之前都会有许多临时改动。如果 PPT 每一张页面都设计得过于复杂，设计师会过于劳累，如果要临时改动，会造成设计上的负担。

10.2　搞定配色，PPT 成功一半

色彩是 PPT 给观众的第一印象，奠定了 PPT 的基调。PPT 配色就是根据需求选择颜色，首先选择主色调，然后选择与主色调搭配的辅助色。

10.2.1　不可不知的配色知识

颜色是人类对光线的视觉感受，颜色分为两类，一类是有彩色，另一类是无彩色。无彩色主要指灰色、白色和黑色。

1　色彩三要素

色彩有三要素，分别是色调（色相）、饱和度（纯度）和亮度（明度），如下图所示。

色调（色相）：色彩本身的基础色，颜色的相貌。

饱和度（纯度）：色彩的鲜艳程度，饱和度越高，色彩越鲜艳饱满。

亮度（明度）：色彩的明暗深浅程度，亮度越高，越接近白色；亮度越低，越接近黑色。

2　三原色和色轮

三原色是色彩中不能再分解的 3 种基本颜色，是将红（Red）、绿（Green）、蓝（Blue）三原色的色光以不同的比例相加，以产生多种多样的色光，如左下图所示。将红、黄、蓝各自呈120°放到画盘上，等量混合相邻的两种颜色，可以得到三间色，再次将相邻的两种颜色等量混合，即可形成 12 色色轮，如右下图所示。

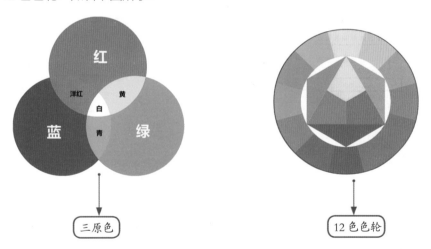

三原色

12色色轮

3　色彩冷暖

不同的色彩给人带来的感受是不同的，根据人心理上的感受，把色彩分为暖色调（红、橙、黄）、冷色调（青、蓝）和中性色调（紫、绿、黑、灰、白），如下图所示。

感情上：暖色调让人感觉亲近，冷色调让人感觉疏远。

性格上：暖色调让人感觉活泼，冷色调让人感觉安静。

此外，暖色调能增强食欲，冷色调会抑制食欲。

10.2.2 PPT 中的颜色模式

PPT 中是可以根据需要配色的，它支持两种模式，分别是 RGB 模式和 HSL 模式。下图所示为内置的主题颜色和标准色。

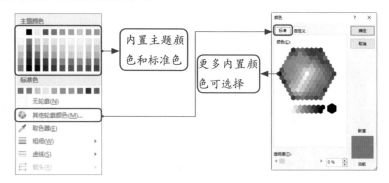

RGB 是通过对红（R）、绿（G）、蓝（B）3 个颜色通道的变化及它们相互之间的叠加来得到各式各样的颜色的，如下图所示。

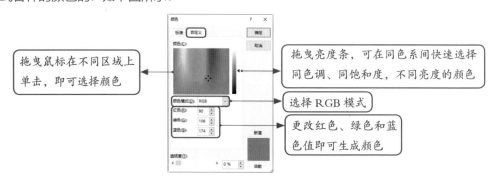

HSL 是通过变化色调（U）、饱和度（S）、亮度（L）3 个颜色通道及它们相互之间的叠加来得到各式各样的颜色的，如下图所示。

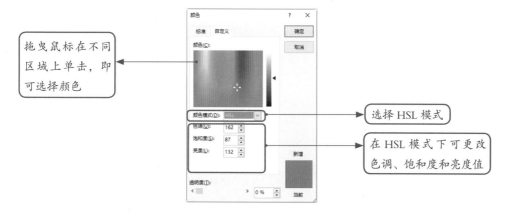

色彩决定 PPT 的基调

主色奠定了 PPT 的整体风格和基调，要为 PPT 选择合适的主色，就需要先了解各种颜色代表的含义。

1 红色

红色让人联想到权力、火焰、血液和食物，代表着激情、热烈、喜庆和食欲，同时也包含了敌对、愤怒、危险等消极感受。红色是最暖的颜色，视觉吸引力强。但用红色作为 PPT 背景过于浓厚热烈，容易造成视觉疲劳，因此，红色通常用于强调，凸显重点。

红色与黄色、橙色、青色、蓝色等搭配，都可以产生不错的效果。可用在政治类、喜庆节日类、竞技体育类及食品类 PPT 中。

下图所示为公司庆典 PPT 页面。

2 橙色

橙色可以让人联想到橙子、初升的太阳，属于暖色调，给人以健康、年轻、活力、快乐、幸福之感。

橙色与红色、绿色、灰色等都有不错的搭配效果。可用在儿童、设计、餐饮、服装等行业的 PPT 中。

下图所示为比萨简介 PPT 页面。

3 黄色

黄色是秋天的主题色，让人联想到沙滩、水果、丰收、黄金，给人青春、快乐、富贵的感觉。

黄色与黑色的搭配堪称经典，此外，黄色与红色、绿色、蓝色、紫色等都可以搭配。常用于餐饮、娱乐、儿童、服饰、房地产等行业。

下图所示为儿童梦想 PPT 页面。

4 绿色

绿色与植物息息相关，常让人联想到绿色的植物，传达健康、生机、环保等理念，给人以健康、活力、成熟、稳重的感觉。

绿色可以与蓝色、橙色、黄色等搭配，常用于教育、餐饮、保险、装修等行业。

下图所示为教师讲课 PPT 页面。

5 蓝色

蓝色让人联想到天空和海洋，属于冷色调，给人以低调、沉稳、严肃、严谨之感，而浅蓝色则带给人干净、清新脱俗之感。

蓝色常与白色、红色、绿色、黄色和紫色搭配，常用于金融、商务、科技、教育、医药、咨询等行业。

下图所示为科技公司产品宣讲 PPT 页面。

6 紫色

紫色让人联想到神秘，给人高贵、梦幻之感。

紫色和黄色是对比色，在设计中较为常用，此外，紫色与白色搭配，也是非常好的选择。常用于婚庆、美妆、女装、珠宝等行业。

下图所示为婚礼庆典 PPT 页面。

7　白色

白色让人联想到冰雪、白云、给人以纯洁、干净、高雅、简约、光明、神圣的感觉，其他颜色与白色混合后，会显得更加柔和。

白色与任何色彩搭配都可以产生较好的视觉效果，常用于科技、珠宝、艺术等行业。

下图所示为艺术介绍 PPT 页面。

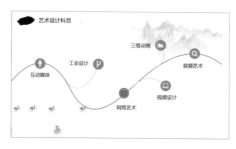

8　黑色

黑色让人联想到星空，给人以神秘、庄重、冷酷、厚重、大气的感觉。

黑色可以与大多数颜色搭配，常用于设计、科技、奢侈品、金融、精密制造等行业。

下图所示为市场开拓计划 PPT 页面。

9　灰色

灰色有金属质感，给人以简约、现代、低调、沉稳的感觉。

灰色可以与多种颜色搭配。常用于科技、设计等行业。

下图所示为排版技术介绍 PPT 页面。

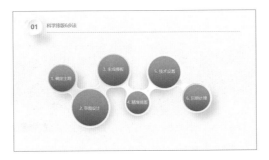

10　棕色

棕色可以让人联想到泥土、木材，给人以柔和、自然、简朴、亲近、可靠之感。

棕色也是一种百搭色。常用于食品、家居、服装等行业。

下图所示为服装市场分析 PPT 页面。

10.2.4　PPT 中的配色误区

很多 PPT 制作者以为 PPT 越绚丽、色彩越丰富，效果就越好看，却忽略了观众的审美需求，导致 PPT 看起来"辣眼睛"。

1　配色越绚丽越专业

认为配色越绚丽越专业是错误的，配色是越舒服越专业。那么什么样的配色看着舒服？

① 颜色饱和度适中。颜色太亮容易引起视觉疲劳，太暗则会影响观众情绪，如下图所示。

② 颜色数量适中。同一页面颜色数量不要超过 5 种，如下图所示。

③ 有主色与辅色，即页面要有重点，如下图所示。

④ 重要信息颜色清晰，即文字、形状等要让观众看清，如下图所示。

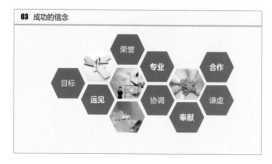

配色好看重要吗？答案是肯定的。那好看是第一位的吗？这个答案就是否定的。因为配色正确才是第一位的。怎样才称为配色正确？

① 符合演讲场合的氛围，如下图所示。

在娱乐或非正式场合，可以使用色彩缤纷、夸张的配色

在正式场合，配色就要庄重、大气、简约

② 符合演讲主题，如下图所示。

创意部门如广告设计、策划等 PPT 页面可以用夸张、设计感强烈的色彩

山水、大自然、户外运动
等展示主题，可以选择广
阔、阳光、清新、积极、
健康的配色

10.2.5 ▶ 配色方法及捷径

大部分人对配色几乎没有概念，更别提根据演讲主题和场合给 PPT 配色了。这时就可以借助一些软件或网站找寻合适的配色。

1 使用取色器

在制作 PPT 时遇到好看的颜色，可以选择要设置颜色的图形或文字，使用"取色器"功能采集颜色，还能查看采集颜色的 RGB 值，如下图所示。

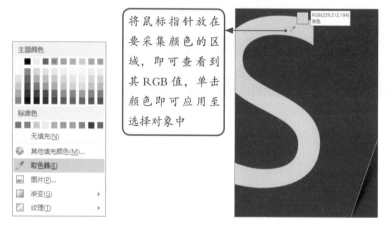

将鼠标指针放在
要采集颜色的区
域，即可查看到
其 RGB 值，单击
颜色即可应用至
选择对象中

提示： 取色器仅能采集到 PPT 内的颜色，如要采集网页中的颜色，可以将网页截图，插入 PPT 后再取色。

（1）Kuler

Kuler 是一个基于网络的配色应用网站，提供免费的色彩主题，如下图所示。

在【建立】板块可根据色彩对比生成一系列配色方案

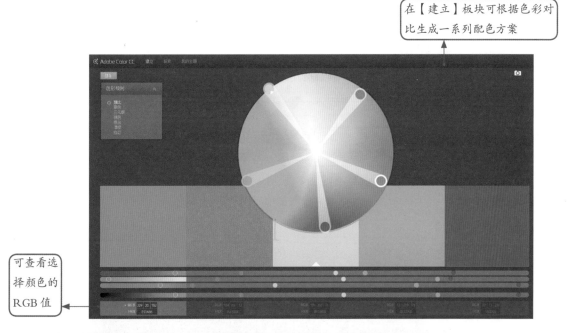

可查看选择颜色的 RGB 值

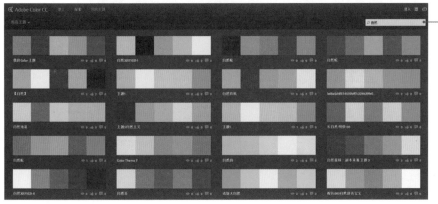

在【搜索】栏中可搜索配色主题，例如，这里搜索"自然"，在下方将会显示配色建议

（2）ColorBlender

在下方【Edit Active Color】区域输入颜色的 RGB 值，在上方【Current Blend】区域将会显

示色彩搭配建议，如下图所示。

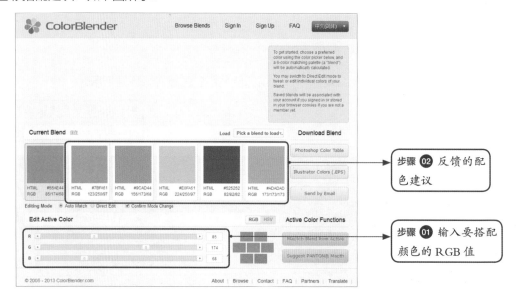

③ 借助配色软件

ColorSchemer 是一款功能强大的专业配色软件，能够快速生成漂亮的颜色搭配方案，支持匹配颜色、图库浏览器、图像方案、快速预览等，如下图所示。

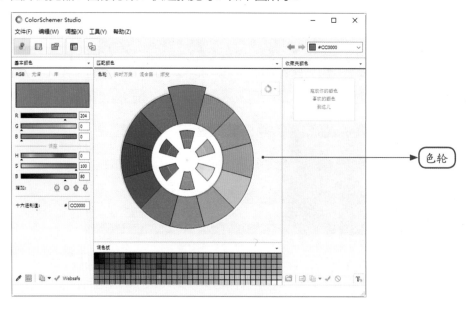

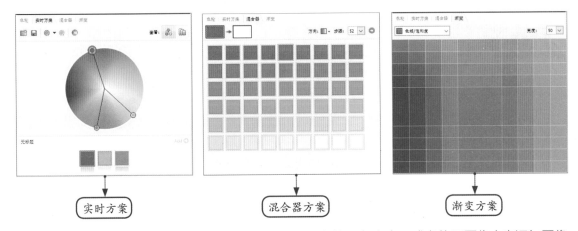

实时方案　　　　混合器方案　　　　渐变方案

　　此外，还可以通过图库浏览器直接搜索和使用已有的配色方案，或者使用图像方案添加图像来提取主要配色方案，如下图所示。

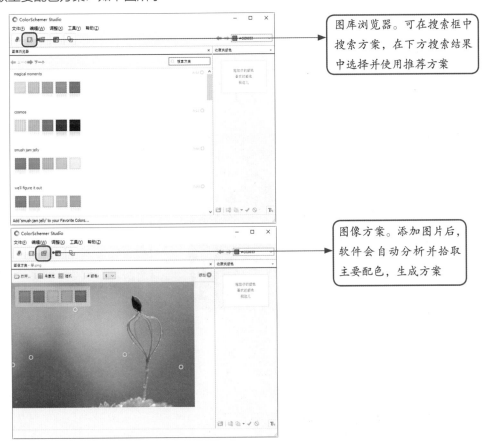

图库浏览器。可在搜索框中搜索方案，在下方搜索结果中选择并使用推荐方案

图像方案。添加图片后，软件会自动分析并拾取主要配色，生成方案

10.3 与众不同的文字设计

文字，可以说是 PPT 的"死敌"。因为要想版面美观，首先留白要够多，其次考虑如何进行修饰，才更能体现美感。文字过多，会破坏 PPT 的美感。所以文字设计显得尤为重要。

下面就从几个方面介绍如何做出与众不同的文字设计。

10.3.1 增加对比

提炼完观点之后，如何让想传达的观点在视觉呈现上更加突出？那就需要引入对比。

1 改变大小

字号大小相同时看不出区别，可以通过增大其中几个字的字号，让它和其他字区别开，文字越大在版面上占的空间就越大，如下图所示。而视觉接受信息往往是先看到最大的，其次才是较小的。

这一页 PPT 所要表达的观点就是全新摄像头的优势，在文字的编排上双核摄像头相对而言就显得不是那么重要，重要的应为其优势，所以就需要把最想让观众接受的信息，也就是优势文字加大字号，让它更加突出

2 改变颜色

观众除了会被大的文字吸引，也会被颜色不同的东西吸引，如果不想改变字号的大小，那么就改变其颜色，让它更加突出，如下图所示。

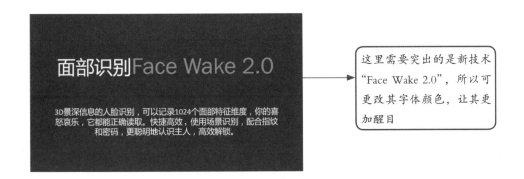

这里需要突出的是新技术"Face Wake 2.0",所以可更改其字体颜色,让其更加醒目

3 填充色块

如果不改变字体的颜色,可以在要突出的文字底部填充色块,如下图所示。

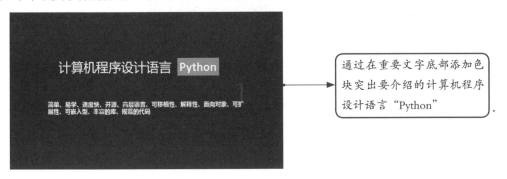

通过在重要文字底部添加色块突出要介绍的计算机程序设计语言"Python"

10.3.2 对齐和方向

左对齐、居中对齐、右对齐是最基本的 3 种对齐方式,如下图所示,无论是图片排版还是文字排版,使用对齐功能,都可以使整个版面工整、美观。

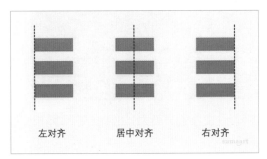

下面看看几种对齐方式的效果。

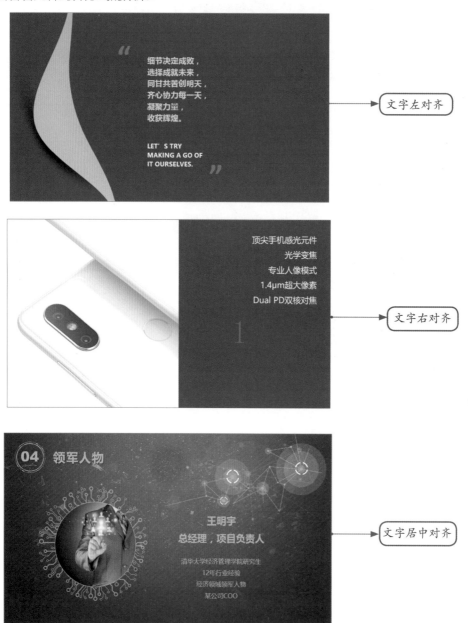

此外，还可以改变文字方向，让文字别具魅力，如竖排文字、斜排文字、十字交叉等，如下图所示。

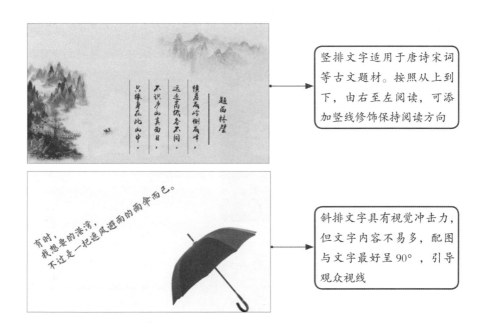

竖排文字适用于唐诗宋词等古文题材。按照从上到下，由右至左阅读，可添加竖线修饰保持阅读方向

斜排文字具有视觉冲击力，但文字内容不易多，配图与文字最好呈90°，引导观众视线

10.3.3 有创意的文字设计

通过文字排版可以让文字显示效果别具一格，也可以对文字进行创意设计，如制作中空文字、镂空文字、双色文字、缺角文字等。

1 制作中空文字

制作中空文字的步骤和效果如下图所示。

步骤 01 在包含背景的 PPT 中输入文字，根据需要设置字体样式并复制文字

步骤 02 删除原文本框，并以图片的形式粘贴，调整文字的宽度和高度，在 PPT 中可以以图片的形式显示细长或扁形文字

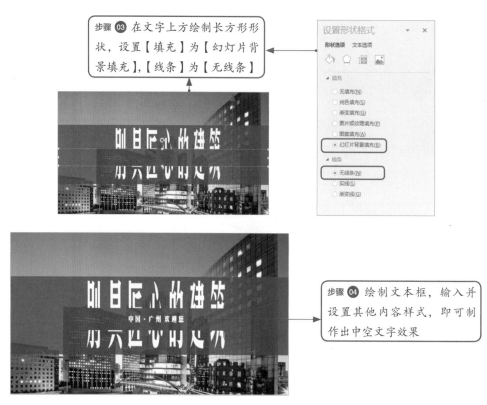

步骤 03 在文字上方绘制长方形形状，设置【填充】为【幻灯片背景填充】，【线条】为【无线条】

步骤 04 绘制文本框，输入并设置其他内容样式，即可制作出中空文字效果

提示： 中空文字不能有"一"等简单文字或笔画复杂的文字，否则会看不出原文字。

② 制作镂空文字

制作镂空文字的步骤和效果图如下图所示。

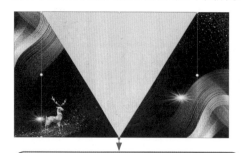

步骤 01 绘制任意形状，根据需要设置填充颜色，并设置【形状轮廓】为"无轮廓"

步骤 02 绘制文本框并输入文字，根据需要设置字体样式

步骤 03 按住【Shift】键依次选择形状和文本框

步骤 04 选择【格式】选项卡【插入形状】组中的【合并形状】→【组合】选项

步骤 05 设置合并后图形的透明度，即可制作出镂空文字效果

3 制作双色文字

制作双色文字的步骤和效果如下图所示。

步骤 01 创建一组字体、字号、文本框大小相同，但颜色不同的文字，并分别复制并粘贴为【图片】形式

步骤 02 同时选择粘贴后的图片，设置【对齐方式】为【左对齐】和【底端对齐】，对齐两张图片

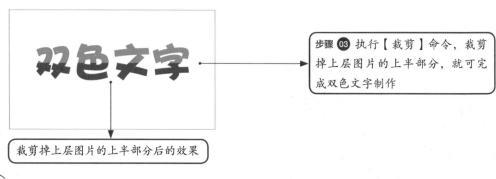

步骤 **03** 执行【裁剪】命令，裁剪掉上层图片的上半部分，就可完成双色文字制作

裁剪掉上层图片的上半部分后的效果

4　制作缺角文字

制作缺角文字，有如下两种方法。

方法一：裁剪法。

裁剪法的操作步骤和效果如下图所示。

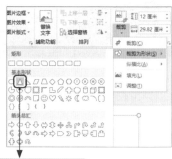

步骤 **01** 将设置样式完成后的文字粘贴为图片格式

步骤 **02** 在【格式】选项卡【大小】组中的【裁剪】下拉列表中选择【裁剪为形状】下的等腰三角形形状

步骤 **03** 再次单击【裁剪】按钮，进入自由裁剪模式，调整裁剪框进行裁剪，满意后按【Esc】键退出

制作的缺角文字效果

提示： 还可以先将复制后的图片旋转一定的角度再执行裁剪，效果更多变。

方法二：遮盖法。

遮盖法的操作步骤和效果如下图所示。

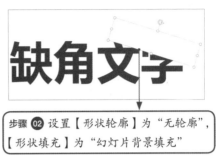

步骤 **01** 在文本框上绘制遮盖用的形状

步骤 **02** 设置【形状轮廓】为"无轮廓"，【形状填充】为"幻灯片背景填充"

步骤 **03** 制作完成缺角文字效果

不同的遮挡方案和旋转角度会带来不同的效果

10.4 一图胜千言

知识点拨

现在是看图时代，绝大部分人都喜欢看图，图片可以帮助更好地传递幻灯片展示的内容。

10.4.1 为什么PPT中要使用图片

在 PPT 中使用图片，很多人只是为了好看，或者感觉图片有视觉冲击力，而更深层次的原因则是一张好图会讲故事，可以节省大量交代背景的文字，节约演讲时间。

1 真实形象，更具说服力

在 PPT 中添加与内容相符的图片，会使页面更加真实，更具说服力，如下图所示。

2 有内涵，传递故事

在 PPT 中添加与要表达的思想相符的图片，会使页面更具内涵和故事性，如下图所示。

10.4.2 避免滥用图片

有些配图很吸引人，但也有些配图让观众生厌，生厌的原因归根到底是图不配文或者文不对图。特别要注意的是，模糊不清的图片是幻灯片的"天敌"。

1 配图过于简陋、随意

网上的3D小人或Office提供的剪贴画都是一些简单的配图，图片活泼、形象，使用的频率较高，但如果和文字或 PPT 主题不搭，产生的效果就会不尽如人意，如下图所示。

面对这类值得思考的犀利观点，搭配上沉思的 3D 小人图片，是不是感觉不协调，略显滑稽？
或许这张幻灯片只有这几个字就足够了

2 堆积图片

PPT 中切忌将多种不同类型、不同大小的图片堆积到一张页面，如下图所示。

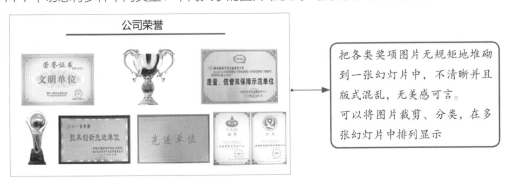

把各类奖项图片无规矩地堆砌到一张幻灯片中，不清晰并且版式混乱，无美感可言。
可以将图片裁剪、分类，在多张幻灯片中排列显示

3 图片背景杂乱

PPT 中图片背景太杂乱，文字会与图片背景产生冲突，如下图所示。

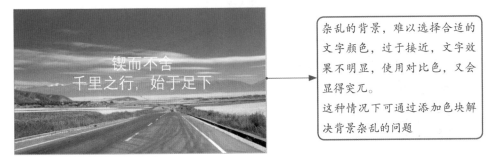

杂乱的背景，难以选择合适的文字颜色，过于接近，文字效果不明显，使用对比色，又会显得突兀。
这种情况下可通过添加色块解决背景杂乱的问题

这张幻灯片背景相对单一，但如果与上面的幻灯片页面同时出现在员工培训类PPT中，风格差异较大，不匹配

10.4.3 如何让图片更好地表达主题

当对满屏的文字苦思如何删减时，或者在思考如何给观众留下深刻的印象时，可以试试图片。图片要选择高清且有关联性的。

教学视频

1 梳理幻灯片中的图片

在制作幻灯片前，需要根据关键文字确定这份幻灯片中需要用到哪些或者哪种类型的图片，如封面、插图或产品展示等不同的分类。梳理了图片构成的分类后，就可以着手收集图片素材。

2 清楚幻灯片中图片的意图

有了图片分类后，还需要明确图片的使用场景，幻灯片中图片使用场景包含5类，如下图所示。

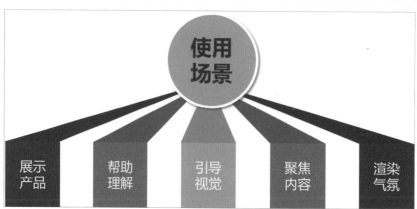

① 展示产品，如下图所示。

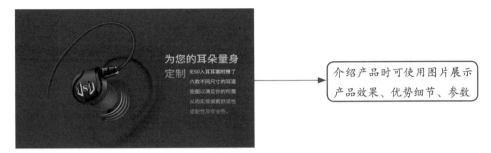

介绍产品时可使用图片展示产品效果、优势细节、参数

② 帮助观众理解，如下图所示。

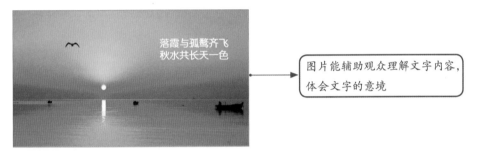

图片能辅助观众理解文字内容，体会文字的意境

③ 引导视觉，如下图所示。

观众首先看到的是图片，通过图片中人物眼睛的方向引导，可以看到前方的文字

④ 让内容更形象，如下图所示。

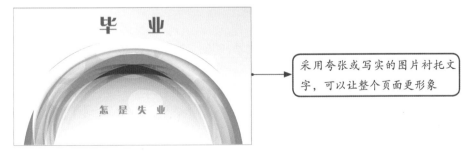

采用夸张或写实的图片衬托文字，可以让整个页面更形象

⑤ 渲染演示气氛，如下图所示。

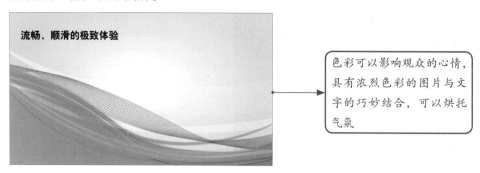

10.5 用表格为数据说话

数据是 PPT 中常用的文字形式，而表格则是展示数据的工具，假如 PPT 中插入的表格都是下图这样的，估计观众会不愿意看的。

10.5.1 设计表格前整理数据

表格的特点是一目了然。表格的设计应该科学、明确、简洁。在设计表格前，不妨先整理下数据。

（1）能否表格化

要根据数据的必要性进行精选，如果能用一两句话说明的内容，就不必列表了。并不是所有数据都要以表格的形式展现，但是，必要时加入一个有创意的表格，会给 PPT 加分。

（2）有无重点

内容简洁、重点突出是表格的特点之一。在一个表格中，总有一些数据是想表达的重点，要突出重点，让别人一眼就能获得重点信息。

（3）可否归类

创建表格要从管理的角度出发，避免冗余的数据，然后根据数据信息考虑表格的结构和布局，决定是否归类，这也决定了表格的设计是否规范、合理。

10.5.2　设置表格

制作表格后，使用 PPT 中【表格工具-设计】选项卡下的【表格样式选项】和【表格样式】组可对表格进行简单的美化，如下图所示，之后调整字体。

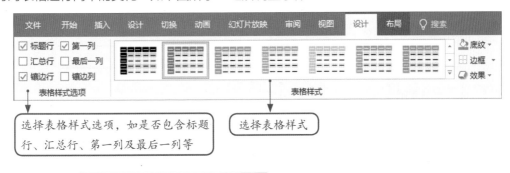

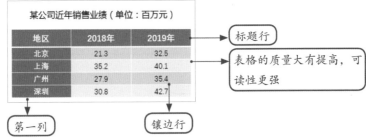

很多人觉得美化表格过于复杂，又或者缺乏美化思路，下面就介绍提升表格质量的方法。

1　设置表格边框样式

美化表格，重要的就是线型、粗细和颜色的改变。可以在【表格工具-设计】选项卡中的【绘制边框】组中设置线型，如下图所示。

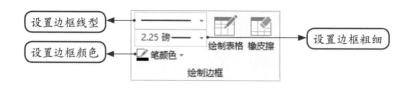

2 设置表格边框

设置表格边框线型、粗细、颜色后，可以将设置的边框样式应用于整个表格、单行、单列、内部横框线、内部竖框线等。

先选中单元格或行／列后，在【边框】下拉列表中选择指定选项即可完成设置，再次选择指定选项可清除设置，如下图所示。

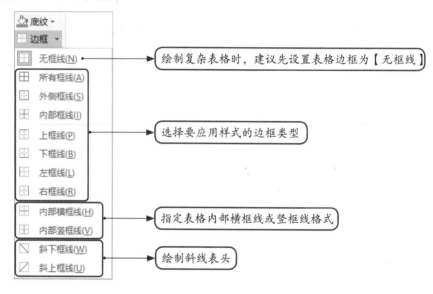

3 设置表格底纹

设置底纹时首先选择要设置底纹的单元格、单元格区域、行／列，然后选择底纹样式即可，如下图所示。

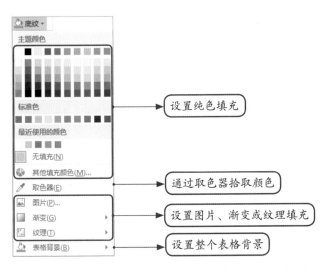

设置纯色填充

通过取色器拾取颜色

设置图片、渐变或纹理填充

设置整个表格背景

单一的美化表格手段效果有限，综合运用对齐、底纹、字体、改变边框线型等，可以让表格与众不同，如下图所示。

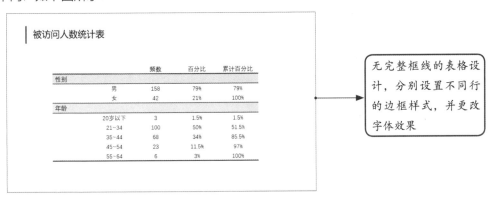

无完整框线的表格设计，分别设置不同行的边框样式，并更改字体效果

10.6

PPT 数据的图表化

在 PPT 设计中通常会听到"文不如字，字不如表，表不如图"的建议，更多人关注的并且常用的就是图，但对数据更直观、更形象的表达非表格和图表莫属。

在第 6 章已经介绍了选择合适图表的方法及提升图表细节的方法，不管是在 Excel 中还是在 PPT 中，图表的使用与设置都是相同的，这里不再赘述。

知识点拨

PPT 中展示单一数据，最好的呈现方法就是把数字放大，并缩小解释文字，这样传递信息更直观，且观众印象会更深刻，如下图所示。

美化图表可将图表简化，避免内容复杂，如简化配色、简化图表元素等。

1 简化配色

配色繁而杂不仅起不到美化图表的作用，相反会引起观众反感，建议通过以下方法简化配色。

① 为了突出整体趋势，而非某个确切数据时，可以使用同类色对比，通过逐渐加深或变浅表示递增或递减，如左下图所示。

② 用于突出某个数据，将其他数据用灰色或其他颜色显示，而要突出的数据则用更鲜明的颜色表示，如右下图所示。

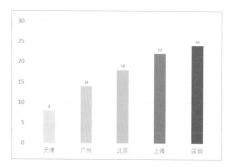
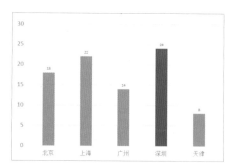

图表中图表元素太多，会分散观众的注意力，这时可以将不需要的图表元素删除，如下图所示。

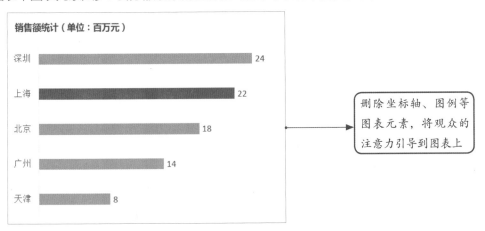

删除坐标轴、图例等图表元素，将观众的注意力引导到图表上

10.6.3 改变数据系列样式

厌倦了普通的图表样式，可以更改数据系列的样式，将数据可视化，会让观众耳目一新。更改数据系列样式的步骤和效果如下图所示。

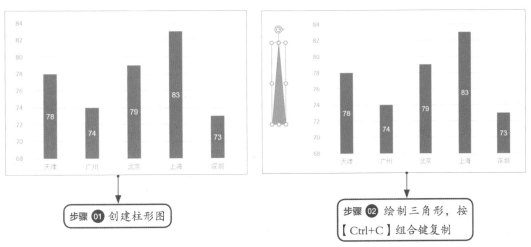

步骤 01 创建柱形图

步骤 02 绘制三角形，按【Ctrl+C】组合键复制

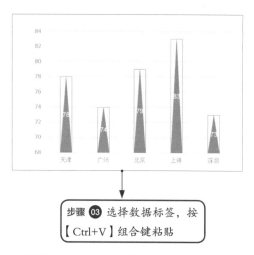

步骤 03 选择数据标签，按
【Ctrl+V】组合键粘贴

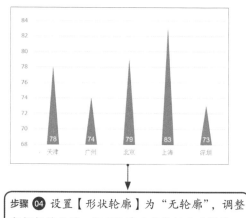

步骤 04 设置【形状轮廓】为"无轮廓"，调整
数据标签位置，即可快速改变数据系列样式

此外，还可以右击数据系列，在弹出的快捷菜单中选择【设置数据系列格式】选项，在打开的【设置数据系列格式】窗格中充分发挥想象力，更改数据系列格式，制作出漂亮的图表，如下图所示。

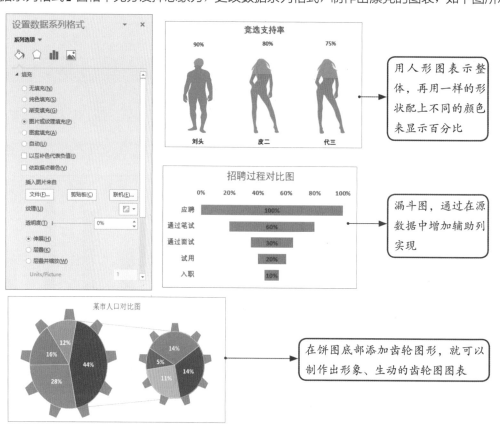

神奇的线条

简单的线条在 PPT 中可以美化版面，在特殊情况下还能产生意想不到的效果。

10.7.1　线条的设置

选择线条后，在【格式】选项卡【形状样式】组中的【形状轮廓】下拉列表中可以对选择的线条进行简单设置，如下图所示。

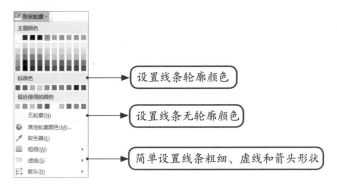

如果要进行更复杂的设置，可右击线条，在弹出的快捷菜单中选择【设置形状格式】选项，打开【设置形状格式】窗格进行设置，各选项及作用如下图所示。

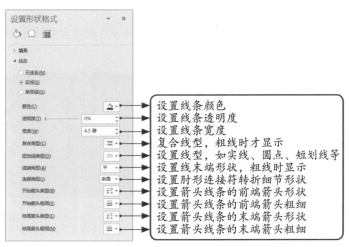

线条在 PPT 中的作用包括引导阅读视线、划分层次、平衡画面等。

1 引导阅读视线

观众对图形或形状的捕捉更加敏感，在关键文字附近添加线条，可以最先吸引观众注意力，并引导观众的阅读视线，如下图所示。

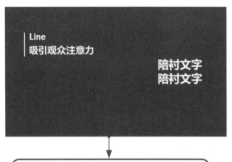

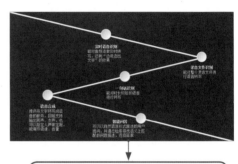

左上角的线条会第一时间吸引观众注意力，之后会关注线条附近的文字，并由上往下逐行阅读

连续转弯的主线条可以分隔版面，配合动画效果及圆形状，还可以控制和引导观众视线

2 划分层次

一张幻灯片中包含多层次的文字内容时，可通过线条划分层次，使用不同的阅读区域，减少观众一次性的阅读量，减轻观众阅读负担，如下图所示。

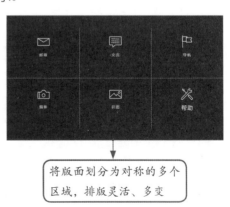

层次感更强，左侧阅读区域简单明了，不会造成阅读负担，只需关注右侧内容即可

将版面划分为对称的多个区域，排版灵活、多变

3 平衡画面

通过线条可将参差不齐的文字形成一个工整的视觉区域，使页面平衡，如下图所示。

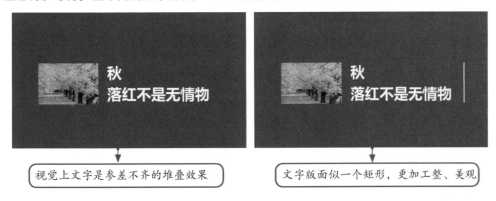

10.7.3 线框在文字排版中的运用

相同样式的内容只摆上文字会显得单调，而且也不工整，这时加入几个矩形线框，版面看起来就会工整、条理清晰，如下图所示。

将 PPT 页面中零散的文字和图片四周添加矩形线框，也是非常有设计感的，如下图所示。

10.8 让形状为 PPT 增彩

形状是 PPT 中用的较多的元素,但大多数人在使用形状时缺乏设计,滥用形状,具体表现如下。

① 形状位置摆放随意,像一块块补丁。

② 滥用色彩,导致 PPT 页面"非主流"。

③ 同一页面形状风格差异较大。

④ 形状大小不统一,忽大忽小。

⑤ 过于迷恋形状效果,阴影、发光、棱台效果过度混用。

面对这种情况,下面从基础美化开始,介绍使用图形为 PPT 增彩的方法。

10.8.1 改变形状轮廓

很多人注重设计形状的填充效果,却忽略轮廓的重要性,如果以为形状轮廓仅仅是一条带有颜色的细线,那看看下面的内容是否让你耳目一新。

调用绘制椭圆命令,按住【Shift】键绘制圆形,将【形状填充】设置为"无填充"。之后就可以根据需要调整形状轮廓,如下图所示,形状轮廓的设置与线条设置类似,可参阅 10.7.1 小节。

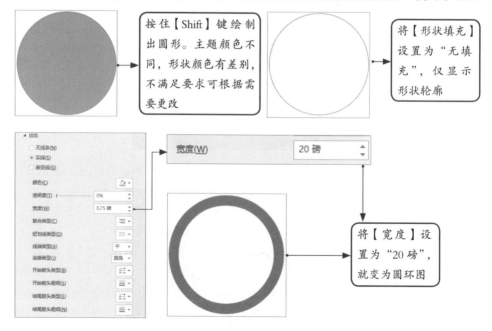

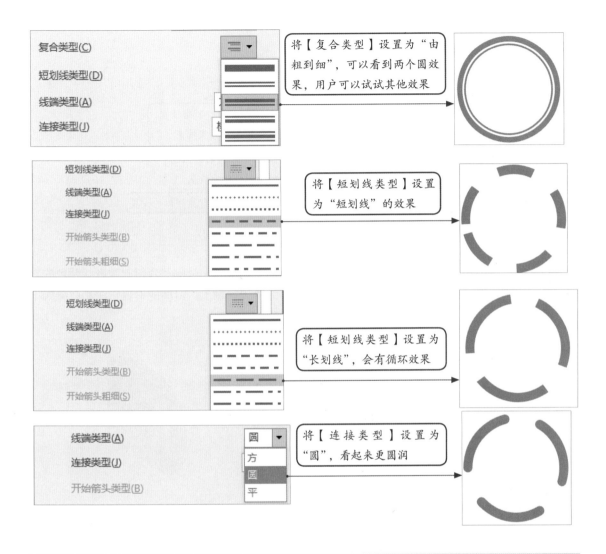

将【复合类型】设置为"由粗到细",可以看到两个圆效果,用户可以试试其他效果

将【短划线类型】设置为"短划线"的效果

将【短划线类型】设置为"长划线",会有循环效果

将【连接类型】设置为"圆",看起来更圆润

10.8.2 改变形状颜色

形状填充可在【格式】选项卡【形状样式】组中的【形状填充】下拉列表中设置,可以打开【设置形状格式】窗格进行更复杂的设置,如下图所示。

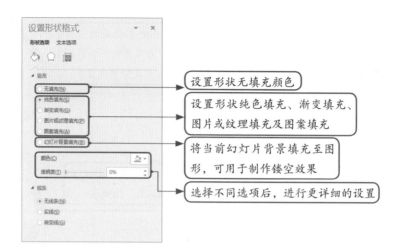

图片或纹理填充及图案填充与纯色填充操作类似，下面通过一个例子介绍改变形状颜色的方法。首先绘制"不完整圆"图形，设置【形状轮廓】为"无轮廓"。具体的设置方法和效果如下图所示。

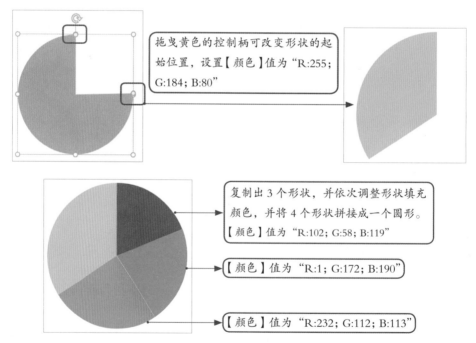

拖曳黄色的控制柄可改变形状的起始位置，设置【颜色】值为"R:255；G:184；B:80"

复制出 3 个形状，并依次调整形状填充颜色，并将 4 个形状拼接成一个圆形。【颜色】值为"R:102；G:58；B:119"

【颜色】值为"R:1；G:172；B:190"

【颜色】值为"R:232；G:112；B:113"

这样的色彩看起来太鲜艳了，感觉并不好看。这还不是最终的效果，下面继续设置。

渐变填充可以使形状不单调，富有层次感。在 PPT 设计中使用非常频繁。

设置渐变填充色的方法如下图所示。

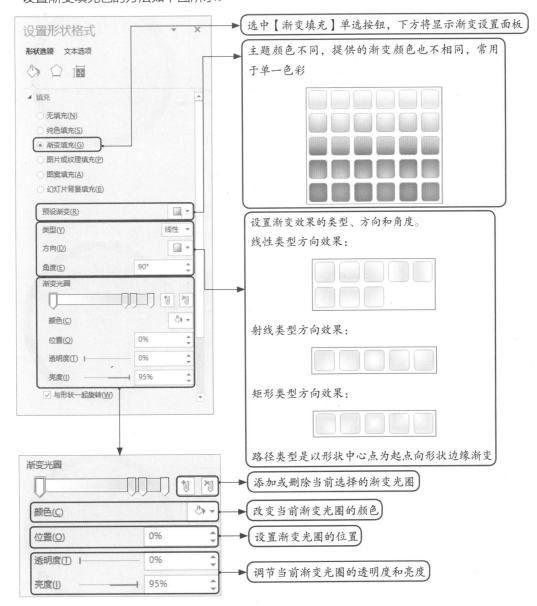

下面接着 10.8.2 小节的案例继续操作。绘制圆形，并设置渐变效果，设置步骤和效果如下图所示。

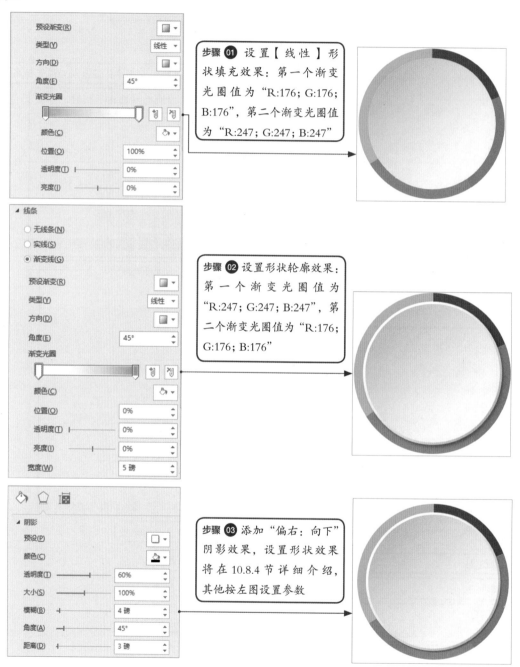

步骤 01 设置【线性】形状填充效果：第一个渐变光圈值为"R:176；G:176；B:176"，第二个渐变光圈值为"R:247；G:247；B:247"

步骤 02 设置形状轮廓效果：第一个渐变光圈值为"R:247；G:247；B:247"，第二个渐变光圈值为"R:176；G:176；B:176"

步骤 03 添加"偏右：向下"阴影效果，设置形状效果将在 10.8.4 节详细介绍，其他按左图设置参数

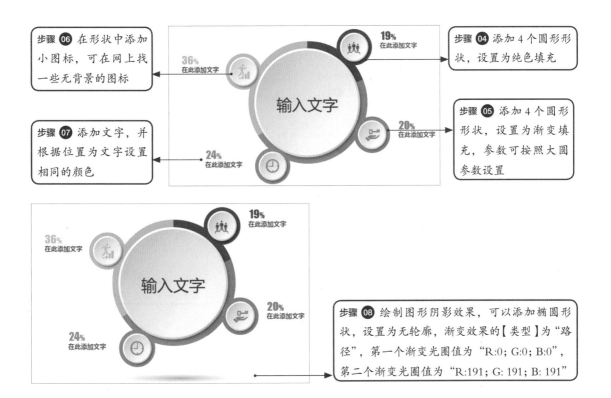

步骤 **06** 在形状中添加小图标，可在网上找一些无背景的图标

步骤 **07** 添加文字，并根据位置为文字设置相同的颜色

步骤 **04** 添加 4 个圆形形状，设置为纯色填充

步骤 **05** 添加 4 个圆形形状，设置为渐变填充，参数可按照大圆参数设置

步骤 **08** 绘制图形阴影效果，可以添加椭圆形状，设置为无轮廓，渐变效果的【类型】为"路径"，第一个渐变光圈值为"R:0；G:0；B:0"，第二个渐变光圈值为"R:191；G: 191；B: 191"

19%
在此添加文字

36%
在此添加文字

20%
在此添加文字

24%
在此添加文字

输入文字

10.8.4 使用形状效果

PPT 中形状效果包括阴影、映像、发光、柔化边缘、棱台和三维旋转 6 类。可以在【格式】选项卡【形状样式】组的【形状效果】下拉列表中设置，也可以打开【设置形状格式】窗格，在【效果】选项卡中进行更详细的设置，如下图所示。

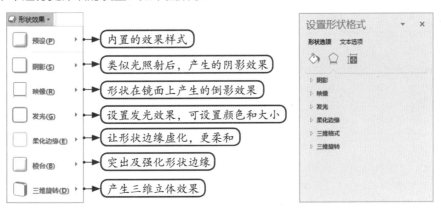

内置的效果样式

类似光照射后，产生的阴影效果

形状在镜面上产生的倒影效果

设置发光效果，可设置颜色和大小

让形状边缘虚化，更柔和

突出及强化形状边缘

产生三维立体效果

下面通过案例介绍使用形状效果美化图形的方法。具体的操作步骤和效果如下图所示。

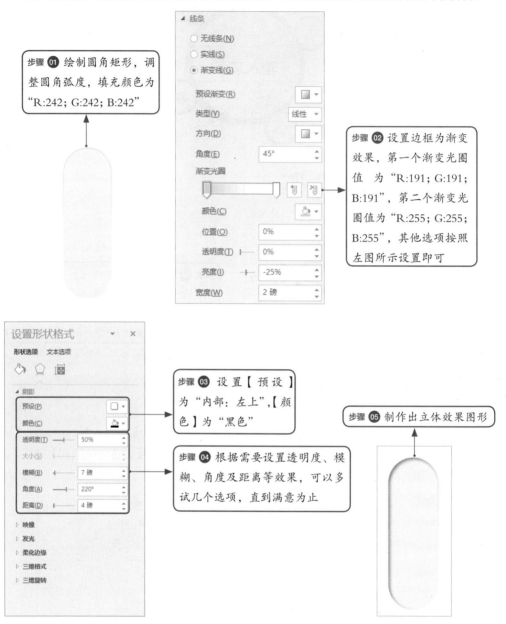

精进Office：成为Word/Excel/PPT高手

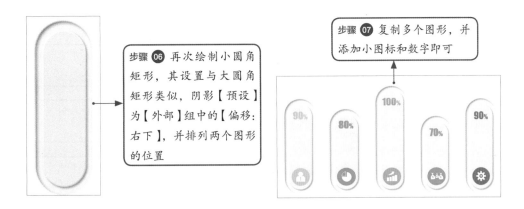

步骤 06 再次绘制小圆角矩形，其设置与大圆角矩形类似，阴影【预设】为【外部】组中的【偏移：右下】，并排列两个图形的位置

步骤 07 复制多个图形，并添加小图标和数字即可

10.9 炫酷的动画效果

PPT 中动画效果出彩，往往也能得到观众的一致认可。想做出炫酷的动画效果，需要具备 3 个要点。

① 熟悉 PPT 提供的基本动画效果。

② 有创意，选择合适的动画效果。

③ 有耐心，几秒的动画效果可能由数十个动画组成。

教学视频

10.9.1 使用切换效果

切换效果是前后两页幻灯片之间的过渡，包含细微型、华丽型和动态内容 3 种，如下图所示。

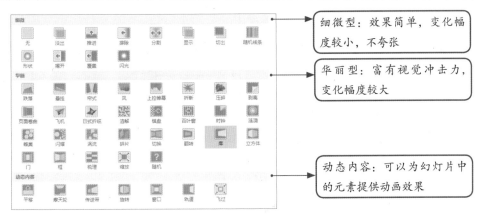

细微型：效果简单，变化幅度较小，不夸张

华丽型：富有视觉冲击力，变化幅度较大

动态内容：可以为幻灯片中的元素提供动画效果

应用切换效果后，还可以修改效果选项及切换效果的持续时间，如下图所示。

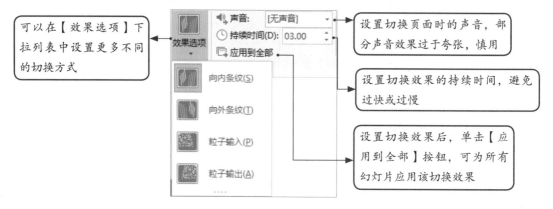

可以在【效果选项】下拉列表中设置更多不同的切换方式

设置切换页面时的声音，部分声音效果过于夸张，慎用

设置切换效果的持续时间，避免过快或过慢

设置切换效果后，单击【应用到全部】按钮，可为所有幻灯片应用该切换效果

10.9.2 为文字添加"擦除 + 脉冲"动画效果

文字是信息的载体，为文字添加过于强烈或过多的动画效果会分散观众的注意力。标题类文字可以使用浮入、擦除等较为柔和的效果，对于特别强调的文字，可以借助脉冲、放大、加粗闪烁等夸张的效果实现。

不同的文字动画顺序，带给观众的体验是不同的，可设置文本框中的文字按整体、按段落、按字 / 词、按字母等方式显示，如下图所示。

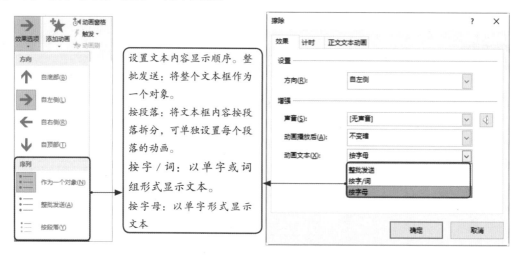

设置文本内容显示顺序。整批发送：将整个文本框作为一个对象。

按段落：将文本框内容按段落拆分，可单独设置每个段落的动画。

按字 / 词：以单字或词组形式显示文本。

按字母：以单字形式显示文本

下面以添加"擦除 + 脉冲"动画效果为例介绍为文字添加动画效果的方法。

首先添加"擦除"动画效果，如下图所示。

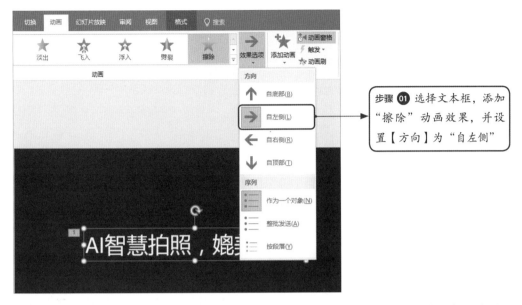

步骤 **01** 选择文本框，添加"擦除"动画效果，并设置【方向】为"自左侧"

在【动画窗格】中右击动画，在弹出的快捷菜单中选择【效果选项】选项或单击【动画】组中的【显示其他效果选项】按钮，可在打开的对话框中进行更详细的设置，如下图所示。

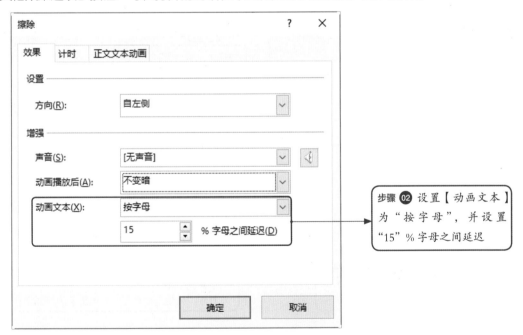

步骤 **02** 设置【动画文本】为"按字母"，并设置"15"%字母之间延迟

完成"擦除"动画效果的添加，下面添加"脉冲"效果，如下图所示。

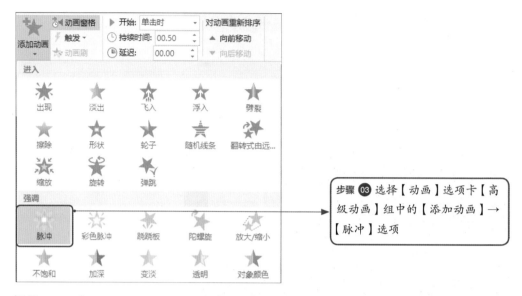

步骤 03 选择【动画】选项卡【高级动画】组中的【添加动画】→【脉冲】选项

提示： 添加第 2 个动画时，不能直接在【动画】组中选择，那样会修改上一步设置的动画效果，而不会叠加新的动画，需要在【高级动画】组中添加。

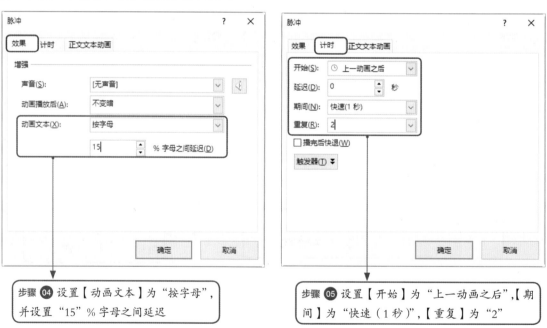

步骤 04 设置【动画文本】为"按字母"，并设置"15"% 字母之间延迟

步骤 05 设置【开始】为"上一动画之后"，【期间】为"快速（1秒）"，【重复】为"2"

设置完成后，动画效果如下图所示。

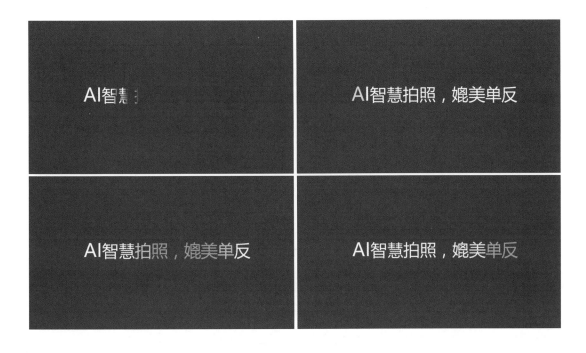

10.9.3 为图片添加"飞入 + 缩放 + 退出"动画效果

在展示多张图片时，希望有更大的空间一次展示一张图片，并且展示完成后图片消失，自动展示下一张图片，类似轮播效果。

首先设置第一张图片的动画效果，选择第一张图片。具体设置步骤如下图所示。

步骤 01 添加"飞入"动画效果，设置【效果选项】为"自右侧"

步骤 02 设置【持续时间】为"03.00"

之后添加进入时的缩放效果。

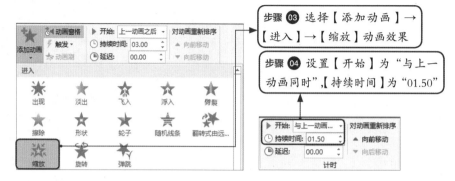

步骤 03 选择【添加动画】→【进入】→【缩放】动画效果

步骤 04 设置【开始】为"与上一动画同时",【持续时间】为"01.50"

接下来就可以为图片添加退出动画效果。

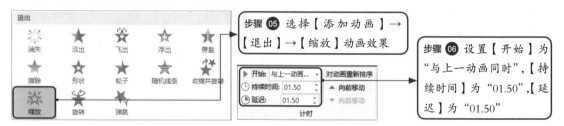

步骤 05 选择【添加动画】→【退出】→【缩放】动画效果

步骤 06 设置【开始】为"与上一动画同时",【持续时间】为"01.50",【延迟】为"01.50"

重复上面的操作,依次为其他图片添加动画效果。

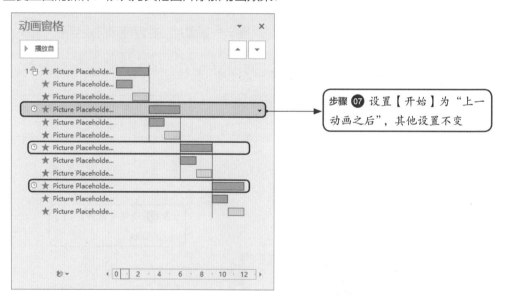

步骤 07 设置【开始】为"上一动画之后",其他设置不变

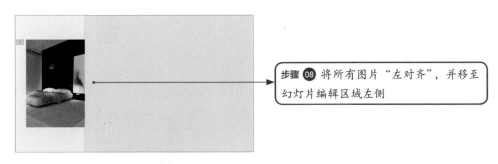

步骤 08 将所有图片"左对齐",并移至幻灯片编辑区域左侧

放映幻灯片时效果如下图所示。

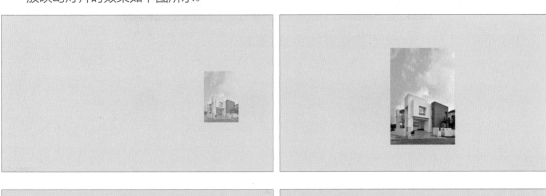

 高手自测 本章介绍PPT的视觉设计。结束本章学习之前,可以先检测一下学习效果。扫描右侧的二维码,即可查看注意事项及操作提示。最终结果可以参阅"结果\ch10\高手自测"中相应的文档。

教学视频

① 制作出下图所示的3色图片。

② 使用形状工具，制作出水墨装饰效果，如下图所示。

11

决胜千里：演示管理之术

　　演示管理是 PPT 制作过程的最后一步，靠的是 PPT 演讲者的才华和能力，是将 PPT 展现给观众，让观众认可。这就需要演讲者做好准备、精心排练、调整心态，在讲演的几十分钟内决胜千里。

11.1 演讲的筹备

戴尔·卡耐基曾说过："一切成功的演讲，都是来自于充分的准备。"下面就来看一下如何筹备演讲。

下图所示为演讲筹备步骤。

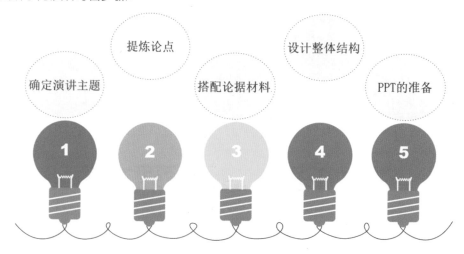

11.1.1 确定演讲主题

演讲中的主题，也称为主旨，中心思想，贯穿于整个演讲的始终，是演讲者向听众传达的观念和思想。

因此，在进行演讲之前，首先要确定的就是演讲的主题。主题分两种情况：第一种是对方已将主题规定好，此时演讲者只需要围绕这个主题进行展开即可，如大学生做的课堂汇报，汇报主题一般是老师规定好的；第二种是对方只给出了大致的方向，希望通过演讲，达到什么样的目的，如对方要求做一个心理健康方面的演讲，以帮助公司员工减轻心理压力。表面上看，演讲已经有了主题——心理健康教育，但这个主题范围太大，一次演讲不可能全部讲完，这时就需要在"心理健康教育"这个大范围中选择一个知识点展开介绍，那选择的这个知识点就是演讲中要重点突出的主题，那么在这种情况下，又该如何确定主题呢？

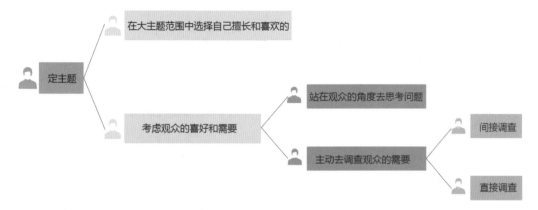

定主题需要依据以下两条准则。

① 在大主题范围中选择自己擅长和喜欢的。在大主题范围中选择演讲主题时，最好选择自己擅长和喜欢的领域。这样不仅可以保证演讲时能言之有物，增加说服力，增强现场的演讲氛围，而且在演讲时如遇突发状况，可以即兴发挥，不至于冷场。

② 考虑观众的喜好和需要。选择了自己擅长和喜欢的主题进行演讲，但如果观众对你的主题没有兴趣，就无法在演讲时与你产生共鸣。因此，在确定主题时，不仅要选择自己擅长的，还要考虑观众的需求。在设计演讲时，如果能将观众的喜好和需求贯穿其中，则将会是一场成功的演讲。

考虑观众的喜好和需要做到以下两点。

① 站在观众的角度考虑问题，给观众带来一场对其有实际价值的演讲。

② 要主动去调查观众的需要。调查分为间接调查和直接调查，间接调查是指通过主办方了解观众的身份和构成情况，直接调查是指直接接触观众，通过调查问卷等方式，直接了解观众的需求。一般来讲，直接调查的方法会比较准确。

11.1.2　提炼论点

主题确定好之后，接下来的工作就可以围绕主题全面展开了。首先展开的工作是提炼论点，将需要讲的内容进行分类整理，并总结出要点，要点最好不要超过 3 个。

11.1.3　搭配论据材料

要点总结好之后，就要为每个要点分配相应的论据，论据的分类如下图所示。

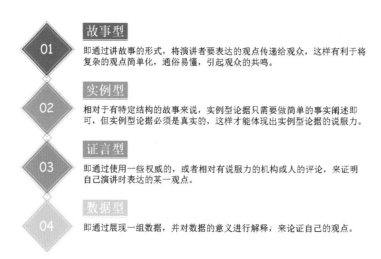

故事型 01
即通过讲故事的形式，将演讲者要表达的观点传递给观众，这样有利于将复杂的观点简单化，通俗易懂，引起观众的共鸣。

实例型 02
相对于有特定结构的故事来说，实例型论据只需要做简单的事实阐述即可，但实例型论据必须是真实的，这样才能体现出实例型论据的说服力。

证言型 03
即通过使用一些权威的，或者相对有说服力的机构或人的评论，来证明自己演讲时表达的某一观点。

数据型 04
即通过展现一组数据，并对数据的意义进行解释，来论证自己的观点。

演讲者可以根据实际需要，选择相应的论据类型。

11.1.4 设计整体结构

演讲整体结构的设计包括如何开头、如何结尾、如何过渡及如何安排结构层次等。

1 设计开头

"好的开始是成功的一半"，一场演讲，如果在开始的 5 分钟内没有将观众吸引住，那么这场演讲基本上就是失败的。所以好的开场白对于演讲者来说非常重要。下面就来介绍开场白中依次要讲到的 4 件事，如下图所示。

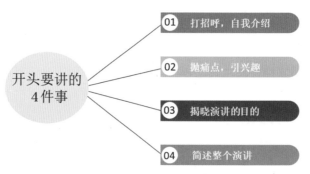

开头要讲的 4 件事
01 打招呼，自我介绍
02 抛痛点，引兴趣
03 揭晓演讲的目的
04 简述整个演讲

① 打招呼，自我介绍：在进行正式演讲之前，首先要跟大家打招呼，并进行简要的自我介绍。
② 抛痛点，引兴趣：点明演讲的主题，在这个过程中要注意先抛出观众比较关心的问题，引

起观众的兴趣。

③ 揭晓演讲的目的：借着上一步抛出的问题，进而揭示这次演讲的目的，让观众觉得这次演讲就是为了解答观众的问题，并让观众觉得通过此次演讲能有所收获。

④ 简述整个演讲：简述整个演讲的内容，让观众对这次演讲有大概的了解。

2　设计结尾

演讲的结尾虽然不需要像开头那样讲那么多，但还是有必须要讲的内容，即回顾、鼓励、感谢。

① 回顾：回顾整个演讲过程中的重点，帮助观众再次感受这次演讲的核心。

② 鼓励：如果演讲不是单纯信息传递的演讲，如汇报工作等，而是向观众传递一种感性的号召的演讲，那么有必要在演讲结束时，用一些激励性的词语号召大家去实践，鼓励大家行动起来。

③ 感谢：感谢的主体随演讲内容的不同而有所区别，但不论是哪种类型的演讲，总有需要感谢的对象，在演讲的最后要用简单并真诚的语言对他们表示感谢。

3　设计衔接语及结构层次的安排

衔接语就是承上启下，起过渡性作用的语句，通过这些语句的连接，演讲的各个部分显得紧凑、自然，浑然天成。在设计衔接语时要注意掌握承上启下的要领，若实在不知道该怎么衔接上下文，可以参考以下语句。"下面先跟大家介绍一下……""首先我们来看……以上就是……接下来我们开始来看……最后我们再来说一下……""好，到这里为止，我今天要跟大家讲的所有内容就介绍完了，下面我们来简单回顾一下，首先……"。

结构层次的安排，也就是设计演讲的内部逻辑，决定演示文稿以何种方式展开。一个没有逻辑的演讲，观众会听得晕头转向，最终无法达到演讲的目的，要通过有条理的逻辑表达，使观众易于理解。

11.1.5　PPT 的准备

制作 PPT 是演讲的基础。从整体上讲，PPT 的结构分为封面、目录、导航页、内容和结尾 5 个部分，关于这 5 个部分的制作在第 9、第 10 章已详细介绍过，这里就不再重复了。

PPT 制作完成后若需要进行现场演示，最好将 PPT 演示文稿另存为放映格式，即将文件类型选择为 ".ppsx" 格式，如下图所示。这样演讲者就不需要当着大家的面打开文件，而是直接就可以播放了。

将【保存类型】设置为"PowerPoint 放映（*.ppsx）"格式

11.2 精心排练，只为完美

练习和预讲是培养自信和克服困难最有效的途径，在进行正式演讲之前一定要先经过排练，排除演讲过程中可能会出现的问题。

11.2.1 选择一种放映方式

在排练之前首先要选择一种放映方式，在 PowerPoint 中提供有 3 种放映方式，分别是演讲者放映、观众自行浏览、在展台浏览。这 3 种放映方式都有各自的特点及使用的场合，如下图所示。

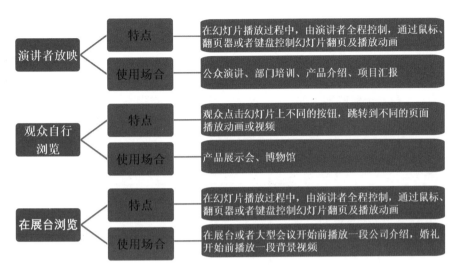

演讲者放映	特点	在幻灯片播放过程中，由演讲者全程控制，通过鼠标、翻页器或者键盘控制幻灯片翻页及播放动画
	使用场合	公众演讲、部门培训、产品介绍、项目汇报
观众自行浏览	特点	观众点击幻灯片上不同的按钮，跳转到不同的页面播放动画或视频
	使用场合	产品展示会、博物馆
在展台浏览	特点	在幻灯片播放过程中，由演讲者全程控制，通过鼠标、翻页器或者键盘控制幻灯片翻页及播放动画
	使用场合	在展台或者大型会议开始前播放一段公司介绍，婚礼开始前播放一段背景视频

这 3 种方式都有其各自适合的场合，演讲者可以根据实际需要进行选择，如下图所示。

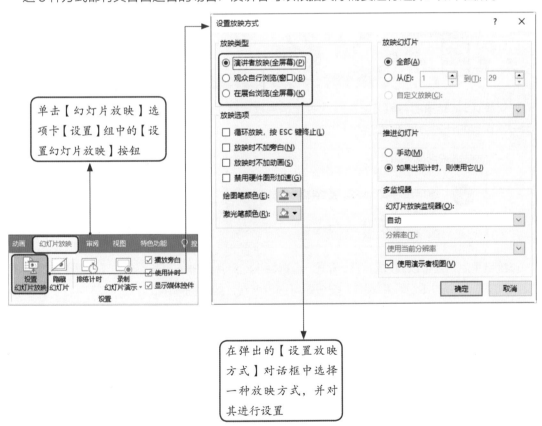

单击【幻灯片放映】选项卡【设置】组中的【设置幻灯片放映】按钮

在弹出的【设置放映方式】对话框中选择一种放映方式，并对其进行设置在排练过程中演讲者可以借助 PPT 的排练计时功能，根据各个部分的信息内容的重要程度合理安排每一部分的演讲时间，控制整个演讲的节奏和语速，设置步骤如下图所示。

步骤 **01** 单击【幻灯片放映】选项卡【设置】组中的【排练计时】按钮

步骤 **02** 即可进入幻灯片演示排练计时

步骤 **03** 在幻灯片左上角显示计时时间

"排练计时"结束后，按【Esc】键，会弹出信息提示框，提醒是否要保留排练时间，如下图所示，最后一次保存的计时会覆盖之前的计时统计。

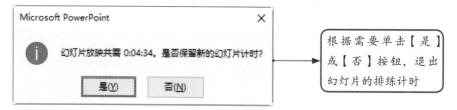

根据需要单击【是】或【否】按钮，退出幻灯片的排练计时

排练结束后，还可以通过幻灯片预览，查看每张幻灯片的排练时长。单击【视图】选项卡【演示文稿视图】组中的【幻灯片浏览】按钮即可进行查看，如下图所示。

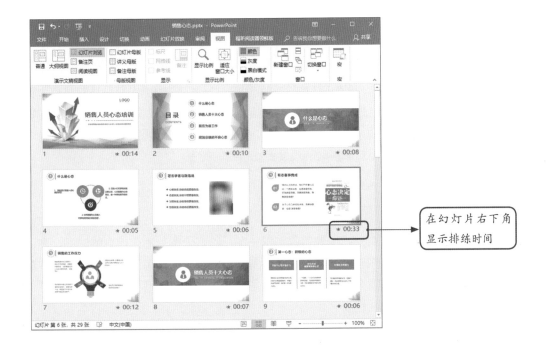

在幻灯片右下角显示排练时间

11.2.3 排练时要注意的问题

古人云："凡事预则立，不预则废。"告诫人们在做事情之前一定要有充分的准备。在正式演讲前，重视每一次的排练，尽量规避演讲中可能会出现的问题。

在排练时需要注意以下问题。

教学视频

- 01 反复排练
- 02 控制演示时间
- 03 调控语速和语调
- 04 善用肢体动作
- 05 与观众进行互动
- 06 注意仪表仪态

1 反复排练

反复排练可以帮助演讲者熟悉演讲内容，熟悉整个演讲结构，从而有效缓解演讲者的紧张感，帮助演讲者在正式演讲时可以游刃有余。

2 控制演示时间

大部分演讲是有时间规定的，要想在有限的时间里获得好的演讲效果，就需要在排练过程中，熟悉整个演讲的重点、难点，合理规划演讲内容，结合 PPT 的排练计时，严格记录排练时每一部分所用的时间，以便在演讲过程中如果遇到突发状况，能够及时做出调整。在安排演讲各个部分的时间时，要记住一点，一般正式演讲时的速度要比排练时的慢。

3 调控语速和音调

演讲时的发音要做到清晰有力，语速可以稍慢一些，给观众留有消化信息的时间，演讲时的语调切忌一成不变，随着语言内容的变化，语调要有高低起伏，这样有利于集中观众的注意力，但是也不可为了吸引观众的注意力，故意使用忽高忽低的语调，这样容易引起观众的反感，总之需要做到清晰、自然、有感情。

4 善用肢体动作

在演讲过程中还要有适当的肢体动作，例如，讲到感情比较丰富的地方时，可适当地使用一些手势动作，这样有利于情感的表达，但肢体动作不宜过多，否则会分散观众的注意力。这些动作需要平时多加练习，努力做到自然且自信。如果对要使用的肢体动作不熟练，那么在演讲过程中使用时会显得僵硬、不自然，甚至可能会起到反作用。

5 与观众进行互动

在演讲时，演讲者与观众的互动分为两个方面，一是与观众进行眼神交流。被观众的目光包围可能会使演讲者产生紧张感，但又不得不面向观众，这时可以在观众中寻找善意的鼓励的目光，增强信心；二是通过提问题，与观众互动，这样可以带动演讲气氛，吸引观众的注意力，也有利于减轻演讲者的紧张感。

6 注意仪表仪态

细节决定成败，在服装搭配上一定要与演讲场合相一致，如正式的演讲场合一般要选用西装等符合职场人士的服装，非正式场合可以选用休闲类的服装，但一定要整洁、大方、得体。要记得面带微笑，与观众沟通时一定要使用礼貌用语。

11.3 高手的心态准备

演讲者的心理是指演讲者在演讲过程中的心理准备，包括心理状态和心理素质两个方面。

11.3.1 演讲者的两种心理状态

在学习高手的心态准备之前，首先来了解一下演讲者的两种心理状态，如下图所示。

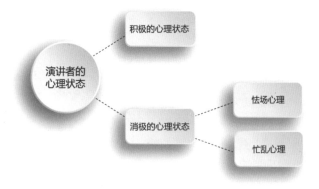

① 积极的心理状态

积极的心理状态一方面会将演讲者的自信充分展现出来，让观众能感受到演讲者强烈的表达欲及对演讲成功的强烈期盼；另一方面会使演讲者积极主动去调动整个演讲现场的气氛，表现出来演讲者游刃有余的交流状态，是一种对演讲现场的驾驭，观众的情感随着演讲者的情感变化而变化。

② 消极的心理状态

消极的心理状态表现为怯场心理和忙乱心理，一种是还未登场就有的恐惧心理，另一种是在演讲现场中的手忙脚乱。

① 造成怯场心理的原因有 3 个，如下图所示。

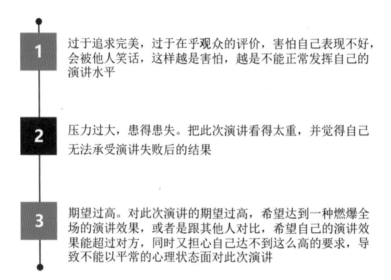

1 过于追求完美，过于在乎观众的评价，害怕自己表现不好，会被他人笑话，这样越是害怕，越是不能正常发挥自己的演讲水平

2 压力过大，患得患失。把此次演讲看得太重，并觉得自己无法承受演讲失败后的结果

3 期望过高。对此次演讲的期望过高，希望达到一种燃爆全场的演讲效果，或者是跟其他人对比，希望自己的演讲效果能超过对方，同时又担心自己达不到这么高的要求，导致不能以平常的心理状态面对此次演讲

② 造成忙乱心理的原因主要是没有足够重视此次演讲，准备不充分。演讲过程中被其他事物中断思路之后，无法恢复到正常的演讲状态，或者是对演讲的时间安排不合理，观众的反应不理想等，都会导致演讲者出现手忙脚乱，慌乱收场的情况。

那么如何改变演讲者的消极心理状态呢？充分的准备是必不可少的，如果准备充分，那么在演讲过程中即使遇到突发情况也能从容面对，不至于紧张慌乱。另外，日常的练习也很重要，台上一分钟，台下十年功，要想在台上展现自己的演讲风采，达到良好的演讲效果，日常的练习是一点儿都不能马虎的。

11.3.2 演讲者应该具备的心理素质

在了解演讲者的心理状态之后，接下来看看演讲者应该具备的心理素质，如下图所示。

演讲者应该具备的心理素质

1 自信

　　自信的人，不论做什么事情，都可以正常甚至超常发挥自己的水平。所以在演讲过程中一定要自信，不仅要对自己演讲的内容自信，更要对自己的表达能力自信。只有自信的人才能在演讲活动中神态自若、思维缜密、轻松自如地应对各种突发状况，才能将演讲中要传达的思想准确无误地传达给观众。

2 诚实

　　在演讲时，面对的是一个群体，演讲者的任何遮掩和不诚实的行为都会被他人发现。所以演讲者一定要诚实，不夸大，不欺骗，只有这样才能取得观众的信任，将想要表达的内容传递给观众，并使观众接受。

3 豁达

　　演讲者应该坦然面对自己的演讲，在演讲过程中不要过于在意观众的反应，演讲者需要做的只是将自己的观点准确无误地传达给观众，使观众最大限度地接受和认同。这样，反而能够帮助演讲者更加自如地表达自己的观点。

11.4 别忽略了现场的准备

　　成功的演讲必定是准备周全的，任何一个细节都不容有失。

11.4.1 不要忽略现场测试

现场测试可以最大限度地避免出现一些低级错误，即便演练时计划周全，到现场之后也可能会有其他问题出现，如现场的投影仪不能正常使用等。所以在正式演讲之前，一定要对现场的各种设备进行测试。PPT 演示文稿中如果带有声音或视频文件，也要在现场进行测试，看是否可以正常播放。另外，对演讲现场的布置、时间安排及工作流程等也要有一定的了解，最好是去熟悉一下现场环境，这样有利于缓解演讲者的紧张情绪。

11.4.2 现场意外的控制

前面介绍的准备工作都是针对演讲前的一些准备工作，那么对于演讲过程中遇到的突发状况，又该如何准备呢？

下面列举了一些常见的突发状况及应对措施。

1 忘词

如果准备不充分或过于紧张，忘词是经常会出现的现象，如果在演讲过程中突然忘词，首先不能慌张，越慌越乱，也不要有多余的肢体动作，如抓耳挠腮、来回走动等，可以先稍微停顿一下，平定思绪，如果实在想不起来可以先跳过，讲其他部分，等想起来了可以再补充。

2 讲错

在演讲过程中如果不小心讲错了，也不要紧张，不要给自己制造压力，也不要试图用其他方法进行遮盖，或者直接搪塞过去，因为这是对观众的不尊重、不负责。不小心讲错了，就要立即纠正，重复正确的说法。

3 现场突然不安静

如果现场有人交头接耳，大声喧哗，甚至结伙退场，演讲者要保持冷静，出现这种情况主要有两大方面的原因，一是外在的因素干扰，这时演讲者要有临场应变的能力，迅速将观众的注意力引到演讲上来；二是自己的演讲内容出现了问题，导致观众不感兴趣，这时演讲者要及时对演讲内容进行调整，通过一些幽默、生动形象的事例将观众留住，切不可中断演讲或应付了事，这时应该保持演讲者的专业素质，即使只剩下一位观众，也要认真地讲完。

4 观点对立

即使在演讲前对观众做了一定的分析，但是也不能保证演讲中的所有观点都被观众认可。当有观众提出不同意见或当场提出一些演讲者难以回答的问题时，演讲者要冷静思考，巧妙回答，变被动为主动，切记不可避而不答。

11.5 一切的准备就是为了演讲

好的演讲，绝对离不开前期的准备。充分准备，可以帮助演讲者增强自信心，使演讲者能充分发挥自己的演讲水平。

11.5.1 高手必备的五大演示技巧

掌握演讲技巧，让PPT与演讲配合得更加完美。下面介绍高手必备的五大演示技巧，如下图所示。

教学视频

```
01          02          03
快速定位放映中的  演示者视图的使用  黑屏或白屏的使用
幻灯片

      04          05
   逐条显示内容    保存特殊字体
```

1 快速定位放映中的幻灯片

在播放 PPT 演示文稿时，如果要快进到或退回到第 5 张幻灯片，可以按数字【5】键，然后再按【Enter】键即可。

若要从任意位置返回第一张幻灯片，同时按鼠标左右键并停留 2 秒以上即可。

2　演示者视图的使用

若有大量的关键信息需要记，可以使用 PPT 的演示者视图功能，将关键内容写在备注中，如下图所示。在演示者视图模式下，演讲者看到的是 PPT 和备注中的内容，而观众只能看到 PPT 中的内容，这样也可以有效地防止忘词等意外发生。

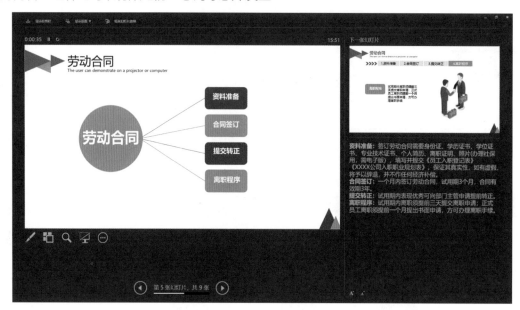

3　黑屏或白屏的使用

有时需要讨论一些事情，为了避免屏幕上的内容影响观众的注意力，可以按一下【B】键，此时屏幕会变成黑屏，或者按一下【W】键，此时屏幕会变成白屏，待讨论结束后再按一下【B】或【W】键即可恢复正常。另外，也可以事先插入一张空白幻灯片。

4　逐条显示内容

若 PPT 某个页面中的条目比较多，可以设置逐条显示，讲到哪一条就显示哪一条，以便观众更集中精神听演讲。

5 保存特殊字体

为了获得好的显示效果，人们通常会在幻灯片中使用一些非常漂亮的字体，可是将幻灯片复制到演示现场进行播放时，这些字体变成了普通字体，甚至还因字体而导致格式变得不整齐，严重影响演示效果。在 PPT 中可以同时将这些特殊字体保存下来以供使用，具体方法如下图所示。

选择【文件】→【另存为】选项，弹出【另存为】对话框。

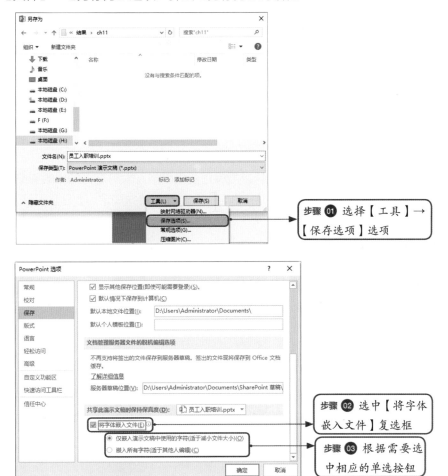

下面介绍在演讲过程中，使用 PPT 时的一些其他注意事项，如下图所示。

1 离开讲台

在演讲时，要尽可能地离开讲台，这样才能保证演讲者与观众有充分的接触和交流。除非是特定场合，如毕业典礼的演讲，规定必须站在讲台上，若没有特殊规定，要尽量离开讲台。

2 使用翻页器

在演讲时有些人无法离开计算机可能是因为需要在计算机旁边控制翻页，其实完全可以使用翻页器来操控翻页。所以翻页器是演讲必不可少的装备之一。

3 谨慎使用激光笔

有的翻页器中有激光笔功能，但在使用激光笔时要注意不要来回晃动，容易把观众晃晕，在需要强调重点的地方点到为止，或者画个圈即可。另外，切记不可用激光笔指向观众，因为激光笔对眼睛是有伤害的。

4 不要遮住 PPT

演讲时，尽量不要挡住投影仪的光，遮住 PPT。安排好投影仪的位置，若场地比较宽阔，可以选择把投影仪放在身后。

5　不要回翻页面

演讲时，尽量不要回翻页面，安排好 PPT 的页面顺序，如果应观众要求，要查看前面讲过的某一张幻灯片，可以使用 11.5.1 小节介绍的"快速定位放映中的幻灯片"方法定位幻灯片，或者通过鼠标单击定位至要查看的幻灯片页面。

6　与演讲内容同步

演讲时，PPT 中的内容要与演讲的内容保持同步，PPT 在演讲中起到视觉辅助的作用，若PPT 中的内容与演讲内容不一致，容易给观众造成困扰，若需要讲的内容比较多，而在 PPT 中没有对应的视觉辅助，可以先将 PPT 设置白屏或黑屏，从而使观众可以集中注意力听演讲。

11.5.3　演讲前的情绪控制

演讲前的一些紧张、恐惧的心理并不可怕，相反，适当的紧张情绪有助于演讲者在现场更好地发挥，也就是说上台前的紧张情绪是正常现象，只要演讲者能很好地控制住这些情绪，往往可以得到意外的现场效果。下面介绍几种情绪控制方法。

1　呼吸控制法

因为情绪紧张、激动，容易导致呼吸短促，这时可以采用深呼吸的方法，缓解紧张激动的情绪。

2　暗示控制法

通过一些积极的心理暗示鼓励自己，如在心里默念"我可以，我准备得很充分，我要自信，我一定可以赢得大家的喝彩"，也可以用之前成功的经历，暗示自己这次演讲也会成功，不要有太大的压力，让自己充满信心。

3　自我调节法

通过各种方式，将情绪调整到正常或轻松、兴奋的状态。例如，可以朗诵诗词，感受诗人慷慨激昂的斗志，从而使情绪高涨起来；也可以欣赏轻音乐，音乐有强大的感染力，听舒缓的轻音乐可以帮助演讲者平定心绪，减缓压力和不适。另外，也可以在演讲前与同伴或熟悉的人在一起聊聊天，这样不仅可以转移注意力，还可以使演讲者变得轻松兴奋。

 **高手自测** ┤ 本章主要介绍PPT的演示管理。结束本章学习之前，可以先检测一下学习效果。扫描右侧的二维码，即可查看注意事项以及操作提示。

教学视频

① 打开"素材 \ch11\ 高手自测 \ 高手自测 .pptx"演示文稿，利用【自定义幻灯片放映】功能，设置自定义放映"学习目标""新工作""把工作做到最好"这 3 张幻灯片。

② 如何完成一次成功的演讲？

12

高效协同：Word/Excel/PPT "三兄弟" 齐上阵

在实际的工作中，会经常遇到诸如在 Word 中使用表格，在 Excel 中使用图表，PPT 需要转换成 Word 讲义等情况，这时就需要 Word/Excel/PPT "三兄弟" 齐登场了，Word/Excel/PPT 之间相互调用，帮助用户快速提高工作效率。

在 Office 办公软件中，Word/Excel/PPT 之间协作大致分为两个方面：一方面是 Word/Excel/PPT 间的相互调用，另一方面是 Word/Excel/PPT 间的相互转换。

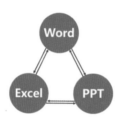

12.1.1　Word/Excel/PPT 的相互调用

Word/Excel/PPT 组件间的相互调用，都可以通过插入"对象"来调用，由于各个软件间调用方法一致，因此在这里以"在 Word 中调用 Excel 工作表"为例进行简单介绍。

首先将插入点定位至要插入 Excel 表格的位置，单击【插入】选项卡【文本】组中的【对象】按钮，弹出【对象】对话框，具体操作方法如下图所示。

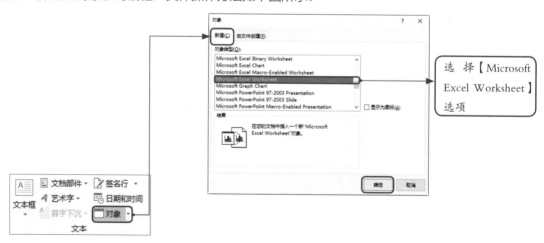

在 Word 中插入一个空白的 Excel 表格，双击表格，即可进入 Excel 表格编辑状态。

另外，也可以在 Word 中调用带有数据的 Excel 表格文件，只需要在【对象】对话框中选择【由文件创建】选项卡，然后单击【浏览】按钮，选择要调用的文件即可，如下图所示。

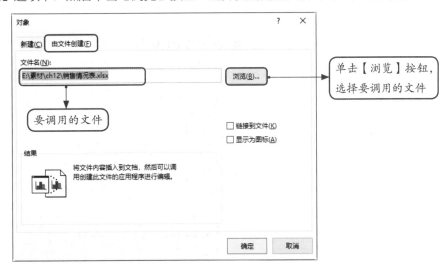

12.1.2 Word/Excel/PPT 的相互转换

下面介绍 Word/Excel/PPT 组件间的相互转换。

1 Word 转 PPT

Word 转 PPT 的方法有 3 种，在介绍这 3 种方法之前，首先需要将 Word 中的文本内容设置大纲级别，如下图所示。

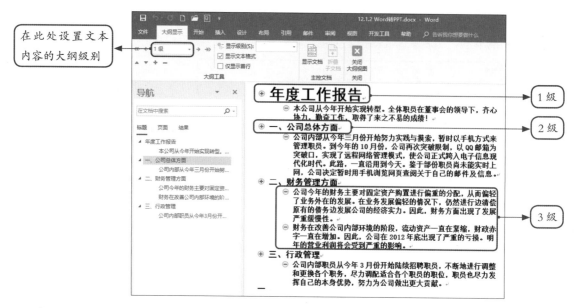

在此处设置文本内容的大纲级别

提示： 在设置文本的大纲级别时，不仅标题要设置大纲级别，正文也要设置大纲级别，这样才可以保证生成的 PPT 结构清晰。

方法一：使用【发送到 Microsoft PowerPoint】功能。

首先将【发送到 Microsoft PowerPoint】功能添加至功能区中，如下图所示。

调用【Word 选项】对话框，将【发送到 Microsoft PowerPoint】命令添加至【自定义功能区】列表中

然后使用【发送到 Microsoft PowerPoint】功能，将 Word 转成 PPT，如下图所示。

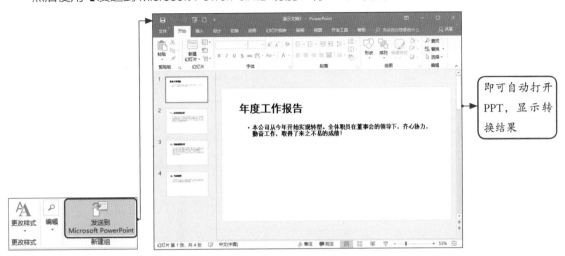

方法二：在 PPT 中直接打开 Word 文档。

在 PPT 软件操作界面选择【开始】选项卡【幻灯片】组中的【新建幻灯片】→【幻灯片（从大纲）】选项，具体操作方法如下图所示。

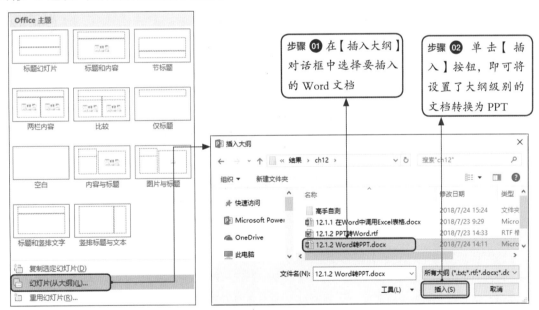

方法三：将 Word 文档拖曳至 PPT 中。

将设置好大纲级别的文档保存，然后新建空白 PPT 演示文稿，选中 Word 文档，将其拖曳至空白演示文稿中，如下图所示。

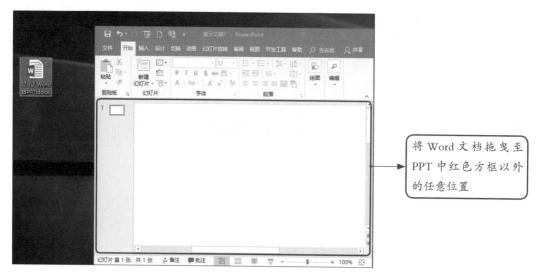

将 Word 文档拖曳至 PPT 中红色方框以外的任意位置

提示: 若拖曳Word文档至红色方框内，则在PPT中会以图片的形式显示文档的内容。

2　Word 文本转 Excel 表格

当 Word 中列出的统计信息需要转换到 Excel 中时，可以使用以下方法进行转换。

首先将 Word 中的文本内容粘贴至 Excel 表格中，然后在 Excel 软件中进行操作，实现转换，具体操作方法如下图所示。

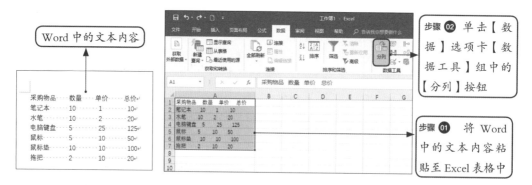

Word 中的文本内容

步骤 02　单击【数据】选项卡【数据工具】组中的【分列】按钮

步骤 01　将 Word 中的文本内容粘贴至 Excel 表格中

提示: 粘贴到 Excel 中的数据需要满足以下两个条件的任意一个，一是使用分隔符分隔数据，常用的分隔符号有 Tab 键、分号、逗号、空格（此处指一个空格），除此之外，用户还可以自定义分隔符号；二是使用固定宽度，即每列字段加空格对齐（每列数据间使用的空格数量可以不同，但每列字段必须左对齐）。

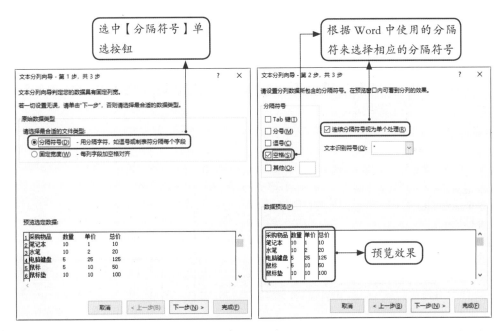

选中【分隔符号】单选按钮

根据 Word 中使用的分隔符来选择相应的分隔符号

预览效果

提示：【文本分列向导】中提供了 4 种分隔符，即 Tab 键、分号、逗号、空格，用户要根据实际情况选择相应的分隔符，若用户使用的分隔符不在这 4 种分隔符中，选中【其他】复选框，并在后面的文本框中输入原始数据中使用的分隔符即可。

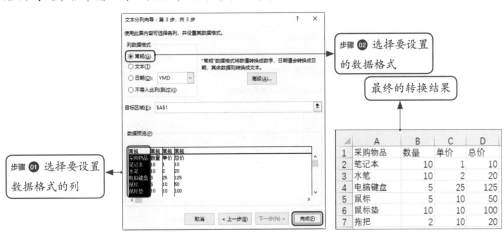

步骤 02 选择要设置的数据格式

最终的转换结果

步骤 01 选择要设置数据格式的列

3 PPT 转 Word

在实际工作中，经常需要将 PPT 做成讲义打印出来，发给观众。那么如何才能快

知识点拨

速将 PPT 转换成 Word 讲义呢？

下面介绍两种将 PPT 转成 Word 讲义的方法。

第一种：更改 PPT 文件类型。

在 PPT 软件界面中选择【文件】→【另存为】选项，调出【另存为】对话框，在该对话框中更改【保存类型】，如下图所示。

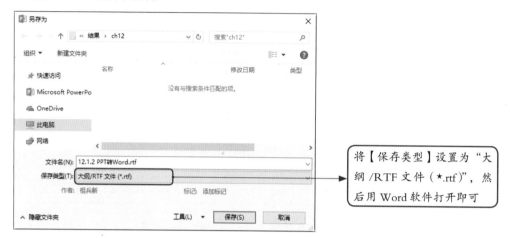

将【保存类型】设置为"大纲 /RTF 文件（*.rtf）"，然后用 Word 软件打开即可

第二种：使用【在 Microsoft Word 中创建讲义】命令。

首先在 PPT 软件操作界面将【在 Microsoft Word 中创建讲义】命令添加到【快速访问工具栏】中。然后单击【在 Microsoft Word 中创建讲义】按钮，弹出【发送到 Microsoft Word】对话框，根据需要选择相应的选项即可，如下图所示。

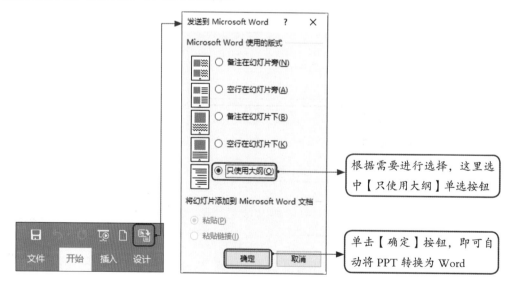

根据需要进行选择，这里选中【只使用大纲】单选按钮

单击【确定】按钮，即可自动将 PPT 转换为 Word

Word/Excel/PPT 协同操作实用技巧

本节介绍 Word/Excel/PPT 协同操作的 3 个实用技巧，如下图所示。

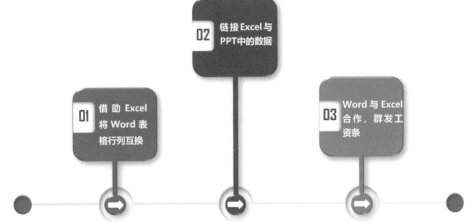

知识点拨

12.2.1　借助 Excel 将 Word 表格行列互换

　　虽然 Word 有强大的表格制作功能，但有些功能还需要借助 Excel 表格来实现，如快速实现 Word 中表格的行列互换。借助 Excel 实现 Word 表格行列互换的操作方法如下。

教学视频

　　第一步，将 Word 中的表格粘贴到 Excel 工作表中，如下图所示。

产品名称	洗衣粉	洗面奶	洗洁精	沐浴露	肥皂
产品类别	X	S	X	S	S
销售数量	460	120	160	150	260
单价	12	60	5	30	6
销售金额	5520	7200	800	4500	1560
备注				存货不足	

	A	B	C	D	E	F
1	产品名称	洗衣粉	洗面奶	洗洁精	沐浴露	肥皂
2	产品类别	X	S	X	S	S
3	销售数量	460	120	160	150	260
4	单价	12	60	5	30	6
5	销售金额	5520	7200	800	4500	1560
6	备注				存货不足	
7						
8						

　　第二步，在 Excel 软件中进行表格的行列互换。按【Ctrl+C】组合键复制 Excel 中的表格，再

选择任意一个空白单元格，单击【开始】选项卡【剪贴板】组中的【粘贴】下拉按钮，在弹出的下拉列表中单击【转置】按钮，即可将表格的行列进行转换，如下图所示。

第三步，将置换完成的表格再粘回 Word 中。将在 Excel 中置换完成的表格粘贴到 Word 中，并根据需要设置边框，调整行高和列宽，最终效果如下图所示。

销售明细表

产品名称	产品类别	销售数量	单价	销售金额	备注
洗衣粉	X	460	12	5520	
洗面奶	S	120	60	7200	
洗洁精	X	160	5	800	
沐浴露	S	150	30	4500	存货不足
肥皂	S	260	6	1560	

12.2.2 链接 Excel 与 PPT 中的数据

在实际工作中，Office 各软件间的相互调用是很常见的事情，如在 PPT 中调用 Excel 表格。但如果 Excel 表格的数据发生了更改，那么 PPT 中相对应的数据也要更改，如果数据量比较大，手动更改显然是不现实的，那么如何才能使 PPT 中的数据自动更改，实现 Excel 与 PPT 数据的同步更新呢？

1 在 PPT 中链接 Excel 数据

第一步，复制 Excel 表格，如下图所示。

		图书库存统计单						
序号	商品名称	规格型号	单位	单价	数量	码洋	数量核实	备注
1	图书A	默认	本	¥39.00	65	¥2,535.00	65	
2	图书B	默认	本	¥49.00	125	¥6,125.00	125	
3	图书C	默认	本	¥79.00	45	¥3,555.00	45	
4	图书D	默认	本	¥99.00	35	¥3,465.00	35	
合计					270	¥15,680.00	270	

选中 Excel 表格中的全部内容，并按【Ctrl+C】组合键进行复制

第二步，在PPT中粘贴表格。在PPT演示文稿中选择要粘贴表格的位置，单击【开始】选项卡【粘贴】组中的【选择性粘贴】按钮，调出【选择性粘贴】对话框，具体设置如下图所示。

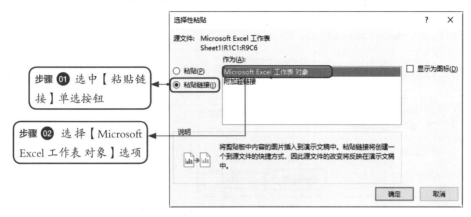

2 Excel 与 PPT 数据的同步更新

在 PPT 与 Excel 数据建立链接关系后，当 Excel 数据发生变化时，PPT 中数据的自动更新分为以下两种情况。

第一种：若 PPT 和 Excel 文件都是打开的状态，Excel 数据更新完成后，PPT 中的内容会随着自动更新。

第二种：若 PPT 文件没有打开，在 Excel 中更新完数据后，打开 PPT 文件，会弹出【Microsoft PowerPoint 安全声明】对话框，提示更新链接，如下图所示。

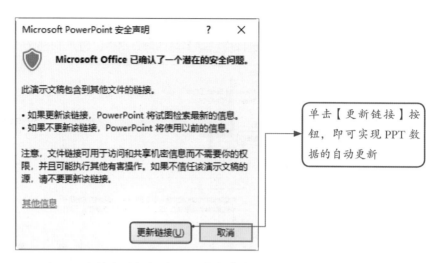

单击【更新链接】按钮，即可实现 PPT 数据的自动更新

提示： Excel 和 PPT 文件中的数据建立了链接关系后，Excel 文件，即源数据文件的位置不能改变，否则会导致链接失败。

另外，也可直接在 PPT 中更改数据。选中表格并右击，在弹出的快捷菜单中选择【链接 Worksheet 的对象】→【编辑】选项，如下图所示。

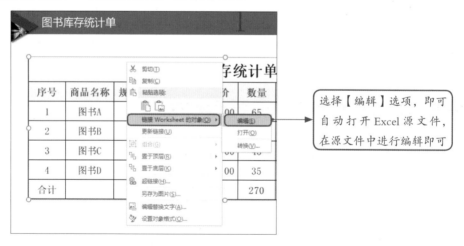

选择【编辑】选项，即可自动打开 Excel 源文件，在源文件中进行编辑即可

③ 重新链接源文件

如果 PPT 和 Excel 文件中的数据建立了链接关系后，更改了 Excel 文件，即源数据文件的位置，再次打开 PPT 文件时，会弹出【Microsoft PowerPoint】提示框，提示需要重新链接源文件，如下图所示。

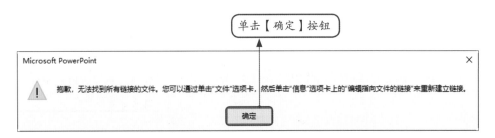

根据提示，选择【文件】→【信息】→【编辑指向文件的链接】选项，弹出【链接】对话框，重新链接文件即可，如下图所示。

12.2.3 Word 与 Excel 合作，群发工资条

在 Excel 表格中制作了"员工工资表"，接下来需要向每位员工的邮箱发送对应的工资单，你会怎么做呢？一个个复制粘贴，逐个发送？这样做不仅效率低，而且还容易出错。本节介绍 Word 与 Excel 合作，群发工资条的操作方法（素材 \ch12\12.2.3 工资通知单 .docx、12.2.3 员工工资表 .xlsx）。

教学视频

1 根据数据源建立主文档

根据数据源建立主文档，如下图所示。

	A	B	C	D	E	F	G
1	员工编号	姓名	基本工资	生活补贴	扣除工资	应得工资	邮箱
2	001	王XX	2300	200	10	2490	111111111@qq.com
3	002	付XX	2600	300	10	2890	2222222222@qq.com
4	003	刘XX	2600	340	20	2920	3333333333@qq.com
5	004	李XX	3600	450	30	4020	4444444444@qq.com
6	005	张XX	3200	260	10	3450	5555555555@qq.com
7	006	康XX	4000	290	10	4280	6666666666@qq.com
8							

必须有表头

数据源

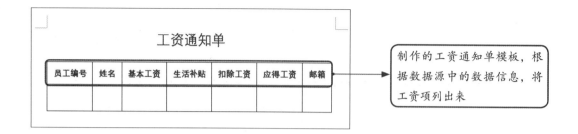

制作的工资通知单模板，根据数据源中的数据信息，将工资项列出来

2 向主文档中导入数据源

选择【邮件】选项卡【开始邮件合并】组中的【选择收件人】→【使用现有列表】选项，选择要导入的数据，具体操作步骤如下图所示。

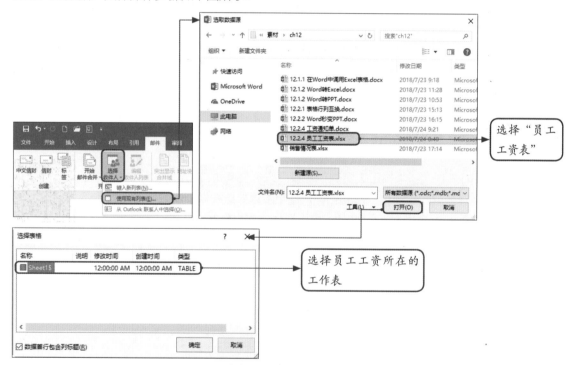

选择"员工工资表"

选择员工工资所在的工作表

3 插入合并数据源

导入数据源之后，就可以插入合并域了，具体操作如下图所示。

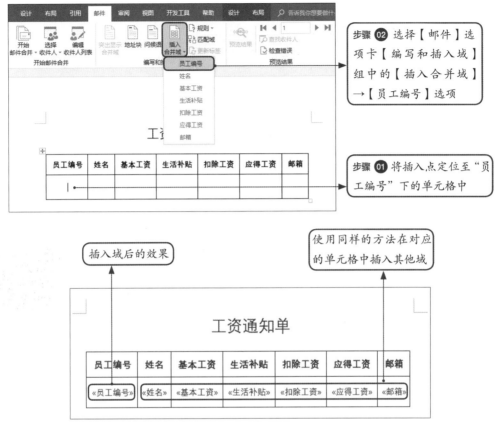

步骤 **02** 选择【邮件】选项卡【编写和插入域】组中的【插入合并域】→【员工编号】选项

步骤 **01** 将插入点定位至"员工编号"下的单元格中

插入域后的效果

使用同样的方法在对应的单元格中插入其他域

插入合并域之后,在完成合并并发送电子邮件之前,可单击【邮件】选项卡【预览结果】组中的【上一记录】和【下一记录】按钮预览效果,如下图所示。

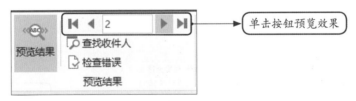

单击按钮预览效果

4 完成合并

选择【完成并合并】→【发送电子邮件】选项,将会弹出【合并到电子邮件】对话框,设置收件人及主题行后,单击【确定】按钮,即可通过 Outlook 完成邮件发送。

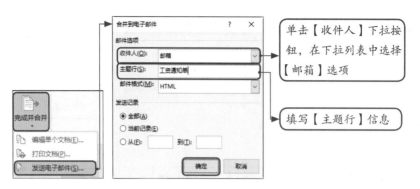

提示： 这里使用 Outlook 发送邮件，在使用之前，需要确保用 Outlook 已完成账户的初始设置，否则无法发送邮件。

 **高手自测**

本章主要介绍了Word/Excel/PPT的高效协同。通过本章学习，可以提高办公效率，结束本章学习之前，先检测一下学习效果。扫描右侧的二维码，即可查看注意事项及操作提示，最终结果可以参阅"结果\ch12\高手自测"中相应的文档。

教学视频

打开"素材\ch12\ 高手自测 \ 高手自测 .docx"文档，将其作为主文档，将"缴费人员名单信息 .xlsx"作为数据源，使用邮件合并功能批量制作缴费通知单。主文档和数据源如下图所示。

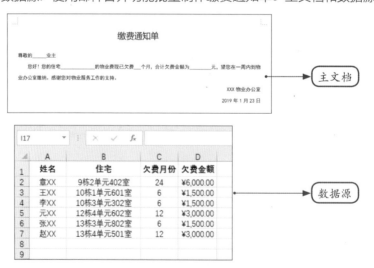

第 13 章

能级跃迁：让Word / Excel / PPT
成为真正的利器

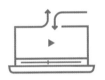

学习是一个积累经验、总结教训的过程，前面几章帮助大家完成量的累积，现在就是检验是否达到质变的时候。

13.1　用 Word 制作差旅费报销单

出差期间办理公务而产生的交通费、住宿费和公杂费等各项费用就是差旅费，差旅费是行政事业单位和企业的一项重要的经常性支出项目。

13.1.1　差旅费报销单的分析

差旅费报销单用于记录出差旅途中的费用支出，包括购买客车票、船票、火车票、飞机票的交通费，住宿费，伙食补助费及其他方面的支出。填写完成后需要财务人员、稽核人员、资金管理人员按规定对报销手续、预算额度、票据合法性、真实性、出差标准进行审核，最后计入公司财务预算。

因此，差旅费报销单不仅要详细，方便出差人员填写，更要有合理的框架布局，适合资金管理人员阅读并归档。

1　准备阶段

制作差旅费报销单，关键在于确定表格中要包含哪些内容，然后根据内容分类，最后根据分类安排内容布局、确定表格的行数和列数，行可以在制作表格过程中逐步添加。这样能节省反复修改的时间。

差旅费报销单包含表格名称、差旅人员信息、出差时间、目的地、各项费用、需报销或退还金额及资金管理人员签字等必备信息。

① 表格名称可显示在表格外最上方，也可以放置在表格第一行，而报销时关于原始票据的提示信息可以放置在表格第 2 行或表格最下方。

② 表格内部上方是差旅人员信息、出差时间、目的地等信息。

③ 接下来则需要详细列出各项费用，大致包括交通费（如自驾出差，可单独列出）、住宿费、餐饮费、会议费及其他支出情况。

④ 表格下方则是各项费用汇总。

⑤ 最后是资金管理人员签字区域。

2　具体实施

具体实施也就是搭建框架、输入内容及美化表格的过程，具体操作可参考下图所示步骤。

实施过程中的注意事项如下。

① 调整单元格时要根据输入内容的多少，确定单元格的大小，内容多时，可将相邻的单元格合并。

② 差旅费报销单属于正式表格类型，字体可使用宋体、黑体等。

③ 除了公司 LOGO 外，不建议使用过多的元素美化文档。

④ 对于重要的信息，如标题、金额汇总等单元格，可以填充颜色突出显示。

13.1.2　使用表格制作差旅费报销单

在制作差旅费报销单之前，首先要根据实际情况将差旅费报销单按照信息分块，整理出基本的文字稿，如下图所示。

教学视频

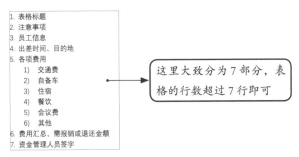

1　搭建框架

搭建框架分为确定表格行列数并插入表格。

（1）确定行列数

根据基本文字稿确定表格的行数和列数，考虑如下。

① 将表格标题及注意事项放到表格内，各占1行。

② 员工信息占3行。

③ 出差时间、目的地等占2行。

④ 各项费用占7行。

⑤ 费用汇总、资金管理人员签字占2行，如果有公司预支付金额项，也可单独占1行。

因此，需要将表格行数设置为17行，列数可先设置为"1"，之后根据需要拆分单元格，调整各行的列数。

（2）插入表格

打开【插入表格】对话框，具体设置如下图所示。

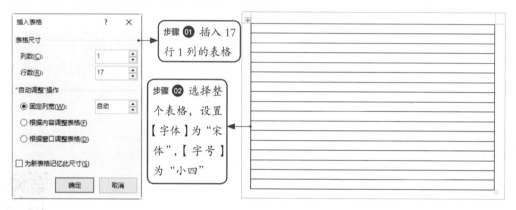

（3）拆分、合并单元格

前两行是表格标题及注意事项，不需要拆分。第3~6行输入员工信息，可分别将其拆分为1行6列，之后将第2列和第3列及第5列和第6列合并，如下图所示。

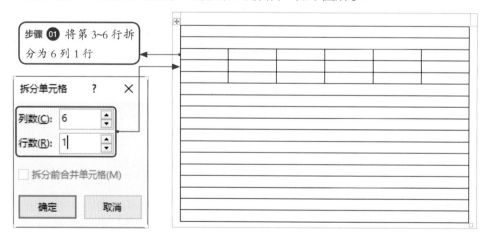

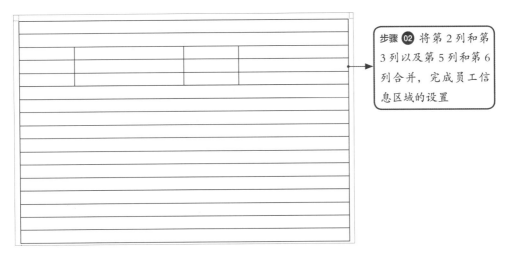

步骤 **02** 将第 2 列和第 3 列以及第 5 列和第 6 列合并，完成员工信息区域的设置

之后拆分并根据需要合并出差时间、目的地等占用的 2 行，如下图所示。

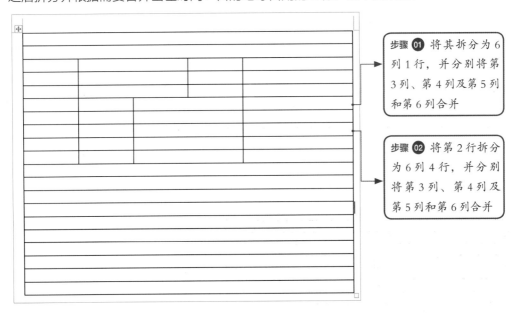

步骤 **01** 将其拆分为 6 列 1 行，并分别将第 3 列、第 4 列及第 5 列和第 6 列合并

步骤 **02** 将第 2 行拆分为 6 列 4 行，并分别将第 3 列、第 4 列及第 5 列和第 6 列合并

各项费用占 7 行，将标题行拆分为 1 行 6 列，其他 6 行分别拆分为 6 列，行数可根据需要调整，并将第 3 列至第 5 列合并，如下图所示。

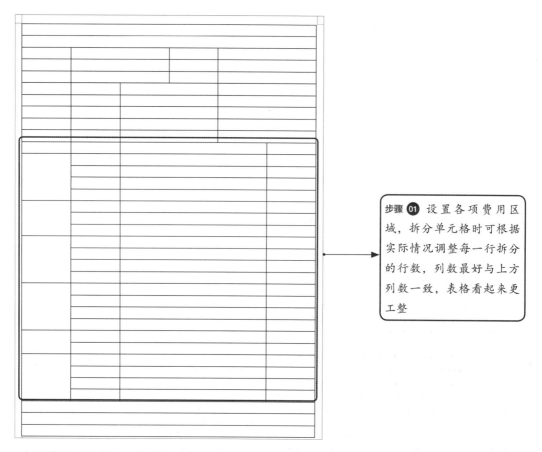

步骤 **01** 设置各项费用区域，拆分单元格时可根据实际情况调整每一行拆分的行数，列数最好与上方列数一致，表格看起来更工整

交通费区域绘制如下图所示。

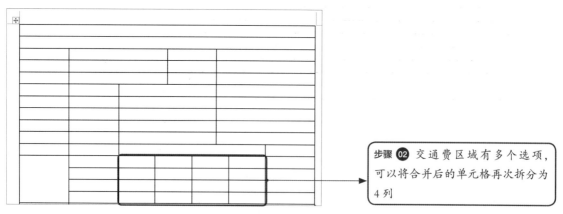

步骤 **02** 交通费区域有多个选项，可以将合并后的单元格再次拆分为4列

最后设置费用汇总及资金管理人员所在的行，同样将其拆分为 6 行并根据需要合并单元格，如果行不够时，可增加新行，完成搭建框架的操作，如下图所示。

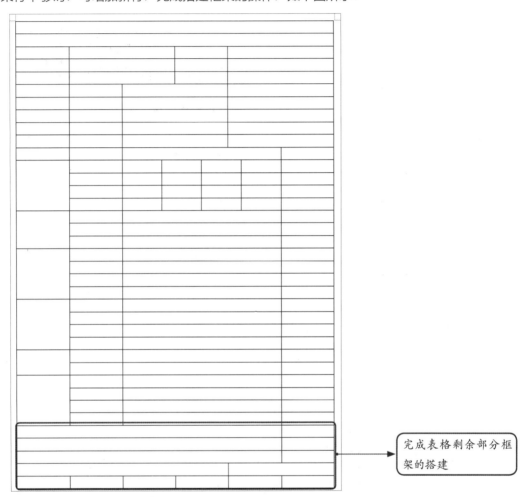

完成表格剩余部分框架的搭建

2 输入内容

　　框架搭建完成，即可在表格中输入内容，如下图所示。

输入文字内容，有多个选项的，可以插入复选框，方便选择

3 设置表格内容格式

在创建表格后已设置了表格中文字的【字体】为"宋体"，【字号】为"小四"，这里只需要修改标题的格式即可，如下图所示。

【加粗】效果、【对齐方式】为"中部两端对齐"

【字号】为"小一"、【加粗】效果、【对齐方式】为"水平居中"

【加粗】效果、【对齐方式】为"水平居中"

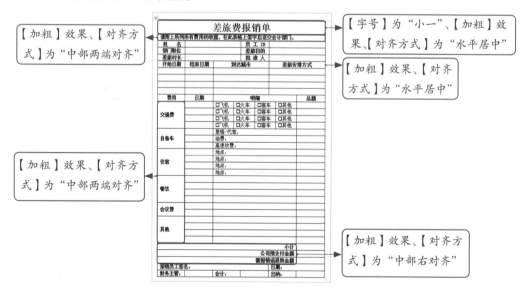

【加粗】效果、【对齐方式】为"中部两端对齐"

【加粗】效果、【对齐方式】为"中部右对齐"

4 调整行高及表格大小

差旅费报销单内容不满一页时,通常要调整表格的宽度和高度,使其占满一个页面,如下图所示。

拖曳表格右下角的控制柄,可将表格横向变大。拖曳表格中横向边框线,可纵向增大表格。拖曳左右两侧的竖线边框,可横向增大表格。如果要微调边框,可以按住【Alt】键。

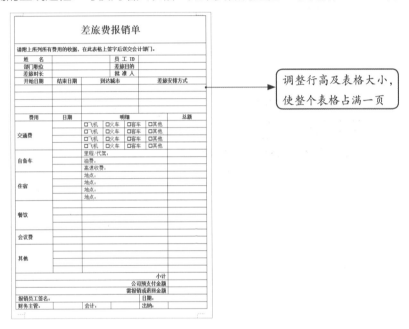

调整行高及表格大小,
使整个表格占满一页

5 美化表格

差旅费报销单页面以简洁为主,不需要过度美化,仅需要将重点内容突出显示,方便阅读即可。

（1）设置边框

设置边框的方法如下图所示。

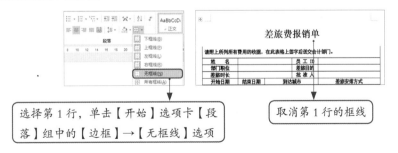

选择第1行,单击【开始】选项卡【段落】组中的【边框】→【无框线】选项

取消第1行的框线

选择第 2 行，取消左框线和右框线的显示

第 2 行也以无边框的形式显示

（2）使用色块修饰

为了让标题和重要内容更加突出，可以使用色块修饰标题，具体设置如下图所示。

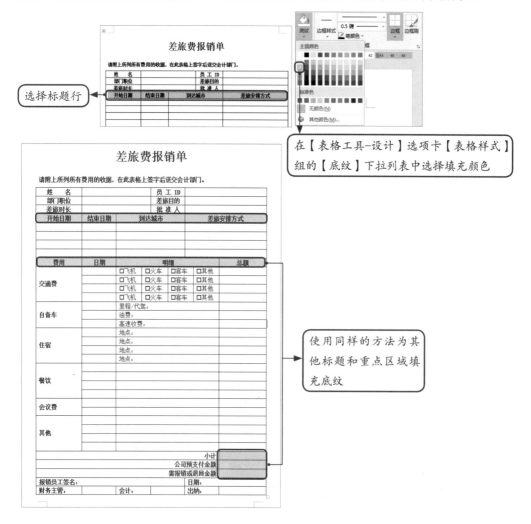

选择标题行

在【表格工具-设计】选项卡【表格样式】组的【底纹】下拉列表中选择填充颜色

使用同样的方法为其他标题和重点区域填充底纹

（3）优化版面布局

此时表格大致完成，但表格名称稍显单调，可以在下方添加两条直线，使差旅费报销单看起来更专业，如下图所示。

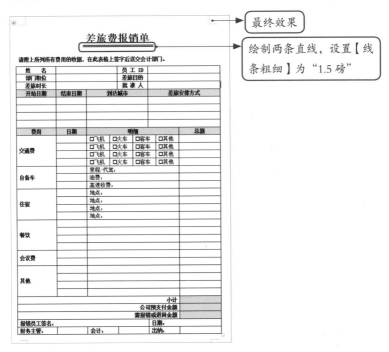

13.2 制作员工工资明细表并分析员工工资情况

工资明细表是最常见的工作表类型之一，工资明细表是员工工资的发放凭证，由各类数据汇总而成，涉及众多函数的使用。

13.2.1 员工工资明细表的分析

员工工资明细表由员工基本信息表、业绩奖金标准表、税率表及销售业绩表组成，部分工作表中的数据需要经过运算获得，各个工作表之间也需要使用函数相互调用，最后汇总各个工作表共同组成员工工资明细工作簿。

打开"素材\ch13\员工工资明细表.xlsx"文件。

① 员工基本信息表：包含员工的基本信息，根据基本工资，通过公式可计算出五险一金的缴纳金额，如下图所示。

	员工编号	员工姓名	所属部门	入职日期	基本工资	五险一金扣除
2	101001	张XX	销售一部	2007/1/20	6800	
3	101002	王XX	销售一部	2008/5/10	7800	
4	101003	李XX	销售三部	2008/6/25	5800	
5	101004	赵XX	销售二部	2010/2/3	5000	
6	101005	钱XX	销售三部	2010/8/5	6500	
7	101006	孙XX	销售二部	2012/4/20	4200	
8	101007	李XX	销售三部	2013/10/20	4000	
9	101008	胡XX	销售三部	2014/6/5	5700	
10	101009	马XX	销售二部	2014/7/20	3600	
11	101010	刘XX	销售一部	2015/6/20	3200	

② 业绩奖金标准表：根据销售额分层找到对应的销售额基数，每个基数对应不同的百分比，可根据员工的销售额确定奖金百分比，计算出奖金，如下图所示。

	销售额分层	10,000以下	10,000～25,000	25,000～40,000	40,000～50,000	50,000以上
2	销售额基数	0	10000	25000	40000	50000
3	百分比	0	0.03	0.07	0.1	0.15

③ 税率表：根据表中的数据，可以计算员工应缴纳的个人所得税，如下图所示。

级数	应纳税所得额	级别	税率	速算扣除数
			起征点	5000
1	0~3000（包含）	0	0.03	0
2	3000~12000（包含）	3000	0.1	210
3	12000~25000（包含）	12000	0.2	1410
4	25000~35000（包含）	25000	0.25	2660
5	35000~55000（包含）	35000	0.3	4410
6	55000~80000（包含）	55000	0.35	7160
7	80000以上	80000	0.45	15160

业绩奖金标准 | 税率表 | 销售业绩表 …

④ 销售业绩表：根据员工的销售额，使用逻辑函数 HLOOKUP 调用 "业绩奖金标准表" 中的数据计算奖金比例和奖金，如下图所示。

员工编号	员工姓名	销售额	奖金比例	奖金
101001	张XX	48000		
101002	王XX	38000		
101003	李XX	52000		
101004	赵XX	45000		
101005	钱XX	45000		
101006	孙XX	62000		
101007	李XX	30000		
101008	胡XX	34000		
101009	马XX	24000		
101010	刘XX	8000		

业绩奖金标准 | 税率表 | 销售业绩表 | 工 …

⑤ 工资表：综合使用文本函数、日期与时间函数、查找与引用函数由前面的 4 张表汇总出员工编号、所属部门、员工姓名、工龄、工龄工资、应发工资、个人所得税及实发工资，如下图所示，完成最终的工资表。

序号	员工编号	所属部门	员工姓名	工龄	工龄工资	应发工资	个人所得税	实发工资
1								
2								
3								
4								
5								
6								
7								
8								
9								
10								

… 税率表 | 销售业绩表 | 工资表

工资表制作完成后，就可以根据用户想要的信息，通过筛选确定数据源，制作出满足要求的图表。

清楚各个表的构成及各个表之间的关系后，就可以使用公式和函数计算相关数据，制作出员工工资明细表。

教学视频

1 计算五险一金扣除

五险一金应根据公司的规定用基本工资乘以缴纳比例。在"员工基本信息"表的 F2 单元格中输入公式"=E2*15%"，按【Enter】键后，填充至 F11 单元格，如下图所示。

员工编号	员工姓名	所属部门	入职日期	基本工资	五险一金扣除
101001	张XX	销售一部	2007/1/20	6800	1020
101002	王XX	销售一部	2008/5/10	7800	1170
101003	李XX	销售三部	2008/6/25	5800	870
101004	赵XX	销售二部	2010/2/3	5000	750
101005	钱XX	销售三部	2010/8/5	6500	975
101006	孙XX	销售二部	2012/4/20	4200	630
101007	李XX	销售三部	2013/10/20	4000	600
101008	胡XX	销售三部	2014/6/5	5700	855
101009	马XX	销售二部	2014/7/20	3600	540
101010	刘XX	销售一部	2015/6/20	3200	480

> 15% 为个人缴纳的比例，可根据实际情况更改

2 计算奖金比例

在"销售业绩表"中可以根据销售额使用 HLOOKUP 函数调用"业绩奖金标准"表中的数据计算出奖金比例，选择 D2 单元格，输入公式"=HLOOKUP(C2, 业绩奖金标准 !\$B\$2:\$F\$3,2)"，按【Enter】键后，填充至 D11 单元格，如下图所示。

员工编号	员工姓名	销售额	奖金比例	奖金	
101001	张XX	48000	0.1		
101002	王XX	38000	0.07		
101003	李XX	52000	0.15		
101004	赵XX	45000	0.1		
101005	钱XX	45000	0.1		
101006	孙XX	62000	0.15		
101007	李XX	30000	0.07		
101008	胡XX	34000	0.07		
101009	马XX	24000	0.03		
101010	刘XX	8000	0		

> HLOOKUP 函数是 Excel 中的横向查找函数，公式"=HLOOKUP(C2, 业绩奖金标准 !\$B\$2:\$F\$3,2)"中第 3 个参数设置为"2"表示取满足条件的记录在"业绩奖金标准! \$B\$2:\$F\$3"区域中第 2 行的值

3 计算奖金

在"销售业绩表"中根据奖金比例计算奖金，如果没有特殊奖励，可直接使用公式"=C2*D2"计算，但当单月销售额大于等于 50 000 元时，有额外奖励，可以使用 IF 函数判断 C2 单元格的值是否大于等于 50 000。

在 E2 单元格中输入公式"=IF(C2<50000,C2*D2,C2*D2+500)"，按【Enter】键后，填充至 E11 单元格，如下图所示。

	A	B	C	D	E
1	员工编号	员工姓名	销售额	奖金比例	奖金
2	101001	张XX	48000	0.1	4800
3	101002	王XX	38000	0.07	2660
4	101003	李XX	52000	0.15	8300
5	101004	赵XX	45000	0.1	4500
6	101005	钱XX	45000	0.1	4500
7	101006	孙XX	62000	0.15	9800
8	101007	李XX	30000	0.07	2100
9	101008	胡XX	34000	0.07	2380
10	101009	马XX	24000	0.03	720
11	101010	刘XX	8000	0	0

公　式"=IF(C2<50000,C2*D2,C2*D2+500)"中首先判断 C2 单元格中的值是否小于 50 000，小于 50 000，则返回 C2*D2 的值，否则返回 C2*D2+500 的值，即单月销售额大于等于 50 000 元，额外给予 500 元奖励

4 计算员工编号、所属部门、员工姓名

在"工资表"中可以使用文本函数 TEXT 快速添加"员工基本信息"表中的员工基本信息。在 B2、C2、D2 单元格中分别输入公式"=TEXT(员工基本信息!A2,0)""=TEXT(员工基本信息!C2,0)""=TEXT(员工基本信息!B2,0)"，按【Enter】键后，分别填充至 B11、C11、D11 单元格，如下图所示。

	A	B	C	D	E	F	G	H	I
1	序号	员工编号	所属部门	员工姓名	工龄	工龄工资	应发工资	个人所得税	实发工资
2	1	101001	销售一部	张XX					
3	2	101002	销售一部	王XX					
4	3	101003	销售三部	李XX					
5	4	101004	销售二部	赵XX					
6	5	101005	销售三部	钱XX					
7	6	101006	销售二部	孙XX					
8	7	101007	销售三部	李XX					
9	8	101008	销售二部	胡XX					
10	9	101009	销售一部	马XX					
11	10	101010	销售一部	刘XX					

公　式"=TEXT(员工基本信息!A2,0)"的作用是将"员工基本信息"表中 A2 单元格的值显示在 B2 单元格中，后方的"0"表示数字占位符

5 计算工龄、工龄工资

员工的工龄是计算员工工龄工资的依据。使用 DATEDIF 函数可以很准确地计算出员工工龄，在 E2 单元格中输入公式 "=DATEDIF(员工基本信息 !D2,TODAY(),"y")"，按【Enter】键后，填充至 E11 单元格，如下图所示。

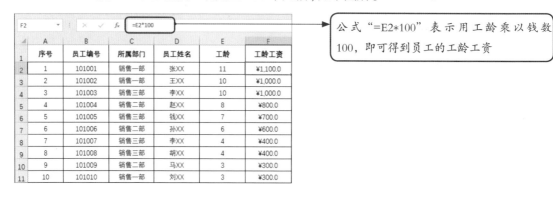

公式 "=DATEDIF(员工基本信息 !D2,TODAY(),"y")" 的作用是返回两个日期之间的年、月、日间隔数，"TODAY()" 的作用是返回当前日期，"y" 是返回值类型，"y" 返回整年数。
如果返回整月数，则返回类型为 "m"，如果返回天数，则返回类型为 "d"

工龄工资计算比较简单，直接用工龄乘以每年的钱数即可，在 F2 单元格中输入公式 "=E2*100"，按【Enter】键后，填充至 F11 单元格，如下图所示。

公式 "=E2*100" 表示用工龄乘以钱数 100，即可得到员工的工龄工资

6 计算应发工资

应发工资是员工所有薪资的汇总，在 G2 单元格中输入公式 "= 员工基本信息 !E2- 员工基本信息 !F2+ 销售业绩表 !E2+ 工资表 !F2"，按【Enter】键后，填充至 G11 单元格，如下图所示。

表示基本工资 - 五险一金扣除 + 奖金 + 工龄工资

=员工基本信息!E2-员工基本信息!F2+销售业绩表!E2+工资表!F2

序号	员工编号	所属部门	员工姓名	工龄	工龄工资	应发工资
1	101001	销售一部	张XX	11	¥1,100.00	¥11,680.00
2	101002	销售一部	王XX	10	¥1,000.00	¥10,290.00
3	101003	销售三部	李XX	10	¥1,000.00	¥14,230.00
4	101004	销售二部	赵XX	8	¥800.0	¥9,550.00
5	101005	销售三部	钱XX	7	¥700.0	¥10,725.00
6	101006	销售二部	孙XX	6	¥600.0	¥13,970.00
7	101007	销售三部	李XX	4	¥400.0	¥5,900.00
8	101008	销售三部	胡XX	4	¥400.0	¥7,625.00
9	101009	销售二部	马XX	3	¥300.0	¥4,080.00
10	101010	销售一部	刘XX	3	¥300.0	¥3,020.00

7 计算个人所得税

应纳税个人所得额的计算是扣除五险一金后的应发工资减去扣除标准，可以使用查找与引用函数 LOOKUP 在"税率表"中查找并计算应缴纳的个人所得税，在 H2 单元格中输入公式"=IF(G2<税率表!E$1,0,LOOKUP(工资表!G2-税率表!E$1,税率表!C$3:C$9,(工资表!G2-税率表!E$1)*税率表!D$3:D$9-税率表!E$3:E$9))"，按【Enter】键后，填充至 H11 单元格，如下图所示。

=IF(G2<税率表!E$1,0,LOOKUP(工资表!G2-税率表!E$1,税率表!C$3:C$9,(工资表!G2-税率表!E$1)*税率表!D$3:D$9-税率表!E$3:E$9))

序号	员工编号	所属部门	员工姓名	工龄	工龄工资	应发工资	个人所得税	实发工资
1	101001	销售一部	张XX	12	¥1,200.0	¥11,780.00	¥468.00	
2	101002	销售一部	王XX	11	¥1,100.0	¥10,390.00	¥329.00	
3	101003	销售三部	李XX	10	¥1,000.0	¥14,230.00	¥713.00	
4	101004	销售二部	赵XX	9	¥900.0	¥9,650.00	¥255.00	
5	101005	销售三部	钱XX	8	¥800.0	¥10,825.00	¥372.50	
6	101006	销售二部	孙XX	7	¥700.0	¥14,070.00	¥697.00	
7	101007	销售三部	李XX	5	¥500.0	¥6,000.00	¥30.00	
8	101008	销售三部	胡XX	4	¥400.0	¥7,625.00	¥78.75	
9	101009	销售二部	马XX	4	¥400.0	¥4,180.00	¥0.00	
10	101010	销售一部	刘XX	3	¥300.0	¥3,020.00	¥0.00	

提示： 这里计算个人所得税的方法是按月计算应征收的个税金额。如果按年计算应征收的纳税额，则应当按照累计预扣法计算预扣税款，并按月办理全员全额扣缴申报。具体方法可根据当时税务规定进行计算。

公式"=IF(G2<税率表!E$1,0,LOOKUP(工资表!G2-税率表!E$1,税率表!C$3:C$9,(工资表!G2-税率表!E$1)*税率表!D$3:D$9-税率表!E$3:E$9))"表示如果应发工资小于起征点"5000"则不需要交税，否则需要交税。

LOOKUP(工资表!G2-税率表!E$1,税率表!C$3:C$9,(工资表!G2-税率表!E$1)*税率表!D$3:D$9-税率表!E$3:E$9))表示用"应发工资-起征点"得到的应纳税所得额与"税率表"中 C3:C9 单元格区域对比，满足条件后，用"应纳税所得额*税率-速算扣除数"得到应缴纳的个人所得税实发工资是用应发工资减去个人所得税得到的结果，在 I2 单元格中输入公式"=G2-H2"，按【Enter】键后，填充至 I11 单元格，如下图所示。

"应发工资－个人所得税"即为员工的实发工资

至此，就完成了员工工资明细表的制作。

13.2.3 使用图表分析员工工资

员工工资明细表制作完成后，可以使用图表分析员工的工资情况，这里可以在"工资表"表格的基础上进行分析。

1 明确数据指标

通过制作员工工资明细表，可以知道这是某企业销售部门员工的工资情况表，在表格中能够清晰地看到员工编号、部门、姓名、基本工资、销售额、工龄工资、应发工资及实发工资等信息。这些信息就是"员工工资明细表"工作簿中的关键指标。

2 确定用户想要的信息

不同用户想要的信息不同，对于整个销售部门或者企业领导来说，这个工作簿关注的重点在于每位员工的销售额。但对于人力资源管理部门来说，制作招聘广告，则更关注的是各部门员工的平均工资，以便于在招聘广告中做宣传。

这里就确定图表用于展示销售部各部门平均工资与全体销售部员工平均工资对比。

③ 确定数据源

要展示销售部各部门平均工资与全体销售部员工平均工资的对比，就可以先通过筛选功能分别筛选出"销售一部""销售二部""销售三部"的工资数据并计算平均工资，然后在新列中计算出全体销售部员工的平均工资，如下图所示，新建"工资分析表"工作表，并将最终的数据源汇总至"工资分析表"表格中。

	A	B	C
1	部门	部门平均工资	全体平均工资
2	销售一部	¥8,131.00	¥8,882.68
3	销售二部	¥8,982.67	¥8,882.68
4	销售三部	¥9,371.44	¥8,882.68

→ 分别计算出各部门平均工资

→ 计算出全体销售部员工平均工资

④ 规划图表设计方案

制作后的数据源主要用于比较不同的分类项目，因此，可以使用柱形图来展示数据。

选择数据源区域任意单元格，单击【插入】选项卡【图表】组中的【插入柱形图或条形图】→【簇状柱形图】按钮。完成柱形图的创建，如下图所示。

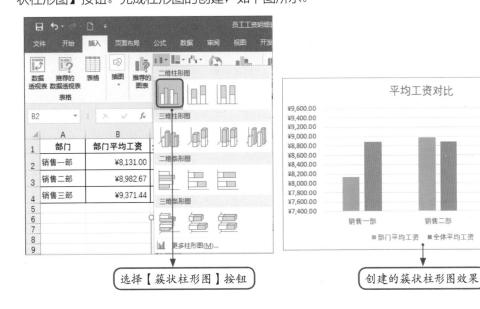

选择【簇状柱形图】按钮

创建的簇状柱形图效果

5 提升图表的细节

提升细节可从增强图表可读性、美观性着手。

（1）更改图表类型

选择图表，单击【图表工具-设计】选项卡【类型】组中的【更改图表类型】按钮，具体设置如下图所示。

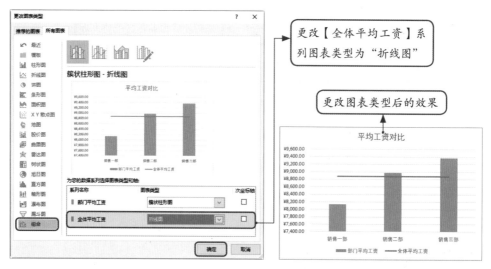

（2）设置数据系列格式

数据系列格式的设置如下图所示。

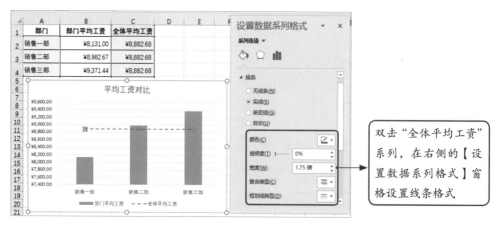

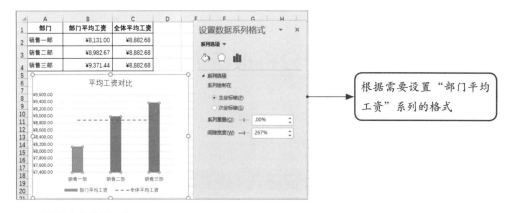

根据需要设置"部门平均工资"系列的格式

（3）设置坐标轴格式

坐标轴格式的设置如下图所示。

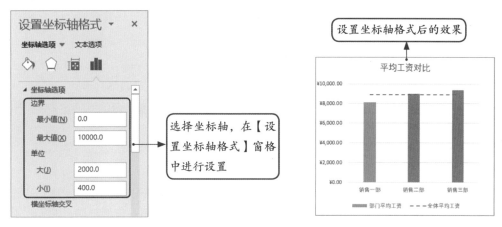

选择坐标轴，在【设置坐标轴格式】窗格中进行设置

设置坐标轴格式后的效果

（4）设置图表区格式并添加图表元素

最后根据需要设置图表区格式，并设置图表元素，最终效果如下图所示。

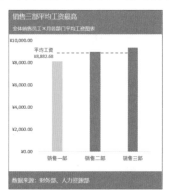

13.3　制作市场调研分析报告 PPT

市场调研分析报告具有针对性、真实性、典型性及时效性等特点，报告内容要客观真实、突出市场调研的目的，并且语言要简明、准确、易懂。

13.3.1　制作市场调研分析报告 PPT 前的准备

制作市场调研分析报告 PPT 前首先要分析 PPT 的定位及观众，然后提炼已有资料中的观点，构建出逻辑主线，之后选择呈现章节逻辑的方法，最后才是制作 PPT。

1　PPT 的定位及观众分析

市场调研分析报告 PPT 属于工作报告类，制作这类 PPT 需要注意以下几点。

① 配色、背景要传统、简洁、大气，不宜艳丽，要给观众以严谨、可信的感觉。

② 逻辑框架结构要清晰，容易理解。

③ 可以大量使用图片、图标及图表等元素。

④ 动画要适当，不宜华丽。

市场调研分析报告 PPT 的观众主要是企业内部人员，如企业的研发、销售、市场等部门及企业的管理者。他们对产品较为了解，因此，PPT 传递的市场调研信息一定要严谨、准确。

2　提炼文档中的关键信息

打开"素材 \ch13\ 市场调研分析报告 .docx"文件，在该文档中提炼出关键信息用于制作 PPT。

① 该文档中包含的大标题是最先要提炼出来的，这些大标题是文档的核心，在 PPT 中可以用作目录和页面标题，如下图所示。

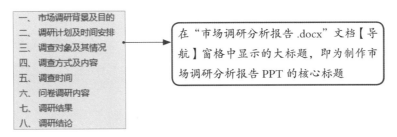

一、 市场调研背景及目的
二、 调研计划及时间安排
三、 调查对象及其情况
四、 调查方式及内容
五、 调查时间
六、 问卷调研内容
七、 调研结果
八、 调研结论

在"市场调研分析报告.docx"文档【导航】窗格中显示的大标题，即为制作市场调研分析报告 PPT 的核心标题

② 按照去粗取精的原则，将核心段落中包含的重点内容提炼出来。下面以提炼"市场调研背景及目录"下的内容为例介绍，如下图所示。

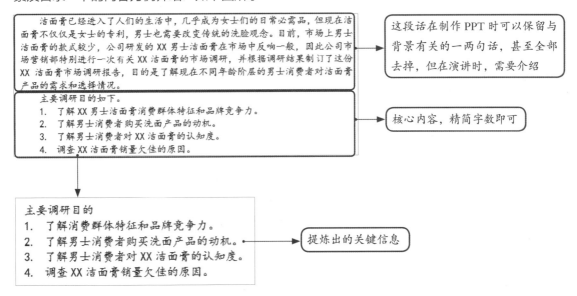

洁面膏已经进入了人们的生活中，几乎成为女士们的日常必需品，但现在洁面膏不仅仅是女士的专利，男士也需要改变传统的洗脸观念。目前，市场上男士洁面膏的款式较少，公司研发的 XX 男士洁面膏在市场中反响一般，因此公司市场营销部特别进行一次有关 XX 洁面膏的市场调研，并根据调研结果制订了这份 XX 洁面膏市场调研报告，目的是了解现在不同年龄阶层的男士消费者对洁面膏产品的需求和选择情况。

这段话在制作 PPT 时可以保留与背景有关的一两句话，甚至全部去掉，但在演讲时，需要介绍

主要调研目的如下。
1. 了解 XX 男士洁面膏消费群体特征和品牌竞争力。
2. 了解男士消费者购买洗面产品的动机。
3. 了解男士消费者对 XX 洁面膏的认知度。
4. 调查 XX 洁面膏销量欠佳的原因。

核心内容，精简字数即可

主要调研目的
1. 了解消费群体特征和品牌竞争力。
2. 了解男士消费者购买洗面产品的动机。
3. 了解男士消费者对 XX 洁面膏的认知度。
4. 调查 XX 洁面膏销量欠佳的原因。

提炼出的关键信息

对于其他文字内容，可以根据实际情况分析，提取关键信息。

③ 在素材中可以看到下图所示的表格，这张表格是对调研问题的统计总结。问题不同，答案也不同，对于这类数据，如果将每个问题拆分为不同的表格，虽然能让观众看明白，但表格过多时，观众不能把握住重点。如果使用图表，过多的项目也起不到良好的表达效果。

对调研结果的统计如下。

	答案 A	答案 B	答案 C	答案 D	答案 E
问题 1	0.1	0.3	0.5	0.1	
问题 2	0.02	0.38	0.1	0.3	0.2
问题 3	0.1	0.25	0.4	0.15	0.1
问题 4	0.1	0.2	0.25	0.35	0.1
问题 5	0.1	0.1	0.4	0.2	0.2

此时，可以换个角度考虑，结合"六、问卷调研内容"相关内容，仅把问题及关注的答案提取并统计出来，这样不仅能简化表格，降低制作难度，还能让观众快速掌握重点数据，如下图所示。

对调研结果的统计如下。

调研问题及答案	所占比例
听说并使用过及经常使用 XX 男士洁面膏	60%
使用洁面膏产品洁面	50%
常用或可接受洁面膏价格大于 50 元	65%
通过柜台或朋友推荐购买洁面产品	60%
购买洁面膏目的是去油	40%

将问题与关注的答案提取汇总成新表

3 构建出逻辑主线

市场调研报告 PPT 的逻辑主线可以按照下图所示的思路进行。

确定目标 → 实施方案 → 收集资料 → 资料分析 → 总结结论

4 呈现章节逻辑

① 章节间逻辑可使用说明式结构，通过"封面页→目录页→正文页→结束页"逐步分析。
② 篇章逻辑可采用标准型、图片型、图表型展现。
③ 页面逻辑大多采用并列逻辑。

13.3.2 套用模板节约 PPT 设计时间

制作 PPT 时可以使用 PPT 自带的报告类模板，也可以在模板网站上下载类似的模板并适当修改，可以节约大量时间。

1 使用内置模板

内置模板如下图所示。

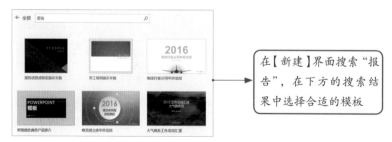

在【新建】界面搜索"报告"，在下方的搜索结果中选择合适的模板

精进Office：成为Word/Excel/PPT高手

② 在专业模板网站下载模板

如果内置的模板不能满足要求，可以在专业的模板网站下载模板。在这里提供几个下载 PPT 模板的网站，如下表所示。

网站名称	优势
演界网	数量多，质量较高并且有成套的合集作品
稻壳儿	风格多样，分类详细，部分模板支持免费下载
觅知网	PPT 模板丰富，大量 PPT 图表、配图均可免费下载使用

③ OfficePLUS.cn

OfficePLUS.cn 是微软官方模板网站，支持免费下载，如下图所示。

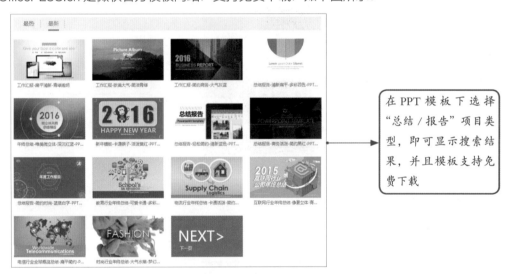

在 PPT 模板下选择"总结/报告"项目类型，即可显示搜索结果，并且模板支持免费下载

13.3.3 制作 PPT 封面

男士护肤品市场调研报告类 PPT 的封面色彩应给人以干净、简约、现代、沉稳的感觉，可以选择蓝色、白色、黑色、灰色、橙色、绿色等色彩。

可以用产品的宣传海报当作封面的背景，不仅可以参考产品广告设计的配色，字体等也可以使用宣传海报中的字体。这里使用"素材 \ch13\ 产品海报 .jpg"文件

教学视频

作为背景图，如下图所示。

产品海报图虽然漂亮，但内容、配色复杂，作为封面页背景无法突出其他文字

花费一番工夫找到一张漂亮的图片，准备用作封面背景，但苦于复杂的图案无法突出标题文字，不得不放弃。此时，可以在图片上添加颜色突出的纯色图块，在图块上添加其他文字，如下图所示。

用深色色块覆盖复杂的背景图片区域，之后再输入其他文字

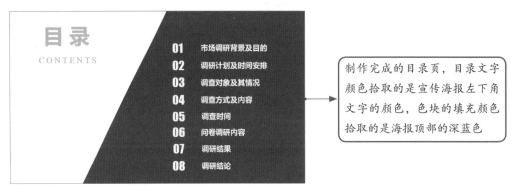

13.3.4 制作目录页

提炼"市场调研分析报告 .docx"文档中的关键信息后，可使用标题作为目录，如下图所示。

制作完成的目录页，目录文字颜色拾取的是宣传海报左下角文字的颜色，色块的填充颜色拾取的是海报顶部的深蓝色目录页中蓝色色块是怎么制作出来的呢？其具体操作步骤如下图所示。

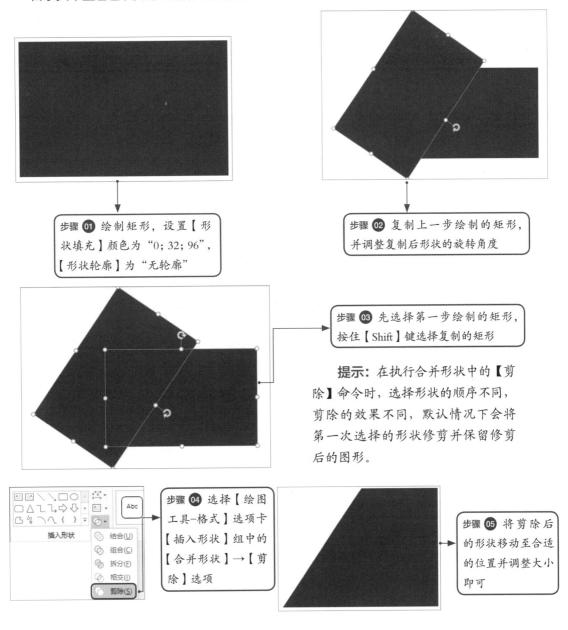

步骤 01 绘制矩形，设置【形状填充】颜色为"0；32；96"，【形状轮廓】为"无轮廓"

步骤 02 复制上一步绘制的矩形，并调整复制后形状的旋转角度

步骤 03 先选择第一步绘制的矩形，按住【Shift】键选择复制的矩形

提示：在执行合并形状中的【剪除】命令时，选择形状的顺序不同，剪除的效果不同，默认情况下会将第一次选择的形状修剪并保留修剪后的图形。

步骤 04 选择【绘图工具-格式】选项卡【插入形状】组中的【合并形状】→【剪除】选项

步骤 05 将剪除后的形状移动至合适的位置并调整大小即可

正文页面主要是展示文字及数据内容，可以设置文字样式美化文字，也可以通过添加各种形状、表格、图片、图表等展示文字、数据。

1 市场调研背景及目的页面

市场调研背景及目的页面主要包含 4 点内容，内容较少，为了避免页面单调，可以借助自选形状丰富页面元素，如下图所示。

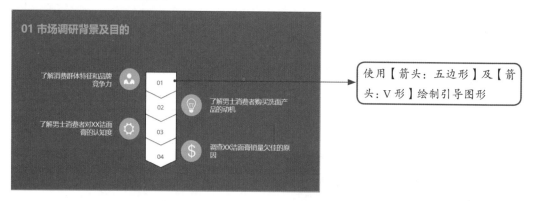

可以在网络搜索小图标并直接使用，也可以通过各种图形组合出各类小图标。下面以第一个小图标为例介绍，第一个图标是怎么做出来的呢？首先将小图标取消组合，可以看到小图标是由两个图形组合到一起的，如下图所示。

圆形可以直接通过【椭圆】形状绘制。后方的形状可通过圆角矩形、矩形和等腰三角形通过【剪除】命令获得，具体操作步骤如下图所示。

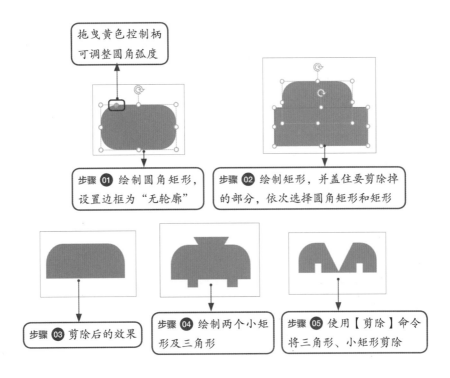

步骤 **01** 绘制圆角矩形，设置边框为"无轮廓"

步骤 **02** 绘制矩形，并盖住要剪除掉的部分，依次选择圆角矩形和矩形

步骤 **03** 剪除后的效果

步骤 **04** 绘制两个小矩形及三角形

步骤 **05** 使用【剪除】命令将三角形、小矩形剪除

拖曳黄色控制柄可调整圆角弧度

2 调研计划及时间安排页面

调研计划及时间安排页面通过形状制作出时间轴箭头的形式，由上至下显示计划的时间安排，引导观众浏览，如下图所示。

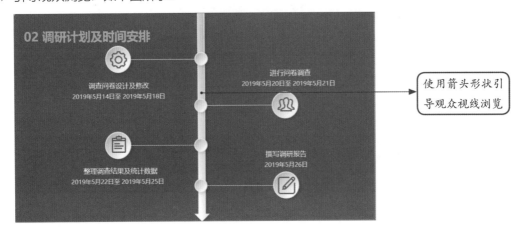

使用箭头形状引导观众视线浏览

3　调查对象及其情况页面

　　调查对象及其情况页面通过饼图展示调查对象分布的区域及占整个调查样本的比例，如下图所示。

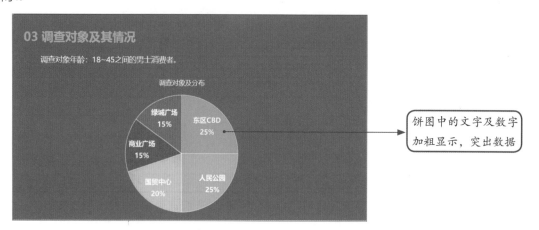

4　调查方式及内容页面

　　页面中包含的文字较多时，可使用简单的形式引导介绍即可。避免页面拥挤、混乱，如下图所示。

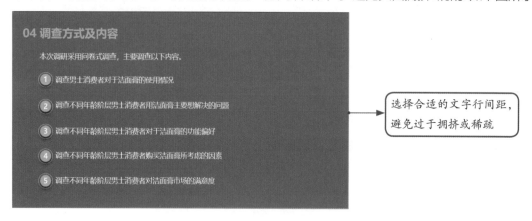

5 调查时间页面

调查时间页面中的内容可以使用表格展现，如下图所示。

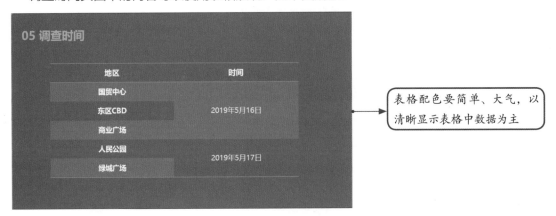

6 问卷调研内容页面

问卷调研内容页面如下图所示。

7 调研结果页面

调研结果部分包含 3 个页面，如下图所示。

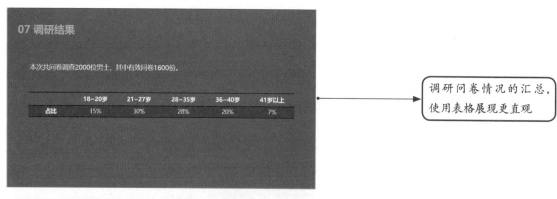

调研问卷情况的汇总，使用表格展现更直观

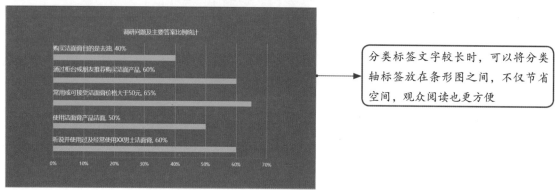

分类标签文字较长时，可以将分类轴标签放在条形图之间，不仅节省空间，观众阅读也更方便

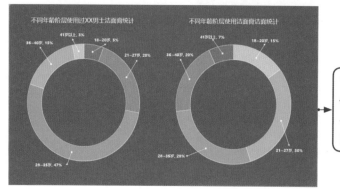

包含百分比的数值还可以使用环形图展示数据，一个页面中包含多个图表时，图表类型要一致，如果数据差别较大，无法使图表一致，可以放在不同的幻灯片页面中

8 调研结论页面

调研结论页面中的内容显示以直观为主，如下图所示。

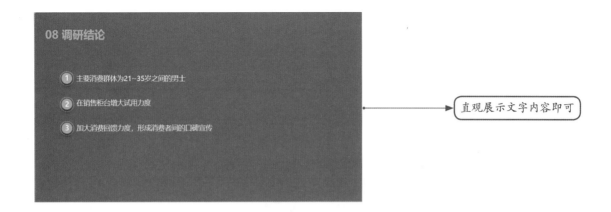

13.3.6 ▶ 制作结束页

结束页页面一般不需要特殊设计，常和开始页面保持一致，达到前后呼应的效果，如下图所示。

13.3.7 ▶ 添加动画效果

虽然分析报告 PPT 不同页面间逻辑简单、清晰，但是还要使用简单的动画切换效果引导观众的视线和思路，动画效果可以彰显个性和创意，但不宜夸张。

动画效果的添加这里就不再赘述，读者需要亲身体验、动手摸索，才能转换为自己的经验。

至此，市场调研分析报告 PPT 就制作完成了。最终效果如下图所示。

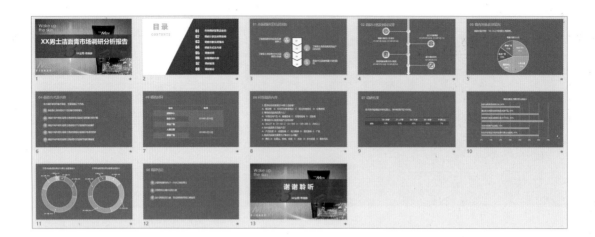

精进Office：成为Word/Excel/PPT高手